Heinrich Hemme
Das große Buch der mathematischen Rätsel

Heinrich Hemme

Das große Buch der mathematischen Rätsel

Anaconda

Penguin Random House Verlagsgruppe FSC® N001967

6. Auflage
© 2013 by Anaconda Verlag, einem Unternehmen der Penguin Random House Verlagsgruppe GmbH, Neumarkter Straße 28, 81673 München
produktsicherheit@penguinrandomhouse.de
(Vorstehende Angaben sind zugleich Pflichtinformationen nach GPSR.)

Umschlagmotive: Thinkstock
Umschlaggestaltung: pecher und soiron, Köln
Satz und Layout: Andreas Paqué, www.paque.de
Druck und Bindung: GGP Media GmbH, Pößneck
Printed in Germany
ISBN 978-3-7306-0007-8
www.anacondaverlag.de

___ Vorwort

Seit der Mensch denken kann, stellt und löst er Rätsel. Im antiken Griechenland erzählte man sich die Geschichte der Sphinx, einem Ungeheuer, das halb Frau und halb Löwe war und vor den Toren der Stadt Theben hauste. Die Sphinx gab jedem Wanderer, der vorüber kam, Rätsel auf und fraß diejenigen, die die Antwort nicht wussten. Eines Tages kam auch Ödipus, der Sohn des Königs Laios, an dem Felsen der Sphinx vorbei. Das Ungeheuer stellte ihm ein Rätsel, von dem es glaubte, dass es niemand lösen könne. „Welches Wesen geht am Morgen auf vier, am Mittag auf zwei und am Abend auf drei Beinen?" Ödipus dachte nach und sagte dann: „Es ist der Mensch, der in seiner Kindheit auf allen Vieren kriecht, als Erwachsener auf beiden Beinen geht und im Alter einen Stock zur Hilfe nehmen muss." Das Rätsel war richtig gelöst, und die Sphinx stürzte sich aus Ärger in den Abgrund, und Ödipus wurde König von Theben.

Die Rätsel des vorliegenden Buches sind zumeist mathematischer Natur, und keiner wird gefressen, der sie nicht löst. Die Aufgaben sind verschieden schwierig. Manche sind nur mathematische Scherze, andere verlangen Grundkenntnisse in Algebra, Geometrie und Zahlentheorie. Bis auf wenige Ausnahmen reichen jedoch die normale Schulmathematik und der gesunde Menschenverstand aus, um die Probleme zu knacken.

Ich habe mich bemüht, die Geschichte der einzelnen Probleme so weit wie möglich zurückzuverfolgen, um ihre Erfinder zu entdecken. Dies war ein sehr schwieriges, ja fast unmögliches Unterfangen, weil kaum ein Autor eines Rätselbuches oder -artikels jemals angibt, woher er seine Aufgaben hat. Ich habe bei jedem Problem die älteste Quelle, die ich gefunden habe, angegeben. Ob dies auch immer der Erfinder des Problems ist, bleibt allerdings sehr fraglich, ja sogar unwahrscheinlich.

Heinrich Hemme
Roetgen, 2013

___Inhalt

Inhalt

Inhalt 7

Inhalt

___Aufgaben

1 Springerzüge

Jedes der fünfundzwanzig Felder eines 5×5-Schachbretts ist mit einem Springer besetzt. Mit allen fünfundzwanzig Figuren soll gleichzeitig ein Zug gemacht werden; anschließend muss auf jedem Feld wieder ein Springer stehen. Es sind natürlich nur die beim Schach üblichen Springerzüge erlaubt.

Wie müssen die einzelnen Züge aussehen? Wie viele verschiedene Möglichkeiten gibt es?

2 Der runde See

Ein Mann steht am Ufer eines kreisrunden Sees. Er springt in das Wasser und schwimmt genau nach Norden. Nach sechzig Metern trifft er wieder auf das Ufer. Dort ändert er seine Richtung, schwimmt nach Osten und erreicht nach achtzig Metern erneut das Ufer.

Welchen Durchmesser hat der See?

3 Sockenprobleme

In einem Korb werden rote, in einem zweiten grüne und in einem dritten rote und grüne Socken aufbewahrt. Auf den Deckeln der Körbe sind Schilder, auf denen ihr Inhalt verzeichnet ist. Leider wurden alle Deckel vertauscht, so dass kein Korb mehr richtig beschriftet ist.

Sie dürfen nacheinander in die Körbe greifen und jeweils eine Socke herausnehmen, ohne sich dabei den Rest des Inhalts anzusehen.

Wie viele Socken müssen Sie mindestens aus den Körben nehmen, um alle Deckel wieder richtig zuordnen zu können? In welche Körbe müssen Sie greifen?

4   Die Teilung des Kuchens

Tante Gertrud ist zu Besuch gekommen. Sie hat ihrem Neffen und ihrer Nichte einen Kuchen gebacken. „Teilt ihn euch gerecht auf!", sagt sie und gibt Alfred den Kuchen.

Wie können Alfred und Berta Streitereien vermeiden und den Kuchen so teilen, dass beide davon überzeugt sind, mindestens die Hälfte bekommen zu haben?

5   Die Schnecke und die Fahnenstange

Eine Schnecke beginnt eines Tages im Morgengrauen eine 17,5 Meter hohe Fahnenstange hinauf zu kriechen. Sie schafft am Tag 5,25 Meter, rutscht aber in der Nacht, wenn sie schläft, wieder um 3,50 Meter herunter.

Wann erreicht die Schnecke die Spitze der Fahnenstange?

6   Die Ecken des Quadrats

Von einem Quadrat mit einer Kantenlänge von zehn Zentimetern sind zwei Ecken abgeschnitten worden. Die genauen Maße gehen aus der Skizze hervor.

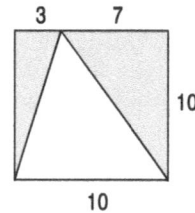

Wie groß ist die Fläche der beiden abgeschnittenen grauen Stücke zusammen?

7   Ein Problem für Biertrinker

Diese Aufgabe ist für alle mathematisch interessierten Biertrinker gedacht und dürfte für jeden Stammtisch geeignet sein.

Ein halbvolles Glas Bier ist bekanntlich das Gleiche wie ein halbleeres Glas Bier. Mathematisch ausgedrückt heißt das:

½ volles Glas Bier = ½ leeres Glas Bier

Wenn man beide Seiten der Gleichung mit 2 multipliziert, so ergibt sich daraus:

1 volles Glas Bier = 1 leeres Glas Bier

Was ist falsch?

8 Dreieckslinien

In einem Dreieck mit den Seitenlängen 10, 13 und 21 Zentimeter sind zwanzig Linien eingezeichnet, die alle parallel zur kürzesten Dreiecksseite verlaufen und die das Dreieck in einundzwanzig gleichbreite Streifen zerteilen.

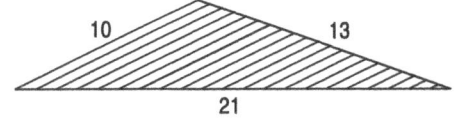

Wie groß ist die Gesamtlänge dieser Linien?

9 Freitag, der 13.

Wie viele Freitage, die auf einen 13. fallen, gibt es mindestens und wie viele höchstens in einem Jahr?

10 Ein rechtwinkliges Zwölfeck

Bei einem gleichseitigen Zwölfeck können nicht alle benachbarten Seiten rechtwinklig aufeinander stoßen. Versuchen Sie, diese Behauptung zu beweisen!

11 Der Bücherwurm

Ein Bücherfreund kauft sich ein neues zweibändiges Werk. Er schlägt den Einbanddeckel des ersten Bandes auf, schreibt seinen Namen auf das Vorsatzblatt, schließt das Buch wieder und stellt beide Bände ordnungsgemäß in sein Regal.

Beim Schreiben des Namens ist unbemerkt ein Bücherwurm zwischen den Ein-

Aufgaben 13

banddeckel und die erste Seite gefallen. Der Wurm beginnt sofort zu nagen. Er braucht zum Durchfressen eines Blattes einen Tag und eines Einbanddeckels drei Tage. Jeder der beiden Bände hat zweihundert Seiten.

Wie lange braucht der Bücherwurm, bis er auf den hinteren Einbanddeckel des zweiten Bandes stößt?

12 Das Zweieurostück

Ein Zweieurostück hat einen Durchmesser von 25,75 Millimetern. Wie groß muss ein kreisförmiges Loch in einem Blatt Papier mindestens sein, damit man diese Münze dort hindurchstecken kann?

13 Zwei Freundinnen

Ein junger Mann hat zwei Freundinnen, eine blonde und eine schwarzhaarige. Er wohnt in der Innenstadt, seine blonde Freundin in einem nördlichen und seine schwarzhaarige in einem südlichen Vorort.

In der Nähe der Wohnung des jungen Mannes liegt eine U-Bahnstation, von der alle zehn Minuten ein Zug nach Norden geht, und auch die Züge nach Süden fahren mit jeweils zehn Minuten Abstand.

Jeden Tag besucht der junge Mann eine seiner Freundinnen. Da er beide Mädchen gleich gerne mag, überlässt er es dem Zufall, zu welcher er fährt. Er geht einfach irgendwann, ohne auf die Uhr zu schauen, zur U-Bahnstation und steigt in den Zug, der zuerst ankommt. Fährt dieser Zug nach Norden, besucht er seine blonde Freundin, fährt er nach Süden, besucht er das schwarzhaarige Mädchen. Trotzdem stellt er nach einigen Monaten fest, dass er neunmal so oft bei der Freundin im Norden als bei der im Süden war.

Woran kann das liegen?

14 Das magische Multiplikationsquadrat

Ein magisches Quadrat ist ein Raster aus $n \times n$ Feldern, in denen die Zahlen von 1 bis n^2 so verteilt sind, dass ihre Summen in den n Feldern jeder Zeile, jeder Spalte und der beiden Diagonalen gleich sind.

Da es ein magisches 2×2-Quadrat nicht gibt, hat das einfachste Quadrat neun Felder. Wenn man von den Varianten absieht, die durch Drehungen und Spiegelungen der Grundform entstehen, so gibt es nur ein einziges magisches 3×3-Quadrat. Die Summe in seinen Zeilen, Spalten und Diagonalen beträgt jeweils 15.

Dieses Quadrat, Loh Shu genannt, kennt man in China schon seit dem vierten vorchristlichen Jahrhundert.

2	7	6
9	5	1
4	3	8

Bei der normalen Art von magischen Quadraten ist die Summe der Zeilen-, Spalten- und Diagonalenelemente konstant. Kann es auch 3×3-Quadrate geben, bei denen das Produkt der Zahlen jeder Zeile, Spalte und Diagonalen gleich ist?

In den Feldern eines solchen Multiplikationsquadrates brauchen nicht die Zahlen von 1 bis 9 zu stehen. Sie dürfen irgendwelche positiven ganzen Zahlen nehmen, die jedoch alle verschieden sein müssen.

15 Quadrate, Kuben und fünfte Potenzen

Die 1 ist die kleinste positive ganze Zahl, die gleichzeitig eine Quadratzahl, eine Kubikzahl und die fünfte Potenz einer ganzen Zahl ist.

Wie heißt die zweitkleinste Zahl mit diesen Eigenschaften?

16 Der Handelsreisende

Ein Handelsreisender muss zweiundzwanzig Städte besuchen. Damit er zum Wochenende wieder pünktlich zu Hause ist, möchte er durch keine Stadt mehr als einmal fahren. Dabei darf er natürlich nur die auf der Karte eingezeichneten Straßen benutzen.

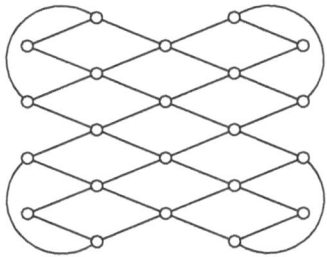

Ist eine solche Rundtour möglich, und wenn ja, in welcher Stadt muss er seine Reise beginnen, und wo endet sie?

17 Der Billardtisch

Auf einem quadratischen Billardtisch, der eine Seitenlänge von 1,80 m hat, liegt direkt an der Bande, 45 cm von der vorderen linken Ecke entfernt, eine Kugel. Sie soll durch den in der Abbildung gezeigten Zweibandenstoß zur Mitte der gegenüberliegenden Bande rollen.

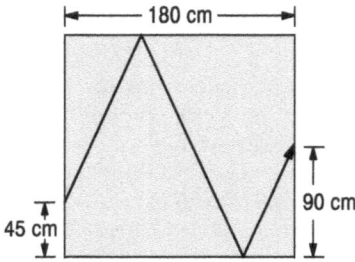

An welchen Stellen trifft die Kugel die hintere und die vordere Bande, wenn der Ausfallswinkel bei der Reflexion gleich dem Einfallswinkel ist?

18 Rationale und irrationale Zahlen

Zahlen, die sich auch als Bruch schreiben lassen, wie zum Beispiel 0,5 = ½ oder 0,333... = ⅓, nennt man rationale Zahlen. Alle anderen Zahlen, wie beispielsweise $\sqrt{2}$ = 1,4142..., π = 3,1415... oder e = 2,7182... heißen irrationale Zahlen. Beide Zahlenarten zusammen bilden die Menge der reellen Zahlen.

Wenn man eine irrationale Zahl mit einer zweiten irrationalen Zahl potenziert, erhält man in der Regel als Ergebnis wieder eine irrationale Zahl. Muss das immer so sein, oder kann das Ergebnis in manchen Fällen auch eine rationale Zahl sein?

19 Der Treffpunkt

Zwei Freunde essen jeden Mittag im selben Restaurant. Jeder der beiden geht jeden Tag irgendwann zwischen zwölf und dreizehn Uhr in das Lokal, bleibt dort immer genau eine halbe Stunde zum Essen und verlässt es dann wieder.

Wenn die beiden Eintreffpunkte der Freunde völlig zufällig irgendwann zwischen zwölf und dreizehn Uhr liegen, wie groß ist dann die Wahrscheinlichkeit, dass sie sich treffen?

20 Das Zersägen eines Schachbretts

Ein Tischler soll ein Schachbrett mit einer Kreissäge, mit der man nur gerade Schnitte ausführen kann, entlang der Feldgrenzen in die vierundsechzig einzelnen Quadrate zerlegen. Er darf nach jedem Schnitt die entstandenen Teile beliebig übereinanderlegen und dann gleichzeitig durchsägen.

Wie oft muss er mindestens sägen?

21 Der Schnellrechner

Der große deutsche Mathematiker, Physiker und Astronom Carl Friedrich Gauß (1777–1855) ging als Kind in Braunschweig zur Schule.

Eines Tages – Gauß war etwa acht Jahre alt – brauchte sein Lehrer Büttner dringend für längere Zeit Ruhe, um Hefte zu korrigieren. Er stellte deshalb der Klasse die Aufgabe, die Zahlen von 1 bis 100 zusammenzuzählen. Nach wenigen Minuten kam der kleine Gauß nach vorne und legte dem Lehrer seine Tafel, auf der nur eine einzige Zahl stand – das richtige Ergebnis –, aufs Pult.

Wie lautete diese Zahl, und wie hatte sie der kleine Gauß errechnet?

22 Die Weinflasche

Eine volle Flasche Wein kostet in dem Laden an der Ecke fünf Euro. Der Wein ist vier Euro mehr wert als die Flasche.

Wie hoch ist das Flaschenpfand?

23 Die fehlerhafte Ungleichung

Die Ungleichung

$$\left(\frac{1}{2}\right)^3 < \left(\frac{1}{2}\right)^2$$

ist offensichtlich richtig. Wir logarithmieren nun beide Seiten mit der Basis ½ und erhalten:

$$\log_{1/2}\left(\frac{1}{2}\right)^3 < \log_{1/2}\left(\frac{1}{2}\right)^2$$

$$3\log_{1/2}\left(\frac{1}{2}\right) < 2\log_{1/2}\left(\frac{1}{2}\right)$$

Da für Logarithmen das Gesetz $\log_b b = 1$ gilt, muss 3 < 2 sein. Wo steckt der Fehler?

24 Bestimmungsgrößen von Dreiecken

Jedes Dreieck hat sechs Bestimmungsgrößen: drei Seiten und drei Winkel. In vielen Geometrieschulbüchern kann man lesen, dass zwei Dreiecke kongruent, das heißt, deckungsgleich sind, wenn entweder zwei Winkel und eine Seite oder ein Winkel und zwei Seiten oder alle drei Seiten gleich sind.

Kann es Dreiecke geben, bei denen die Werte von fünf Bestimmungsgrößen übereinstimmen und die trotzdem nicht kongruent oder spiegelbildlich sind?

25 Das geplättete Polyeder

Das Skelett eines Polyeders wird von seinen Kanten und Ecken gebildet. Stellt man sich die Kanten als Gummifäden vor, kann man das Skelett so weit dehnen, dass es sich flach auf einem Tisch ausbreiten lässt.

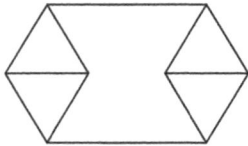

Die Abbildung zeigt ein geplättetes Polyederskelett. Haben Sie ein gutes räumliches Vorstellungsvermögen? Dann versuchen Sie herauszubekommen, wie der Körper ursprünglich ausgesehen hat!

26 Die vier Schnecken

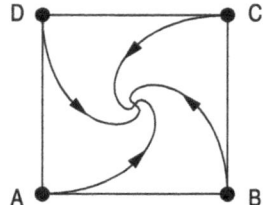

Vier Schnecken – A, B, C und D – sitzen auf den Ecken eines Quadrates von einem Meter Seitenlänge. Gleichzeitig und mit gleichen

Geschwindigkeiten kriechen A auf B, B auf C, C auf D und D auf A zu. Da die Schnecken ständig ihre Richtungen ändern müssen, um immer genau aufeinander zu zu kriechen, sind ihre Bahnen Spiralen, die sich im Mittelpunkt des Quadrates treffen.
Wie lang ist der Weg jeder Schnecke bis zum Treffpunkt?

27 Lügner

Ein Junge und ein Mädchen sitzen auf einer Parkbank. „Ich bin ein Junge", sagt das Kind mit den schwarzen Haaren. „Und ich bin ein Mädchen", antwortet das mit den blonden Haaren. Wenigstens ein Kind lügt.
Welche Haarfarbe hat das Mädchen?

28 Ein Wurzelvergleich

Welche der Zahlen $\sqrt[10]{10}$ und $\sqrt[3]{2}$ ist größer? Versuchen Sie diese Frage zu beantworten, ohne einen Taschenrechner oder einen Computer zu benutzen.

29 Inecke und Umecke

Einem Quadrat ist ein Kreis einbeschrieben, der wiederum Umkreis eines zweiten Quadrates ist.

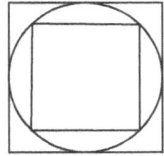

In welchem Verhältnis stehen die Flächeninhalte der beiden Quadrate?

30 Fakultäten

Fakultäten sind Zahlen, die sehr schnell anwachsen. So ist 13! bereits eine zehnstellige Zahl. Versuchen Sie ohne Taschenrechner, Tabelle oder viel Arbeit herauszubekommen, welche der drei folgenden Zahlen gleich 13! ist: 6 227 020 800, 6 227 028 000 oder 6 227 080 002.

31 Eine diophantische Gleichung

Eine diophantische Gleichung ist eine Gleichung, deren Lösungen ganzzahlig sein müssen. Sie haben ihren Namen von dem griechischen Mathematiker Diophantos, der um 250 n. Chr. in Alexandria lebte.

$$187x - 104y = 41$$

Für diese diophantische Gleichung sind fünf Lösungsvorschläge vorhanden: Vier davon sind richtig, einer ist falsch. Finden Sie das falsche Zahlenpaar heraus, ohne Bleistift und Papier und ohne einen Taschenrechner zu benutzen!

Lösungsvorschläge:
- a) $x = 3$, $y = 5$
- b) $x = 107$, $y = 192$
- c) $x = 211$, $y = 379$
- d) $x = 314$, $y = 565$
- e) $x = 419$, $y = 753$

32 Determinanten

Die neun Ziffern von 1 bis 9 können auf 9! = 362880 verschiedene Weisen zu einer 3×3-Matrix angeordnet werden. Zu jeder dieser Matrizen gehört eine Determinante.

Wie groß ist die Summe aller 362880 Determinanten?

33 Ein mathematisches Symbol

Welches mathematische Symbol muss man zwischen die beiden Ziffern

2   3

setzen, damit das Ergebnis größer als 2, aber kleiner als 3 wird? Es dürfen natürlich keine neuen Symbole erfunden werden.

34 Widerstände

Diese Aufgabe ist nicht rein mathematischer Natur, sondern gehört in den Bereich der Elektrotechnik. Die Lösung ist jedoch so elegant, dass ich nicht darauf verzichten wollte, das Problem in diese Sammlung aufzunehmen.

Das Skelett eines Würfels, das von seinen Kanten und Ecken gebildet wird, ist aus zwölf 1-Ohm-Widerständen zusammengelötet.

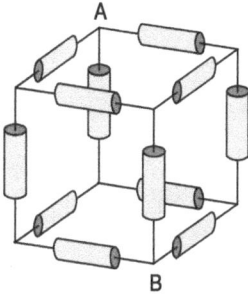

Wie groß ist der Gesamtwiderstand zwischen den beiden sich diagonal gegenüberliegenden Ecken A und B?

35 Die Stellenzahl

Wie viele Stellen hat die Zahl 2^{-n} in Dezimaldarstellung nach dem Komma? Die Größe n soll eine positive ganze Zahl sein.

36 Eine kuriose Zahl

Gibt es eine positive reelle Zahl, deren Fünftel mit ihrem Siebtel multipliziert die Zahl selbst ergibt?

37 Die Kosinussumme

Wie groß ist die Summe der fünf Kosinus?
$$\cos 5° + \cos 77° + \cos 149° + \cos 221° + \cos 293° = ?$$

38 Diagonalen

Die Diagonalen eines Quadrates sind gleich lang und schneiden sich unter rechten Winkeln.

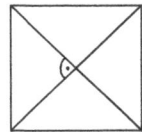

Haben auch die dreidimensionalen Analoga, die Raumdiagonalen eines Würfels, diese Eigenschaft?

39 Der verknäulte Expander

Ein Expander liegt entspannt auf dem Tisch; die fünf Gummiseile sind verknäult. Von den Seilen ist nur der obere Teil gezeichnet worden. Ergänzen Sie die Zeichnung so, dass die fünf Seile im gestreckten Zustand des Expanders nicht verflochten sind und parallel verlaufen. In der Skizze deutet die durchbrochene Linie an einem Schnittpunkt von zwei Seilen das untere der beiden an.

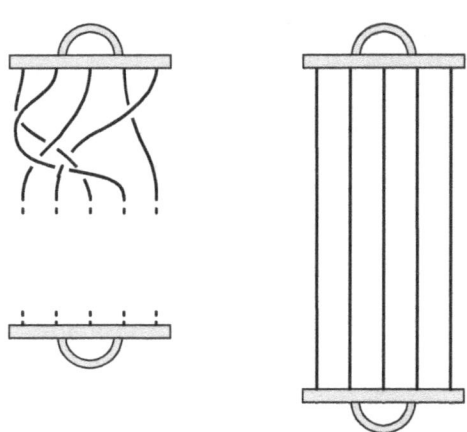

40 Reihen

Die Zahlen dieser Reihe sind nach einem bestimmten Gesetz gebildet worden.

l, 8, ll, 69, 88, 96, l0l, lll, …

Wie lautet das Gesetz, und wie heißt die nächste Zahl in der Reihe?

41 Dreieck und Kreise

Bei einem Dreieck ist die Grundseite a um zehn Zentimeter länger als die Seite b. Der von beiden Seiten eingeschlossene Winkel γ beträgt 60°. Zwei Kreise, die diese Dreiecksseiten als Durchmesser haben, schneiden sich zweimal: Einer der Schnittpunkte ist die Ecke, an der sich a und b treffen.

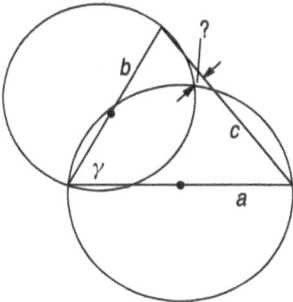

Wie weit ist der zweite Schnittpunkt von der dritten Dreiecksseite c entfernt?

42 Sechs Menschen

Von sechs völlig willkürlich aus der Weltbevölkerung herausgegriffenen Menschen gibt es immer drei, die sich entweder gegenseitig kennen oder die sich völlig fremd sind. Warum?

43 Teilbarkeit durch 8

Eine fünfzehnstellige Zahl soll mit dem Taschenrechner darauf untersucht werden, ob sie sich ohne Rest durch 8 teilen lässt. Leider arbeitet der Rechner nur mit acht Stellen.
Mit welchem einfachen Trick geht es trotzdem?

44 Das Pentagon

Ein Spion beobachtet mit einem Feldstecher das amerikanische Verteidigungsministerium, dessen Grundfläche ein regelmäßiges Fünfeck ist. Es wird deshalb auch meistens Pentagon genannt.
Der Spion hat sein Versteck in sehr großer Entfernung vom Pentagon gewählt, und er kann darum zwei oder drei Seiten des Gebäudes sehen.
Wie groß ist die Wahrscheinlichkeit, dass er drei Seiten des Pentagons sehen kann, wenn er seine Position völlig zufällig auswählt? Wir wollen der Einfachheit halber annehmen, dass seine Sicht nicht durch Häuser, Bäume, Berge oder irgendwelche anderen Hindernisse eingeschränkt wird.

45 Die sieben Punkte

Wie muss man sieben Punkte anordnen, so dass jede beliebige Auswahl von drei Punkten die Ecken eines gleichschenkligen Dreiecks bildet?

46 Eine Parallelprojektion

Bei einer Dreitafel- oder Parallelprojektion schaut man von oben, von vorne und von der Seite auf das Objekt, das man abbilden will. Die beiden Zeichnungen dieser Aufgabe geben die Vorderansicht und die Seitenansicht eines Körpers wieder. Wie es bei einer technischen Zeichnung üblich ist, sind die sichtbaren Kanten durch ausgezogene Linien und die unsichtbaren Kanten, sofern sie nicht durch sichtbare verdeckt werden, durch gestrichelte Linien dargestellt. In den beiden Ansichten hat der Körper also keine nicht abgedeckten unsichtbaren Kanten.

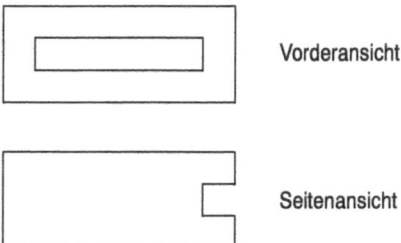

Vorderansicht

Seitenansicht

Wie könnte der Körper aussehen?

47 Große Zahlen

Ordnen Sie die Exponentialzahlen 2^{55}, 3^{44}, 4^{33}, 5^{22} nach ihrer Größe, ohne dabei einen Taschenrechner oder einen Computer zu benutzen!

48 Der Wert 1

Bilden Sie einen arithmetischen Ausdruck, der den Wert 1 hat, in dem jede der zehn Ziffern genau einmal vorkommt, und der trotzdem keine weiteren mathematischen Symbole enthält.

49 Volumen und Oberfläche

Eine Kugel mit dem Durchmesser d hat ein Volumen von

$$V_K = \frac{1}{6} \pi d^3$$

und eine Oberfläche von

$$A_K = \frac{1}{6} \pi d^2.$$

Das Verhältnis von Oberfläche und Volumen ergibt also

$$\frac{A_K}{V_K} = \frac{6}{d}.$$

Bei einem Würfel der Kantenlänge d beträgt das Volumen

$$V_W = d^3$$

und die Oberfläche

$$A_W = 6d^2$$

und somit der Oberfläche-Volumen-Quotient

$$\frac{A_W}{V_W} = \frac{6}{d}.$$

Folglich ist bei beiden Körpern das Verhältnis von Oberfläche zu Volumen gleich.

In jedem Schulbuch über elementare Geometrie kann man nachlesen, dass unter allen denkbaren Körpern, die das gleiche Volumen haben, die Kugel die kleinste Oberfläche hat. Wie ist es darum zu erklären, dass die Oberfläche-Volumen-Quotienten bei der Kugel und beim Würfel gleich sind?

50 Die Rundtour des Springers

Kann ein Springer, der auf einem 4×n-Schachbrett steht, 4n aufeinanderfolgende Züge machen und dabei jedes Feld genau einmal betreten und zum Schluss zum Ausgangsfeld zurückkehren?

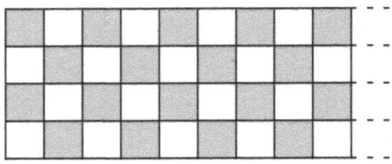

Die Größe n kann eine beliebige positive ganze Zahl sein. Selbstverständlich sind nur die beim Schach üblichen Züge für den Springer erlaubt.

51 Das Problem des Händeschüttelns

Herr und Frau Wiener haben zu ihrer Gartenparty drei Ehepaare eingeladen. Einige der Gäste begrüßen sich und das Ehepaar Wiener mit einem Handschlag, andere nicken sich nur zu. Dabei schüttelt keiner seinem Ehepartner und keiner jemandem mehrmals die Hand. Natürlich gibt sich auch niemand selbst die Hand.

Am Ende des Abends fragt Herr Wiener jeden seiner Gäste und auch seine Frau, wie viele Hände sie geschüttelt haben. Zu seiner Überraschung sind alle Antworten verschieden.

Wie vielen Gästen hat Frau Wiener die Hand gegeben?

52 Das geteilte Blatt

Ein DIN-A4-Blatt, dessen Seiten 297 und 210 Millimeter lang sind, wird entlang seiner beiden Diagonalen geknickt. Es entstehen dabei vier Dreiecke.

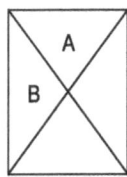

In welchem Verhältnis stehen die Flächen des spitz- (A) und des stumpfwinkligen (B) Dreiecks?

53 Tetrominos

Tetrominos sind flache Plättchen, die aus jeweils vier gleichen, an den Kanten zusammenhängenden Quadraten bestehen. Es gibt insgesamt fünf Tetrominos.

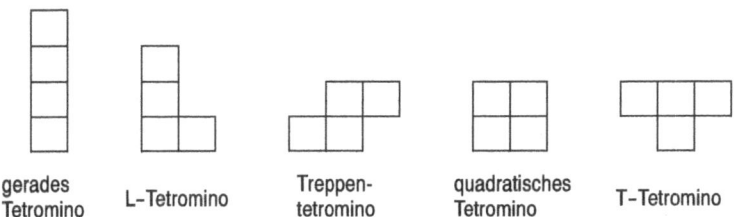

gerades Tetromino   L-Tetromino   Treppen-tetromino   quadratisches Tetromino   T-Tetromino

Kann man die fünf Tetrominos zu einem Rechteck zusammensetzen, das aus 5×4 Quadraten besteht? Wenn ja, wie viele verschiedene Lösungen gibt es?

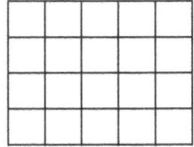

Die Tetrominos dürfen auch umgeklappt werden, das heißt es dürfen auch ihre Spiegelbilder benutzt werden.

54 Die Händedrücke

Jeder Mensch, der jemals auf der Welt lebte, hat in seinem Leben eine bestimmte Zahl Händedrücke gewechselt. Die Anzahl der Menschen, die eine ungerade Zahl Hände gedrückt haben, ist gerade. Warum?

55 Das Färben von Landkarten

Auf Landkarten werden gewöhnlich verschiedene Länder unterschiedlich gefärbt. Dabei ist es normalerweise nicht nötig, für jedes Land eine andere Farbe zu nehmen, sondern es genügt, wenn benachbarte Länder, also Länder, die eine gemeinsame Grenzlinie haben, verschieden gefärbt sind. Eine solche Färbung wird in der Mathematik regulär genannt.

In dem berühmten Vier-Farben-Problem wurde vermutet, dass man jede beliebige Landkarte, egal wie kompliziert die Form ihrer Länder ist, mit höchstens vier Farben regulär färben kann. Über hundert Jahre wurde nach einem Beweis für diese Vermutung oder nach einem Gegenbeispiel gesucht, aber erst im Jahre 1977 gelang es den Mathematikern Wolfgang Haken und Kenneth Appel mit einem riesigen Computeraufwand zu beweisen, dass wirklich vier Farben ausreichen.

konvexes Land   nicht konvexes Land

Ein Land ist konvex, wenn es keine Einbuchtungen in seiner Grenze hat, oder mathematisch präziser formuliert, wenn für jedes Punktepaar in seinem Inneren die Verbindungsstrecke nur durch das Land selbst verläuft.

Kann man jede Landkarte, die nur aus konvexen Ländern besteht, mit höchstens drei Farben regulär färben?

56 Die vertauschten Uhrzeiger

Bei einer Uhr hat jemand heimlich Stunden- und Minutenzeiger gegeneinander vertauscht. Wenn man dies nicht weiß, müssen einem die meisten Zeigerstellungen unsinnig erscheinen. Doch in einigen Fällen ist es möglich, dass, wenn auch meistens die falsche Zeit angezeigt wird, die Stellung der beiden Zeiger auch bei einer Uhr mit unvertauschten Zeigern auftreten könnte.

Wie viele dieser Zeigerstellungen gibt es?

57 Ein bruchlinienfreies Schachbrett

Ein 6×6-Schachbrett kann mit achtzehn Dominosteinen, die jeweils die Größe von zwei Schachfeldern haben, vollständig abgedeckt werden.

Das Schachbrett hat im Inneren fünf senkrechte und fünf waagerechte Linien, die von einem Rand bis zum gegenüberliegenden verlaufen. Diese Linien nennt man in der Unterhaltungsmathematik Bruchlinien, wenn sie nicht von wenigstens einem Dominostein geschnitten werden. In dem Beispiel sind die Linien 4 und 10 Bruchlinien, während die anderen acht keine sind.

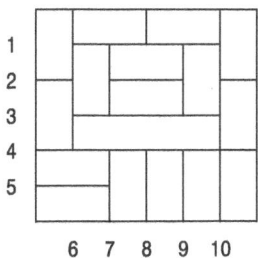

Kann man die achtzehn Dominosteine so auf das Schachbrett legen, dass es vollständig bedeckt ist und keine Bruchlinien hat?

58 Fünf Punkte im Quadrat

In ein Quadrat mit der Seitenlänge a werden völlig willkürlich fünf Punkte eingezeichnet. Unabhängig davon, wie die fünf Punkte verteilt sind, gibt es immer wenigstens zwei, deren Abstand kleiner oder höchstens gleich $a\sqrt{\frac{1}{2}}$ ist.

Können Sie dies beweisen?

59 Die vierte Lüge

Auf einer Party erzählt Frau Müller, dass sie erst dreimal in ihrem Leben gelogen hat. Darauf erwidert Herr Meier: „Dann haben Sie jetzt zum vierten Mal gelogen."

Hat Herr Meier Recht?

60 Primzahlen

P_1 und P_2 sollen zwei aufeinanderfolgende ungerade Primzahlen sein. Unter welchen Umständen ist die Zahl Q, für die die Gleichung

$$P_1 + P_2 = 2Q$$

gilt, auch eine Primzahl?

61 Parallele Durchmesser

Die Durchmesser einer ebenen und konvexen Figur sind die längstmöglichen Sehnen, die man in sie einzeichnen kann. Jede solche Figur hat mindestens einen Durchmesser, oft aber sind es auch mehrere. Ein Quadrat beispielsweise hat zwei Durchmesser; alle anderen Sehnen sind kürzer.

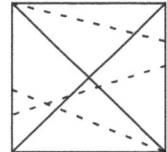

Warum können, wenn eine ebene, konvexe Figur mehrere Durchmesser hat, diese nicht parallel zueinander liegen?

62 Die Winkel einer Pyramide

Eine Pyramide mit einer quadratischen Grundfläche und vier gleichseitigen Dreiecken als Seitenflächen hat acht gleichlange Kanten. Die Winkel zwischen der Grundfläche und den Seitenflächen betragen alle $\arctan\sqrt{2} \approx 54{,}7356°$.

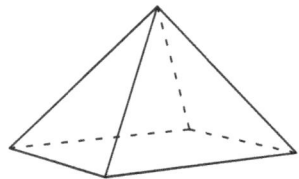

Wie groß sind die Winkel zwischen zwei benachbarten Seitenflächen der Pyramide?

63 Hundert Ziffern

Zwei ganze Zahlen m und n sollen zusammen aus genau hundert Ziffern bestehen. Beide Zahlen dürfen keine führenden Nullen besitzen, das heißt, eine Ziffernfolge wie zum Beispiel 0005111955 ist nicht zugelassen.

Wenn, abgesehen von dieser Einschränkung, die hundert Ziffern völlig willkürlich gewählt sind, wie groß ist dann die Wahrscheinlichkeit, dass die beiden Zahlen die Eigenschaft $m^2 = n$ haben?

64 Das reguläre Oktaeder

Einer der fünf Platonischen Körper ist das reguläre Oktaeder. Es wird von acht gleichen gleichseitigen Dreiecken begrenzt. Alle Seitenflächen schließen mit ihren Nachbarn den gleichen Winkel ein.

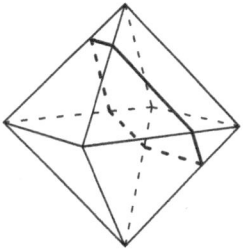

Ein reguläres Oktaeder mit einer Seitenlänge von zehn Zentimetern wird parallel und im Abstand von drei Zentimetern zu einer seiner Seitenflächen durchgeschnitten.

Wie groß ist der Umfang der Schnittfläche?

65 Milchkaffee

Frau Meier bestellt sich in einem Café eine Tasse Kaffee und ein Kännchen Milch. Der Kaffee ist schwarz. Sie trinkt mit einem Schluck ein Sechstel des Kaffees und füllt die Tasse wieder mit Milch auf. Nachdem sie den Kaffee umgerührt hat, nimmt sie einen zweiten kräftigen Schluck und leert die Tasse zu einem Drittel. Wieder füllt sie die Tasse mit Milch auf und rührt um. Mit einem dritten Schluck leert sie die Tasse zur Hälfte. Abermals füllt sie die Tasse mit Milch nach und trinkt sie dann in einem Zug aus.

Hat Frau Meier nun mehr Kaffee oder mehr Milch getrunken?

66 Polygone

Ein regelmäßiges Sechseck wird, ohne dass sich die Längen der Seiten ändern, soweit gestaucht, bis seine Höhe gleich seiner Seitenlänge ist. Das gestauchte Sechseck hat einen Flächeninhalt von zehn Quadratzentimetern.

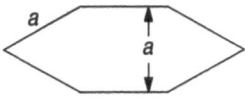

Welchen Flächeninhalt hat ein regelmäßiges Zwölfeck, das die gleiche Seitenlänge wie das Sechseck hat?

67 Die Fahrt nach München

Alfred möchte seine Freundin Berta in München besuchen. Er verlässt seine Wohnung in Osnabrück zwischen acht und neun Uhr morgens, gerade in dem Moment, wo der Stunden- und der Minutenzeiger seiner Uhr genau übereinander stehen.

Die Autobahnen sind frei, und er kommt schnell voran. Zwischen zwei und drei Uhr am Nachmittag klingelt er bei Berta an der Tür. Auf seiner Uhr stehen sich jetzt der Minuten- und der Stundenzeiger genau gegenüber.

Wie lange ist Alfred unterwegs gewesen?

68 Tetraeder und Oktaeder

Die vier Seitenflächen eines regulären Tetraeders und die acht Flächen eines regulären Oktaeders sind gleiche gleichseitige Dreiecke.

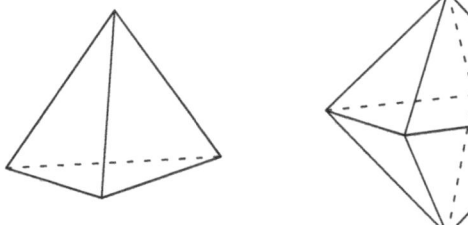

In welchem Verhältnis stehen die Volumina der beiden Körper, wenn ihre Kantenlängen gleich sind?

69 Teilbarkeit durch 7

Nehmen Sie eine beliebige zweistellige ganze Zahl und schreiben Sie sie dreimal hintereinander, um auf diese Art eine sechsstellige Zahl daraus zu machen. Beispielsweise wird so aus 32 die Zahl 323232.

Alle so entstandenen Zahlen sind ohne Rest durch 7 teilbar. Warum?

70 Das Oktaeder im Würfel

Gegen Ende des achtzehnten Jahrhunderts bewies der holländische Mathematiker Pieter Nieuwland (1764–1794), dass das größte Quadrat, das man in einen hohlen Einheitswürfel packen kann, eine Kantenlänge von $\frac{3}{4}\sqrt{2} \approx 1{,}0606602$ hat. Das Quadrat muss dazu natürlich auf eine ganz bestimmte Art in die würfelförmige Kiste gestellt werden. Verblüffend dabei ist, dass dieses Quadrat größer ist als die quadratischen Seitenflächen des Würfels.

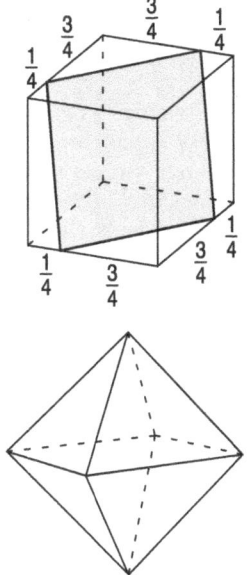

Interessanter ist es, an Stelle von flachen Quadraten dreidimensionale Polyeder in den Würfel zu packen, wie zum Beispiel ein reguläres

---

Aufgaben   33

Oktaeder, also einen Körper, der von acht gleichen gleichseitigen Dreiecken begrenzt wird.

Ihre Aufgabe ist es herauszufinden, wie groß ein reguläres Oktaeder höchstens sein darf, damit man es noch vollständig in einen hohlen Einheitswürfel legen kann.

71 Die Länge einer Helix

Um einen zylinderförmigen Stab, der eine Länge von neun Zentimetern und einen Umfang von vier Zentimetern hat, sind genau zehn Windungen eines dünnen Drahtes schraubenlinienförmig gewickelt worden. Anfang und Ende des Drahts sind an den beiden Enden des Stabes befestigt.

Wie lang ist der Draht?

72 Die Frage des Forschers

Ein Forscher schlägt sich über einen Trampelpfad durch den Urwald. Plötzlich kommt er an eine Weggabelung, an der auf einem umgeknickten Baumstamm ein Eingeborener sitzt.

Der Forscher will ihn nach dem Weg zum nächsten Dorf fragen. Das geht nicht ohne Schwierigkeiten, denn, wie der Forscher weiß, leben in dieser Gegend des Dschungels zwei Stämme: Die Angehörigen des einen Stammes sagen immer die Wahrheit, und die des anderen Stammes lügen immer. Der Forscher kann nicht erkennen, zu welchem Stamm der Mann an der Weggabelung gehört, trotzdem stellt er ihm nur eine einzige Frage, die der Eingeborene mit „ja" oder „nein" beantwortet, und er findet durch die Antwort den richtigen Weg zum Dorf.

Wie könnte die Frage lauten?

73 Monominos und Triominos

Ein Monomino ist ein quadratisches Plättchen, das genau die Größe eines Schachbrettfeldes hat. Das gerade Triomino ist dreimal so groß wie das Monomino und entspricht drei nebeneinander liegenden Quadraten eines Schachbretts.

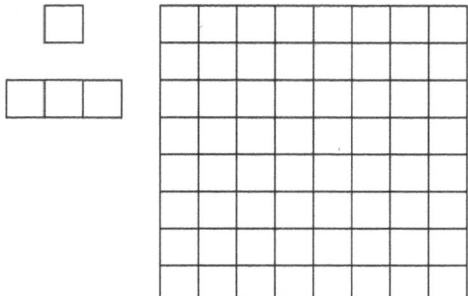

Lässt sich ein Schachbrett mit einundzwanzig geraden Triominos und einem Monomino vollständig bedecken? Wenn ja, welche Felder kann hierbei das Monomino einnehmen?

74 Der Davidstern

Beim Davidstern sind zwei gleichgroße gleichseitige Dreiecke so übereinander geschoben, dass in ihrem Inneren ein regelmäßiges Sechseck entsteht. Verbindet man die Spitzen des Davidsterns miteinander, bekommt man ein zweites regelmäßiges Sechseck, das den Stern umschließt.

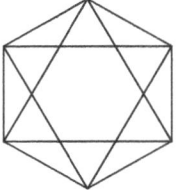

In welchem Verhältnis stehen die Flächeninhalte der beiden Sechsecke zueinander?

75 Die seltsame Vermehrung

Ein Tischler zersägt ein Schachbrett, das bekanntlich aus 64 gleichen quadratischen Feldern besteht, entlang der stark ausgezogenen Linien in vier Teile und leimt sie anschließend wieder zu einem rechteckigen Brett zusammen. Dabei stellt er fest, dass aus den 64 Feldern jetzt 65 geworden sind.

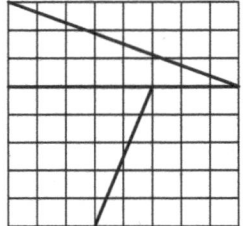
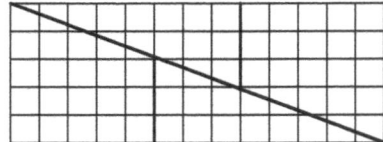

Woher kommt das zusätzliche Quadrat?

76 Der Springertausch

Auf einem recht seltsam geformten, zehnfeldigen Schachbrett stehen zwei schwarze und zwei weiße Springer. Die schwarzen sollen mit den weißen Springern die Plätze tauschen und dieses Problem mit möglichst wenigen Zügen bewältigen. Selbstverständlich dürfen nur die beim Schach üblichen Züge gemacht werden.

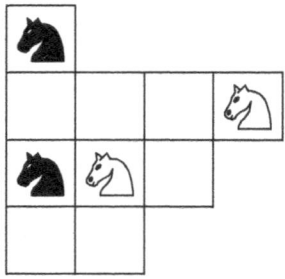

Wie viele Züge sind mindestens notwendig?

77 Eine seltsame Zahlenmenge

Die vier Zahlen 1, 3, 8 und 120 bilden eine Menge mit einer bemerkenswerten Eigenschaft: Multipliziert man zwei beliebige dieser Zahlen miteinander und addiert zu dem Produkt 1, so erhält man immer eine Quadratzahl.

$$1 \cdot 3 + 1 = \quad 4 = \quad 2^2$$
$$1 \cdot 8 + 1 = \quad 9 = \quad 3^2$$

$$3 \cdot 8 + 1 = 25 = 5^2$$
$$1 \cdot 120 + 1 = 121 = 11^2$$
$$3 \cdot 120 + 1 = 361 = 19^2$$
$$8 \cdot 120 + 1 = 961 = 31^2$$

Können Sie noch eine fünfte ganze Zahl finden, die Sie der Menge hinzufügen dürfen, ohne dass sich ihre dadurch Eigenschaft ändert?

78 Der Würfel

Kann man einen Würfel, der eine Kantenlänge von sechs Zentimetern haben soll, aus siebenundzwanzig quaderförmigen Klötzchen mit den Abmessungen 1 cm × 2 cm × 4 cm zusammensetzen?

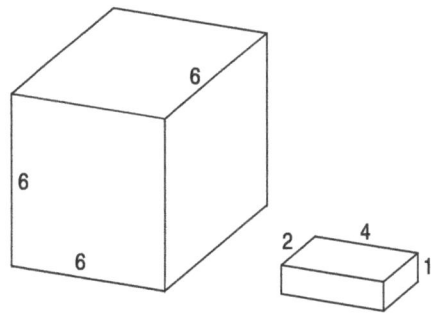

Wenn ja, wie muss man die Klötzchen anordnen?

79 Konstante Münzumfänge

Auf einen Euro ist ein Cent konzentrisch aufgeklebt. Die beiden Münzen werden zusammen auf dem Rand des Euros eine Umdrehung weit auf der Linie AA' abgerollt. Die Länge der Strecke AA' entspricht dem Umfang des Euros.

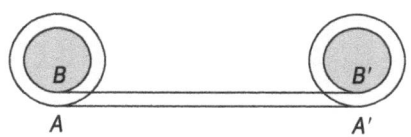

Gleichzeitig rollt der Cent, der mit dem Euro starr verbunden ist, die Strecke BB' ab. Aus der Skizze sieht man, dass AA' und BB' gleich lang sind. Da die Strecke BB' gleich dem Umfang des Cents sein muss, haben folglich Euro und Cent den gleichen Umfang.
Was stimmt hier nicht?

80 Das magische Sechseck

In den Jahren 1888 und 1889 veröffentlichte der Stralsunder Stadtbaumeister Ernst von Haselberg (1827–1905) in der *Zeitschrift für mathematischen und naturwissenschaftlichen Unterricht* (Bd. 19, S. 429 und Bd. 21, S. 263–264) das einzig mögliche magische Sechseck dritter Ordnung.

In den neunzehn Sechsecken dieses Wabenmusters sind die Zahlen von 1 bis 19 so verteilt, dass die Summe der Zahlen in jeder der fünfzehn geraden Sechseckreihen 38 ist, unabhängig davon, ob sie aus drei, vier oder fünf Zellen bestehen. Es ist ungeheuer schwierig, unter den 10 137 091 700 736 000 Möglichkeiten, die neunzehn Zahlen zu verteilen, die einzige Kombination zu finden, die ein magisches Sechseck ergibt. Muster, die entstehen, wenn man ein bereits vorhandenes dreht oder spiegelt, gelten nicht als verschieden.

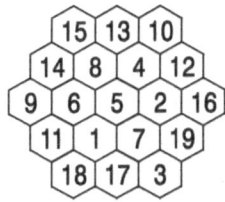

Ihre Aufgabe ist wesentlich einfacher: Versuchen Sie ein magisches Sechseck zweiter Ordnung zu konstruieren, das heißt, verteilen Sie die Zahlen von 1 bis 7 so auf die siebenzellige Wabe, dass in allen neun geraden Sechseckreihen die Summe der Zahlen gleich ist.

81 Wahrscheinlichkeiten beim Würfeln

Mit zwei Würfeln kann man in einem Wurf eine Augenzahl von 2 bis 12 erreichen. Die Wahrscheinlichkeiten dafür sind jedoch für die einzelnen Zahlen unterschiedlich.

Damit man zwei Augen erhält, müssen beide Würfel eine Eins zeigen, wenn man aber vier Augen erreichen will, gibt es drei Möglichkeiten: Der erste Würfel zeigt ein Auge und der zweite drei Augen oder beide Würfel zeigen zwei Augen oder der erste Würfel zeigt drei Augen und der zweite ein Auge. Die Wahrscheinlichkeit, mit zwei Würfeln eine Vier zu werfen, ist also dreimal so groß wie die, eine Zwei zu werfen.

In der Grafik sind die Wahrscheinlichkeiten für alle Augenzahlen von 2 bis 12 eingetragen. Man sieht daraus, dass die wahrscheinlichste Augenzahl bei einem Wurf mit zwei Würfeln 7 ist.

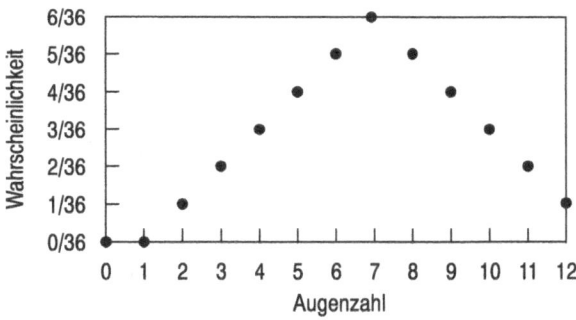

Kann man zwei Würfel auch anders als üblich beschriften, so dass die Summe ihre Augen trotzdem immer von 2 bis 12 liegt und diese Zahlen mit den gleichen Wahrscheinlichkeiten geworfen werden wie bei zwei gewöhnlichen Würfeln? Zugelassen sind dabei nur positive ganze Zahlen einschließlich der Null.

82 Die Spinne

Auf einem Kegel, dessen kreisförmige Grundfläche einen Durchmesser von zehn Zentimetern und dessen Flanke eine Länge von zwanzig Zentimetern hat, sitzt auf halber Höhe eine Spinne. Die Spinne krabbelt um den Kegel herum und gelangt wieder zu ihrem Ausgangspunkt zurück. Zufällig hat sie den kürzestmöglichen Weg genommen.

Aufgaben   39

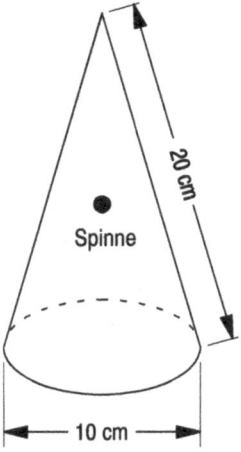

Wie ist die Spinne gekrabbelt, und wie lang ist ihr Weg?

83 Der Jäger

Ein Jäger bricht am Morgen auf und wandert zehn Kilometer nach Süden. Dann ändert er seine Richtung und geht nach Osten. Nach zehn Kilometern biegt er ab und geht weitere zehn Kilometer nach Norden. Dort ändert er wieder seine Richtung, marschiert zehn Kilometer nach Westen und gelangt an seinen Ausgangspunkt zurück.
Wo befindet sich der Jäger?

84 Die Endziffern

Wie lauten die letzten beiden Ziffern der Zahl, die man erhält, wenn man den Exponentialausdruck $7^{7^{7}}$ ausmultipliziert? (Exponentialleitern werden von oben nach unten abgearbeitet, d. h. $7^{7^{7}}$ bedeutet $7^{(7^{7})}$.)

85 Die Läufer auf dem Schachbrett

Wie viele Läufer kann man höchstens auf ein Schachbrett stellen, wenn sich die Figuren nicht gegenseitig bedrohen dürfen?

86 Die drei Töchter

Ein Vertreter möchte einer Hausfrau einen Staubsauger verkaufen. „Ich nehme eines Ihrer Geräte", sagt die Frau, „wenn Sie mir die folgende Frage richtig beantworten: Ich habe drei Töchter. Das Produkt ihrer Alter ist 36, die Summe ergibt meine Hausnummer. Wie alt sind meine Töchter?" Der Vertreter verlässt das Haus und kommt nach einer halben Stunde zurück. „Mir fehlt eine Angabe, um die Frage beantworten zu können." „Sie haben Recht", sagt die Hausfrau. „Ich vergaß, Ihnen zu sagen, dass meine älteste Tochter Klavier spielt."
Wissen Sie, wie alt die drei Töchter sind?

87 Das Spiel mit der Dame

Alfred und Berta spielen ein einfaches Strategiespiel auf einem Schachbrett. Alfred, der das Spiel beginnt, darf eine Dame auf irgendein Feld seiner Wahl in der oberen Reihe oder in der rechten Spalte des Schachbretts stellen, also auf eines der in der Zeichnung schraffierten Felder. Nun dürfen Berta und Alfred immer abwechselnd einen Zug mit der Dame machen. Es sind die normalen Damezüge wie beim Schach erlaubt, jedoch mit der Einschränkung, dass die horizontalen Züge immer nur nach links, die vertikalen Züge nur nach unten und die diagonalen nur nach links unten gemacht werden dürfen. Berta macht den ersten Zug. Das Spiel hat gewonnen, wer mit der Dame das Feld unten links, das in der Zeichnung mit einem Kreuz versehen ist, erreicht.

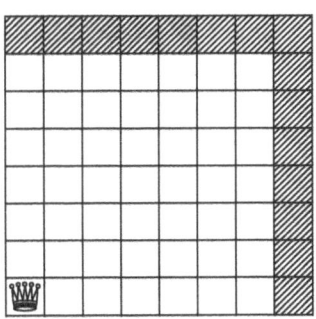

Welche Strategie muss Alfred verfolgen, damit er das Spiel in jedem Fall gewinnt?

Die Zahl 1 kann man durch den Bruch $\frac{2}{3-1}$ ausdrücken.

$$1 = \frac{2}{3-1}.$$

Da also die komplette rechte Seite der Gleichung den Wert 1 hat, kann man die 1 im Nenner des Bruchs auch durch den gesamten Bruch ersetzen.

$$1 = \cfrac{2}{3 - \cfrac{2}{3-1}}$$

Auch diese Gleichung ist offensichtlich richtig.
Das Verfahren kann man fortsetzen: Die 1 wird wieder gegen $\frac{2}{3-1}$ ausgetauscht.

$$1 = \cfrac{2}{3 - \cfrac{2}{3 - \cfrac{2}{3-1}}}$$

Mit diesen Ersetzungen kann man nun beliebig lange weitermachen, und man erhält einen unendlichen Kettenbruch.

$$1 = \cfrac{2}{3 - \cfrac{2}{3 - \cfrac{2}{3-\ddots}}}$$

Die Zahl 2 kann man durch den Bruch $\frac{2}{3-2}$ darstellen.

$$2 = \frac{2}{3-2}.$$

Bei diesem Bruch kann die 2 im Nenner durch den gesamten Bruch ersetzt werden.

$$2 = \cfrac{2}{3 - \cfrac{2}{3 - \cfrac{2}{3-2}}}$$

Auch hier lässt sich das Verfahren unendlich weit fortsetzen.

$$2 = \cfrac{2}{3 - \cfrac{2}{3 - \cfrac{2}{3 - \cdots}}}$$

Vergleicht man nun den ersten Kettenbruch mit dem zweiten, stellt man fest, dass sie gleich sind. Darum muss natürlich auch 1 = 2 gelten. Was ist hier falsch?

89 Die Postkartenskulptur

Versuchen Sie aus einer Postkarte die abgebildete Skulptur herzustellen. Sie dürfen dabei die Karte nur schneiden und knicken; kleben oder heften ist nicht erlaubt. Auch soll das Gebilde nachher keine überflüssigen Schnitte aufweisen, also Schnitte durch auf der Skulptur ebene Flächen. Außerdem darf der Karton an keiner Stelle doppelt liegen.

90 Der Kreis auf dem Schachbrett

Welchen Radius hat der größte Kreis, der sich so auf ein Schachbrett zeichnen lässt, dass sein Umfang nur durch weiße Felder läuft? Wo muss der Mittelpunkt liegen? Die Schachbrettfelder sollen dabei eine Einheit lang sein.

91 Die zerrissene Kette

Bertas wertvolle Halskette ist in vier Teile zerrissen, und die aufgebrochenen Kettenglieder sind verloren gegangen. Sie bringt die vier Teile zu einem Juwelier, um sie reparieren zu lassen. Der Juwelier besieht sich die Teile der Kette: Das erste besteht aus zwei, das zweite aus fünf, das dritte aus sieben und das letzte aus zehn Gliedern.

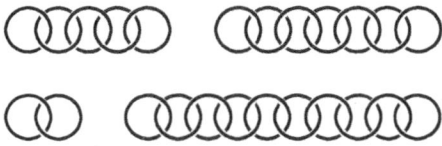

Berta erkundigt sich nach den Reparaturkosten, und der Juwelier sagt ihr: „Jedes Auftrennen und Zusammenlöten eines Gliedes kostet zwei Euro."

Wie teuer ist die Reparatur der Kette?

92 Der Vier-Banden-Stoß

Alfred und Berta spielen Billard. Alfred bittet Berta, an irgendeine beliebige Stelle des Tisches mit einem Stück Kreide ein Kreuz zu zeichnen und dort die weiße Kugel hinzulegen. Nachdem Berta das gemacht hat, zielt Alfred sorgfältig mit dem Queue nach der Kugel und stößt zu. Die Kugel rollt los, wird auf ihrer Bahn an jeder der vier Banden einmal reflektiert und läuft schließlich wieder über das Kreidekreuz.

Wie lang ist der Weg der Kugel vom Start am Kreidekreuz bis zum Wiedererreichen des Kreuzes, wenn der Billardtisch 2,40 Meter lang und 1,20 Meter breit ist? Sie dürfen annehmen, dass bei der Reflexion der Kugel an einer Bande der Einfallswinkel und der Ausfallswinkel gleich sind, und dass man den Durchmesser der Kugel vernachlässigen kann.

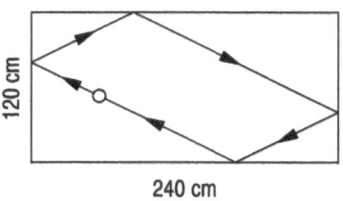

240 cm

93 Kreissehnen

Auf dem Umfang eines Kreises werden n Punkte markiert, und anschließend wird jeder Punkt mit jedem anderen Punkt durch eine Gerade verbunden. Die Lage der Punkte wird so gewählt, dass sich nie mehr als zwei Geraden in einem Punkt im Inneren des Kreises schneiden. Die Verbindungsgeraden zerlegen die Kreisfläche in mehrere Teile, wobei die Anzahl N dieser Flächenteile von n abhängt. Die Abbildung zeigt Kreise mit einem Punkt bis hin zu fünf Punkten und die dazugehörigen Sehnen. Man kann nun durch einfaches Abzählen beweisen, dass für $n = 1$ bis $n = 5$ für die Anzahl N der Flächen gilt:

$$N = 2^{n-1}$$

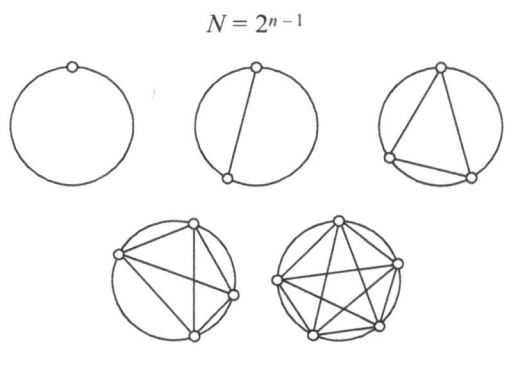

n	1	2	3	4	5
$N = 2^{n-1}$	$1 = 2^0$	$2 = 2^1$	$4 = 2^2$	$8 = 2^3$	$16 = 2^4$

Können Sie beweisen, dass dieses Gesetz auch für alle Werte von n gilt, die größer als 5 sind?

94 Münzsprünge

Fünfzehn schwarze und fünfzehn weiße Kreise sind, wie es die Abbildung zeigt, zu einem rechteckigen Muster angeordnet. Auf jedem der schwarzen Kreise liegt ein Euro. Die Aufgabe ist nun, die fünfzehn Euros von den schwarzen Kreisen auf die weißen Kreise zu bringen. Dies soll nach folgender Regel geschehen: Ein Euro darf nur dadurch seinen Platz wechseln, indem man mit ihm über eine Nachbarmünze auf ein unmittelbar dahinterliegendes freies Feld springt. Als Nachbarmünzen zählen nur die direkt darüber, darunter, links oder rechts liegenden Münzen, nicht jedoch die diagonal liegenden Münzen. Ist es möglich, alle fünfzehn Euros auf diese Weise auf die weißen Kreise zu bringen?

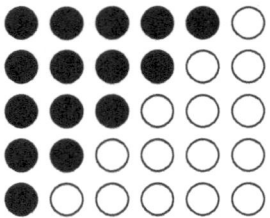

95 Quadratzahlen

Können Sie ohne Taschenrechner feststellen, ob die Zahl 3 141 592 653 589 793 eine Quadratzahl ist?

96 Briefmarkenkombinationen

In Frensland gibt es Briefmarken für jeden Wert von einem Cent bis hin zu dreißig Cent. Das Porto für einen Brief beträgt in Frensland dreißig Cent. Es gibt nun viele Möglichkeiten, Marken im Wert von dreißig Cent auf einen Brief zu kleben. Angenommen, alle Briefmarken würden nebeneinander in einer Reihe auf den Brief geklebt, wie viele verschiedene Kombinationen wären dann möglich? Dabei sollen die Varianten, die man erhält, wenn man die gleiche Markenkombination in anderer Reihenfolge auf den Brief klebt, auch als verschieden gelten. So sind beispielsweise die beiden Fälle

und

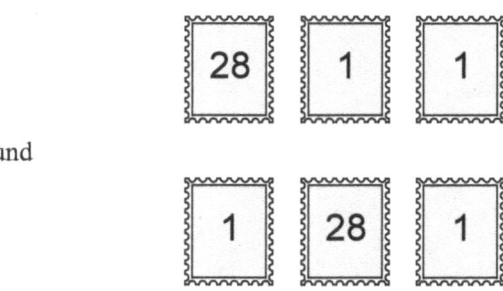

verschiedene Möglichkeiten.

97 Kalenderblätter

Professor Berstermann macht mit sechs seiner Studenten einen Logiktest. Er hat auf einen Tisch sechs Blätter eines Tagesabreißkalenders gelegt, die alle aus demselben Monat stammen. Fünf Blätter liegen offen dar, eines ist verdeckt. Nun bittet er den ersten Studenten, Alfred, in das Zimmer und fragt ihn, ob man aus dem Anblick der offenen Blätter erschließen kann, ob das verdeckte Blatt zu einem Werktag oder zu einem Sonntag gehört. Alfreds Antwort, „ja" oder „nein", wird zusammen mit seinem Namen an der Tafel notiert.

Professor Berstermann verdeckt nun noch ein zweites Kalenderblatt und lässt dann Berta ins Zimmer holen. Ihr wird die Frage gestellt, ob man aus dem Anblick der vier offen liegenden Blätter und aus Alfreds Antwort ermitteln kann, ob das zuletzt umgedrehte Blatt von einem Werktag oder einem Sonntag stammt. Auch Bertas Antwort wird zusammen mit ihrem Namen notiert.

Das Spiel geht nach dem gleichen Schema weiter: Bevor ein Student ins Zimmer gerufen wird, dreht Professor Berstermann jedes Mal noch ein weiteres Kalenderblatt um. Der Student kann sich die Antworten seiner Vorgänger und die offenen Blätter ansehen, wird dann nach dem zuletzt umgedrehten Blatt gefragt, und schließlich wird seine Antwort notiert.

Angenommen Frieda, die sechste Studentin, findet als Antwort ihrer Vorgänger fünfmal „nein" vor. Wie muss sie antworten?

Alle Studenten wissen übrigens, dass die Kalenderblätter aus einem Monat stammen und dass der Test abgebrochen würde, wenn einer eine falsche Antwort gäbe.

98 Die Streichholzgleichung

Aus sieben Streichhölzern wurde mit römischen Zahlen die fehlerhafte Gleichung VII = I gebildet. Legen Sie ein Holz so um, dass dadurch eine korrekte Gleichung entsteht. Es ist nicht erlaubt, eine Ungleichung zu bilden.

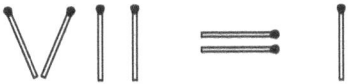

---

99 Das Zwanzig-Fragen-Spiel

Alfred und Berta spielen das Zwanzig-Fragen-Spiel. Alfred denkt sich eine ganze Zahl aus dem Intervall von 0 bis N aus, und Berta muss sie raten. Damit ihre Chancen, die Zahl herauszubekommen, nicht ganz so schlecht sind, darf sie Alfred zwanzig Fragen stellen. Es dürfen allerdings nur solche Fragen sein, die sich mit „ja" oder mit „nein" beantworten lassen, ansonsten gibt es keine Einschränkungen. Zum Beispiel könnte Berta fragen: „Ist die Zahl eine Primzahl?" oder „Ist die Zahl durch 93 teilbar?"

Wie groß darf N höchstens sein, damit Berta, wenn sie die optimale Fragestrategie wählt, die Zahl, die sich Alfred ausdenkt, mit Sicherheit ermitteln kann?

100 Die Fluggesellschaft

Eine Fluggesellschaft unterhält zwischen zwanzig europäischen Großstädten insgesamt 172 direkte Verbindungen, die jeweils in beide Richtungen benutzbar sind.

Beweisen Sie, dass man von jeder dieser zwanzig Städte in jede andere fliegen kann, ohne dabei mehr als einmal umsteigen zu müssen.

101 Sieben Zigaretten

Vier gleichgroße Kugeln können so angeordnet werden, dass jede Kugel die anderen drei berührt.

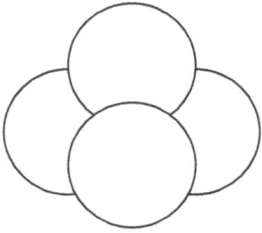

Wie muss man sieben Zigaretten platzieren, damit jede von ihnen die sechs anderen berührt? Natürlich dürfen die Zigaretten weder geknickt noch zerbrochen werden.

102 Fakultäten

Die Fakultät einer natürlichen Zahl n ist das Produkt aller ganzen Zahlen von 1 bis hin zur Zahl n selbst. In mathematischer Schreibweise wird die Fakultät einer Zahl durch ein Ausrufzeichen hinter der Zahl dargestellt. Beispielsweise hat die Fakultät von 5 den Wert $5! = 1 \cdot 2 \cdot 3 \cdot 4 \cdot 5 = 120$.

Gibt es Zahlen n, deren Fakultät $n!$ sich auch als Produkt von weniger als $n - 1$ aufeinanderfolgenden ganzen Zahlen ausdrücken lässt?

103 Linien auf dem Schachbrett

Man kann acht gerade Linien so auf ein Schachbrett zeichnen, dass alle vierundsechzig Felder mindestens einmal geschnitten werden. Die Abbildung zeigt eine von vielen Möglichkeiten.

Kann man auch mit weniger als acht Geraden alle vierundsechzig Felder schneiden?

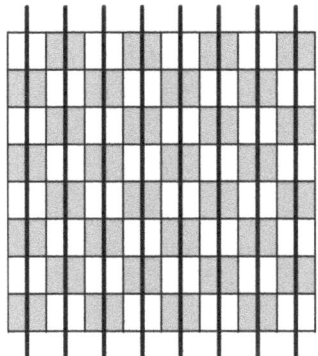

Selbstverständlich gilt ein Feld noch nicht als geschnitten, wenn die Linie nur durch eine Ecke oder entlang einer Kante läuft.

104 Die Linie im Dreieck

In einem rechtwinkligen Dreieck, dessen Seiten drei, vier und fünf Zentimeter lang sind, wird eine Gerade von der Mitte der Hypotenuse zur gegenüberliegenden Ecke gezogen. Wie lang ist diese Verbindungslinie?

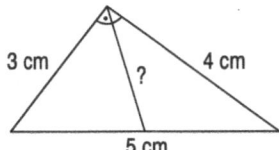

105 Acht gleichseitige Dreiecke

Zeichnen Sie auf ein Blatt Papier mit sechs gleichlangen Geraden eine Figur, die acht gleichseitige Dreiecke enthält.

106 Die drei Kreise

Drei gleichgroße Kreise sind so übereinander gezeichnet, dass der Mittelpunkt jedes Kreises auf einem der Schnittpunkte der Umfänge der beiden anderen Kreise liegt. Die in der Skizze schraffierte Fläche wird von allen drei Kreisen abgedeckt. Ist sie größer oder kleiner als ein Viertel einer Kreisfläche?

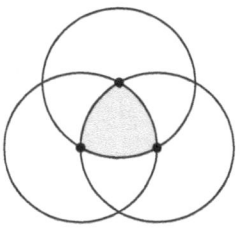

107 Die Erbsen

Tausend Töpfe stehen in einer langen Reihe nebeneinander. Nun wird in jeden Topf eine Erbse gelegt. Danach legt man in jeden zweiten Topf eine Erbse, anschließend eine in jeden dritten Topf. Nach diesem Muster fährt man fort, bis man schließlich in jeden tausendsten Topf, das heißt nur in den letzten Topf, eine Erbse legt.

In wie vielen Töpfen liegt zum Schluss eine ungerade Anzahl Erbsen?

108 Die Maximierung

Von einem Punkt gehen Strahlen aus, die die Längen von einem Zentimeter, von zwei, von drei und von vier Zentimetern haben. Die Enden der Strecken sind durch Geraden zu einem Viereck verbunden. Welche Winkel a, β, γ und δ müssen die vier Strahlen einschließen, und in welcher Reihenfolge müssen sie angeordnet sein, damit die Fläche des Vierecks möglichst groß wird?

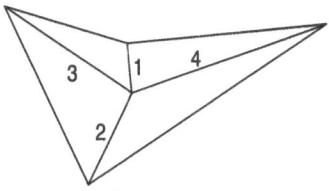

Die Reihenfolge der Strahlen in der Skizze – im Uhrzeigersinn betrachtet: 1 cm, 4 cm, 2 cm, 3 cm – ist nur ein Beispiel und braucht nicht die richtige zu sein.

109 Die größte dreiziffrige Zahl

Was ist die größte Zahl, die man mit drei Ziffern schreiben kann, ohne dabei irgendwelche zusätzlichen mathematischen Symbole zu benutzen?

110 Vier Punkte

Wie müssen vier Punkte angeordnet sein, damit jede mögliche Auswahl von drei Punkten die Ecken eines gleichseitigen Dreiecks bildet?

111 Die drei Zahlenklassen

1. 0, 3, 6, 8, 9, ...
2. 1, 4, 7, 11, 14, ...
3. 2, 5, 10, 12, 13, ...

Die ganzen Zahlen sind nach einer bestimmten Regel in drei Klassen eingeteilt worden. In welche Klassen gehören die Zahlen 15, 16 und 17?

112 Eine Fünf-Sekunden-Aufgabe

Für diese Aufgabe haben Sie fünf Sekunden Zeit: Teilen Sie 34 durch ½ und zählen Sie 3 dazu. Wie lautet das Ergebnis?

113 Das Kartenspiel

Vier Freunde spielen Karten, und sie verabreden, dass jeder, der ein Spiel verliert, den drei anderen jeweils die Summe Geld zahlt, die diese gerade besitzen. Das heißt, die Gewinner verdoppeln bei einem Sieg ihr Geld. Nach vier Spielen, als alle gerade einmal verloren haben, zählen sie ihr Geld und stellen fest, dass jeder genau 160 Euro besitzt.
Wie viel Geld hatten die einzelnen Spieler zu Beginn der Partie?

114 Die Winkelhalbierenden

Die Halbierenden der beiden Basiswinkel eines gleichschenkligen Dreiecks schneiden sich unter 90°. Die Basis hat eine Länge von zehn Zentimetern. Wie groß ist die Höhe dieses Dreiecks?

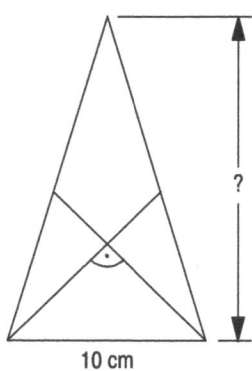

10 cm

115 Polyeder mit dreieckigen Flächen

Es ist unmöglich, ein Polyeder mit einer ungeraden Flächenzahl zu konstruieren, wenn alle Flächen echte Dreiecke sein sollen. Warum?

116 Das Elektrokabel

In einem Hochhaus liegt in der Wand ein n-adriges Kabel, das vom Erdgeschoss bis zur obersten Etage verläuft. Die einzelnen Adern sind alle gleichfarbig und auch sonst durch nichts voneinander zu unterscheiden. Ein Elektriker soll zu jedem Aderende im Erdgeschoss das dazugehörige Ende in der obersten Etage suchen. Um diese Zuordnungen zu finden, stehen ihm zwei Sätze mit jeweils n durchnummerierten Schildchen und ein Durchgangsprüfer, der aus einer Batterie und einem Glühlämpchen besteht, zur Verfügung. Da der Fahrstuhl defekt ist, möchte er natürlich möglichst wenige Treppen steigen.

Wie oft muss der Elektriker vom Erdgeschoss bis zur obersten Etage steigen, wenn er das optimale Verfahren benutzt? Wie sieht dieses Verfahren aus?

117 Ein Türenproblem

Ein Haus, in dem alle Räume eine gerade Anzahl von Türen haben, kann nicht genau eine Tür besitzen, die nach draußen führt. Warum?

118 Angreifer und Verteidiger

Alfred und Viktor spielen ein einfaches Strategiespiel. Der Angreifer Alfred hat seinen Spielstein auf dem mit A gekennzeichneten Feld des inneren Neunecks und der Verteidiger Viktor auf dem mit V markierten Feld des äußeren Neunecks. Beide Spieler dürfen (und müssen) immer abwechselnd ihren Stein um ein Feld entlang der Linien verschieben. Die Aufgabe des Angreifers ist, den Verteidiger zu schlagen, das heißt, seinen Spielstein auf das vom Verteidiger besetzte Feld zu schieben. Dabei darf der Verteidiger nicht die quadratischen Felder und der Angreifer nicht die runden Felder verlassen. Eine Ausnahme ist der Zug, mit dem der Angreifer den Verteidiger schlägt. Der Angreifer hat gewonnen, wenn es ihm mit höchstens tausend Zügen gelingt, den Verteidiger zu schlagen. Andernfalls ist der Verteidiger der Sieger.

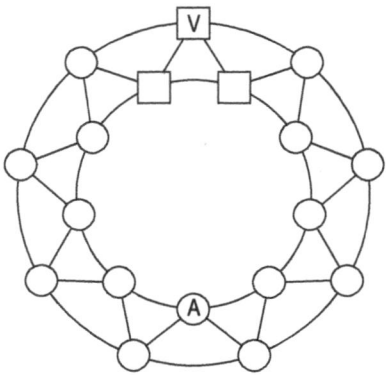

Angenommen, Alfred und Viktor spielen beide mit der für sie jeweils optimalen Strategie, wer gewinnt dann das Spiel?

119 Dreiecke und Rechteck

Kann man jedes Rechteck in beliebig viele ähnliche rechtwinklige Dreiecke zerlegen?

Ähnlichkeit im mathematischen Sinne bedeutet, dass die Form der Dreiecke erhalten bleibt und sich nur ihre Größe ändert. Spiegelbildliche Formen sind auch erlaubt. Das heißt, die entsprechenden Winkel sind bei allen Dreiecken gleich.

120 Das Würfelspiel

Ein gewöhnlicher Spielwürfel, der die Augenzahlen 1, 2, 3, 4, 5 und 6 auf seinen Flächen trägt, wird solange geworfen, bis die Summe der erreichten Augen größer als 6 ist. Ist diese Punktzahl überschritten, wird kein weiterer Wurf gemacht. Für dieses Spiel sind also mindestens zwei, höchstens aber sieben Wurf notwendig.

Was ist die wahrscheinlichste Gesamtpunktzahl?

121 Fünf Würfel auf dem Schachbrett

Auf einem Schachbrett liegen fünf Holzwürfel, deren Seitenflächen so groß wie die Schachbrettfelder sind, kreuzförmig nebeneinander, wie es die erste Skizze zeigt. Die fünf Würfel sind auf ihrer Oberseite jeweils mit einem A beschriftet. Man kann nun die Würfel über das Schachbrett bewegen, indem man sie Schritt für Schritt jeweils um eine Kante auf ein Nachbarfeld kippt, ähnlich wie man eine große, würfelförmige Kiste bewegen würde. Mit anderen Worten, jeder Würfel wird durch eine Serie von Vierteldrehungen bewegt, wobei jede dieser Drehungen ihn von einem Feld auf ein benachbartes kippt.

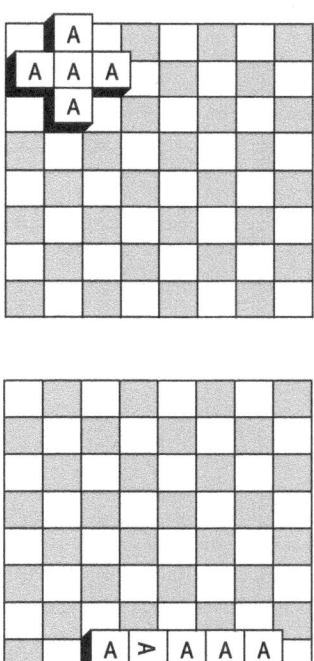

Auf diese Art und Weise sind die fünf Würfel aus ihrer kreuzförmigen Formation in eine gerade Reihe am unteren Rand des Brettes gebracht worden. Dabei liegt jedoch das A des zweiten Würfels auf dem Rücken. Welcher Würfel hat ursprünglich in der Mitte des Kreuzes gelegen?

122 Der Satz des Pythagoras

Zeichnet man bei einem rechtwinkligen Dreieck über alle drei Seiten Quadrate, die natürlich auch rechtwinklig sind, und deren Seitenlängen denen des Dreiecks entsprechen, so ist die Summe der Flächen der beiden kleineren Quadrate gleich der Fläche des großen Quadrats. Kurz:

$$a^2 + b^2 = c^2$$

Diese schöne Beziehung aus der ebenen Geometrie ist als der Satz des Pythagoras bekannt.

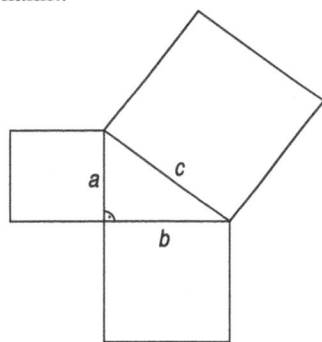

Wie groß muss der Winkel zwischen den beiden kurzen Seiten eines Dreiecks sein, damit für gleichseitige Dreiecke, die man über die drei Seiten zeichnet, die gleiche Beziehung gilt wie bei rechtwinkligen Dreiecken mit Quadraten? Die Fläche der beiden kleinen Dreiecke zusammen soll also gleich der des großen Dreiecks sein.

$$F_1 + F_2 = F_3$$

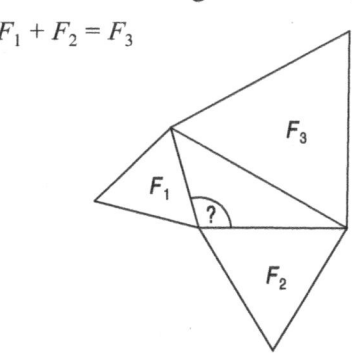

123 Die Multiplikation

Schaffen Sie es, die Multiplikation

81624324048566472808896 · 12,5

in weniger als einer Minute auszuführen?

124 Das Dreieck im Dreieck

In einem beliebigen Dreieck werden alle drei Seiten im Verhältnis 1:2 geteilt. Schaut man von außerhalb des Dreiecks auf die Seiten, soll der längere Abschnitt immer links und der kürzere rechts sein. Die Teilpunkte werden mit der jeweils gegenüberliegenden Ecke verbunden.

Die drei Verbindungslinien begrenzen ein kleines Dreieck im Inneren des ursprünglichen großen Dreiecks. Stehen die Flächen des inneren und des äußeren Dreiecks in einem festen Verhältnis zueinander? Wenn ja, in welchem?

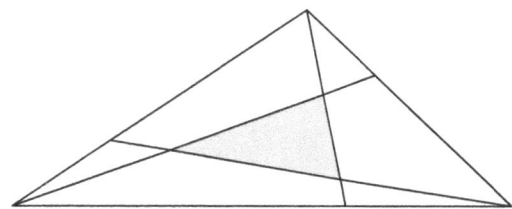

125 Reihen

E, Z, D, V, F, S, ...

Diese Reihe ist nach einer bestimmten Regel aufgebaut. Wie lautet sie, und welcher Buchstabe muss als nächster folgen?

126 Bruchteile ganzer Zahlen

Wenn ¼ von 20 gerade 6 ist, wie groß ist dann ⅓ von 10?

127 Die acht Papierquadrate

Acht quadratische Blätter Papier mit einer Seitenlänge von zehn Zentimetern liegen so übereinander, dass sie ein 20×20 Zentimeter großes Quadrat abdecken. Die Zeichnung zeigt diesen Stapel von Blättern, deren Flächen und Ränder teilweise verdeckt sind. Können Sie die Blätter in der Skizze so nummerieren, dass das oberste Blatt eine 1, das nächste ein 2, usw. und das unterste eine 8 erhält?

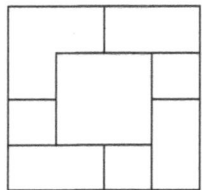

128 Dreitafelprojektionen

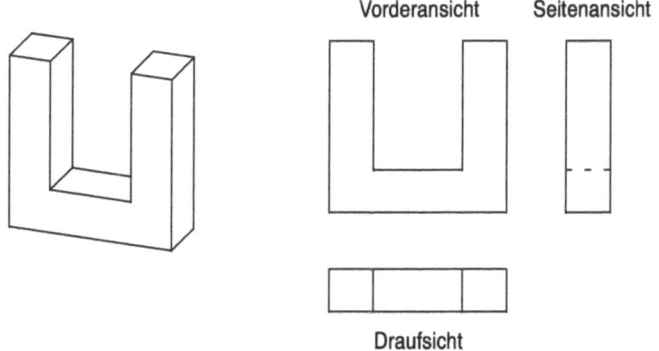

Das in der Technik übliche Verfahren zur Darstellung von Körpern ist die Dreitafelprojektion. Bei ihr werden drei Ansichten des Körpers – die Vorderansicht, die Seitenansicht und die Draufsicht – auf jeweils dahinterliegende Ebenen parallel projiziert. Dabei stellt man alle sichtbaren Kanten durch ausgezogene und alle unsichtbaren Kanten durch gestrichelte Linien dar. Fällt in der Projektion eine unsichtbare mit einer sichtbaren Kante zusammen, sieht man natürlich nur die ausgezogene Linie. Als Beispiel ist ein U-förmiger Körper als perspektivisches Bild und als Dreitafelprojektion gezeichnet.

Kennt man die drei Dreitafelprojektionen dieses U-förmigen Körpers, so kann man daraus eindeutig seine genaue dreidimensionale Form ableiten. Kann es auch Dreitafelprojektionen geben, aus denen man die Form des dargestellten Gebildes nicht eindeutig ablesen kann? Wenn ja, geben Sie ein Beispiel an, aus dem sich mehrere Polyeder, also Körper ohne gekrümmte Flächen, konstruieren lassen. Die Polyeder sollen außerdem möglichst wenige Seitenflächen haben.

129 Palindrome

Ein Palindrom ist ein Wort, das man nicht nur wie gewöhnlich von links nach rechts lesen kann, sondern auch von rechts nach links, ohne dass sich sein Sinn dabei ändert. Ein Beispiel ist das Wort „Reliefpfeiler". Es gibt natürlich auch unter den Zahlen Palindrome, beispielsweise 1991.

Wie viele Palindrome gibt es, die kleiner als 10^n sind? Dabei soll n eine beliebige positive ganze Zahl sein.

130 Kluge und dumme Leute

In einem kleinen Dorf gibt es mehr junge Männer als dumme Frauen und mehr junge Frauen als dumme junge Männer. Wie viele kluge (nicht-dumme) Leute muss es mindestens in diesem Dorf geben? Mädchen zählen dabei zu den jungen Frauen und Jungen zu den jungen Männern.

131 Das Spiel mit den Hüten

Ein König möchte den Scharfsinn seiner drei Ratgeber testen. Er zeigt ihnen eine Kiste und sagt: „Seht her, in dieser Kiste liegen fünf Hüte, drei rote und zwei grüne. Jetzt schließt die Augen!" Die Ratgeber machen ihre Augen zu, und der König setzt jedem von ihnen einen Hut auf und schließt dann die Kiste mit den beiden übrig gebliebenen Hüten. „Ihr könnt die Augen wieder öffnen", sagt der König. „Eure Aufgabe ist es herauszubekommen, welche Farbe der Hut auf eurem Kopf hat, ohne ihn abzusetzen oder in den Spiegel zu schauen."

Der erste der Ratgeber schaut sich die Hüte der beiden anderen an, überlegt einen Moment und sagt: „Ich weiß nicht, welche Farbe mein Hut hat." Auch der zweite Ratgeber sieht sich die Hüte seiner beiden Kollegen an und sagt: „Auch ich kenne nicht die Farbe meines Hutes." Der dritte Ratgeber ist ein wenig benachteiligt, denn er ist blind, trotzdem sagt er: „Ich kenne die Farbe meines Hutes!"

Wenn wir davon ausgehen dürfen, dass die drei Ratgeber perfekte Logiker sind, und der dritte Ratgeber nicht die Hutfarbe geraten, sondern durch Überlegung herausbekommen hat, welche Farbe hat dann sein Hut?

132 Das rollende Tetraeder

Ein reguläres Tetraeder ist ein Körper, der von vier gleichen gleichseitigen Dreiecken begrenzt wird. Eine Seite eines regulären Tetraeders wird schwarz gefärbt und mit dieser Seite auf ein Feld eines Dreieckgitters gelegt. Das Gitter besteht aus Dreiecken der gleichen Größe und Form wie die Flächen des Tetraeders, und das Tetraeder deckt ein Feld genau ab.

Ihre Aufgabe ist es, das Tetraeder vom Startfeld zum direkt dahinterliegenden Zielfeld zu bringen. Dort soll es auch wieder mit seiner schwarzen Seite auf dem Dreieckgitter liegen. Die Aufgabe wäre simpel, wenn man das Tetraeder schieben dürfte. Das ist jedoch nicht erlaubt; es muss immer von einem Feld zum nächsten gebracht werden, indem man es über eine Kante abrollt.

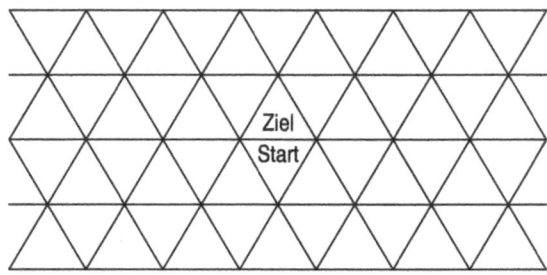

Wie viele Züge sind mindestens notwendig, um das Problem zu lösen?

133 Eine Liste von Sätzen

1. Genau eine Aussage in dieser Liste ist falsch.
2. Genau zwei Aussagen in dieser Liste sind falsch.
3. Genau drei Aussagen in dieser Liste sind falsch.
4. Genau vier Aussagen in dieser Liste sind falsch.
5. Genau fünf Aussagen in dieser Liste sind falsch.
6. Genau sechs Aussagen in dieser Liste sind falsch.
7. Genau sieben Aussagen in dieser Liste sind falsch.
8. Genau acht Aussagen in dieser Liste sind falsch.
9. Genau neun Aussagen in dieser Liste sind falsch.
10. Genau zehn Aussagen in dieser Liste sind falsch.

Welche Sätze in dieser Liste sind richtig und welche sind falsch?

134 Das Siebzehneck und der Kreis

Auf einem Bogen Papier sind ein Kreis und ein beliebiges Siebzehneck gezeichnet, das nur die Bedingung erfüllen muss, dass jede seiner Seiten den Kreisumfang genau einmal schneidet oder berührt, und keiner seiner Eckpunkte auf dem Umfang liegt. Beweisen Sie, dass mindestens eine der Siebzehneckseiten eine Tangente des Kreises sein muss!

135 Ein Färbungsproblem

Im Jahre 1976 gelang es den beiden Mathematikern K. Appel und W. Haken das in der Mathematik berühmte Vierfarbenproblem zu lösen. Sie konnten mit Hilfe eines Computerprogramms beweisen, dass man jede beliebige Landkarte mit vier Farben regulär färben kann. Bei einer regulären Färbung sind alle Länder so gefärbt, dass nie zwei gleichfarbige Länder eine gemeinsame Grenze haben, wobei eine gemeinsame Grenze zwischen zwei Ländern bedeutet, sie treffen an einem Linienstück aufeinander und nicht nur in einem einzelnen Punkt. Die Abbildung zeigt eine solche Färbung für die Länder Deutschlands.

Wir wollen jetzt eine Verallgemeinerung des Vierfarbenproblems betrachten. Es gibt die Vermutung, dass man eine n-dimensionale Karte immer mit 2^n Farben regulär färben kann.

Was ist damit gemeint? Die Länder des klassischen Vierfarben-problems sind Flächen auf einer Ebene, das heißt, sie sind zwei-dimensionale Gebilde.

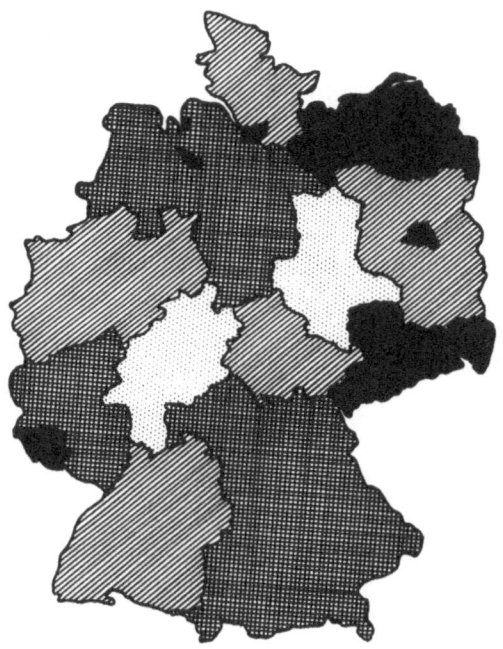

Ihre Grenzen sind Linien, also eindimensional. Wie K. Appel und W. Haken bewiesen haben, ist für diesen Fall die Vermutung richtig, denn $2^2 = 4$ Farben reichen für eine reguläre Färbung aus.

Eindimensionale Länder einer eindimensionalen Karte sind Ab-schnitte auf einer Geraden. Die Grenze zwischen den Ländern sind Punkte, in denen diese Abschnitte aneinanderstoßen. Sie sind also nullter Dimension. Färbt man die Abschnitte abwechselnd schwarz und weiß, hat man eine reguläre Färbung erreicht. Es reichen also $2^1 = 2$ Farben aus.

Eine nulldimensionale Karte ist ein einzelner Punkt. Sie besteht nur aus einem einzigen nulldimensionalen Land, denn ein Punkt kann nicht weiter strukturiert werden. Darum reicht natürlich auch $2^0 = 1$ Farbe für die reguläre Färbung aus.

Wie sieht es mit dreidimensionalen Ländern auf dreidimensionalen Karten aus? Solche Länder sind Körper und die Grenzen ihre Oberflächen. Kann man mit $2^3 = 8$ Farben jede dreidimensionale Karte regulär färben?

136 Die fehlende Ziffer

Wenn man $35! = 1 \cdot 2 \cdot 3 \cdot 4 \cdot \ldots \cdot 34 \cdot 35$ ausmultipliziert, erhält man eine Zahl mit 41 Ziffern. Ich habe die mittlere Ziffer durch ein Fragezeichen ersetzt.

Können Sie, ohne auch nur eine einzige Multiplikation auszuführen, die fehlende Ziffer ermitteln?

$$35! = 10333147966386144929?66651337523200000000$$

137 Das Labyrinth

Der Sage nach ließ König Minos auf der Insel Kreta ein riesiges Labyrinth bauen, in das er ein Ungeheuer mit einem Menschenkörper und einem Stierkopf, den Minotaurus, sperrte. Die Abbildung zeigt eine Kachel mit einem Plan dieses Bauwerks, allerdings ist im Laufe der Jahrtausende eine Ecke abgebrochen und verloren gegangen.

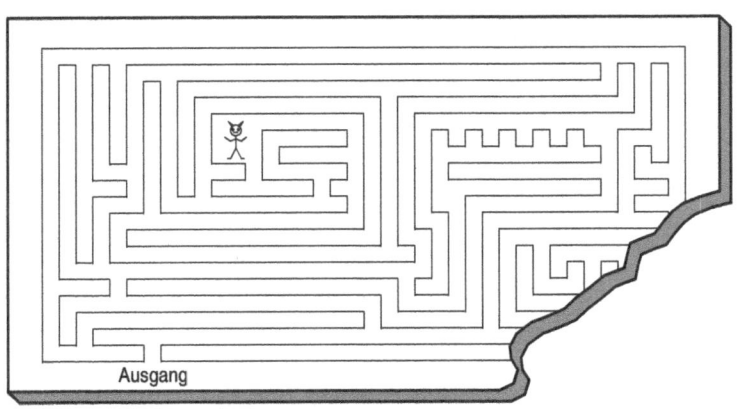

Ausgang

Das Labyrinth ist eine Besonderheit: Seine Mauer stellt einen geschlossenen Ring dar, das heißt, sie verzweigt sich nirgends, und es gibt keinen Anfang und kein Ende. Können Sie trotz der Unvollständigkeit des Plans feststellen, ob das Ungeheuer zum Ausgang gelangen kann oder nicht?

138 Zehnstellige Zahlen

Ist die folgende Rechnung korrekt? Überprüfen Sie das Ergebnis, ohne dazu einen Taschenrechner zu benutzen!

$$1234567890^2 - 1234567889 \cdot 1234567891 = 1$$

139 Der Abstand der Primzahlen

Auf dem Zahlenstrahl stehen zwischen den beiden Primzahlen 23 und 29 genau fünf andere Zahlen, die alle keine Primzahlen sind. Sie sind das kleinste Primzahlenpaar mit dieser Eigenschaft; das nächstgrößere Paar sind 31 und 37.

Welches sind die beiden kleinsten benachbarten Primzahlen, zwischen denen auf dem Zahlenstrahl gerade zehn zusammengesetzte Zahlen stehen?

140 Das Centspiel

Alfred und Berta haben hundert Centstücke vor sich auf dem Tisch liegen, mit denen sie folgendes Spiel spielen: Abwechselnd darf jeder der beiden einen, zwei, drei, vier, fünf oder sechs Cent vom Tisch nehmen. Das Spiel hat gewonnen, wer die letzte Münze nimmt. Alfred macht den ersten Zug. Welche Strategie muss er verfolgen, damit er das Spiel auf jeden Fall gewinnt?

141 Der Geburtstag

Auf der Geburtstagsfeier von Carl kommen Alfred und Berta ins Gespräch. „Ich hatte im letzten Jahr keinen Geburtstag", sagt Alfred. „Dann bist Du also am 29. Februar geboren und hast nur in Schaltjahren Geburtstag", meint Berta. „Nein! Ich bin nicht an einem 29. Februar geboren."

Ist es möglich, dass Alfred die Wahrheit sagt?

142 Der Müller

Diese Aufgabe ist eigentlich denkbar simpel, trotzdem haben viele, auch sehr intelligente Menschen Mühe, sie zu lösen.

Ein Müller nimmt von den Bauern, die ihm ihr Korn zum Mahlen bringen, ein Zehntel des Mehls als Lohn für seine Arbeit. Wie viel Korn wurde dem Müller gebracht, wenn der Bauer nach Abzug des Lohns einen Zentner Mehl bekommt?

Versuchen Sie, dieses Problem im Kopf zu lösen!

143 Das Quadrat im Quadrat

Wenn man bei einem Quadrat die Ecken und die Seitenmittelpunkte miteinander verbindet, so wie es die Zeichnung zeigt, entsteht in seinem Inneren ein kleines Quadrat. In welchem Verhältnis stehen die Flächeninhalte des inneren und des äußeren Quadrats?

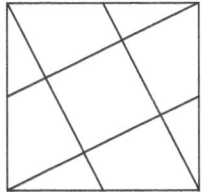

144 Hühnerpreise

Vor vielen Jahren gingen drei Bauern in eine nahe gelegene Kleinstadt, um ihre Hühner zu verkaufen. Der erste Bauer hatte dreißig Hühner, die er zu einem Preis von einem Euro je zwei Hühner verkaufte. Er erhielt also insgesamt fünfzehn Euro. Der zweite Bauer verkaufte auch dreißig Hühner, er erhielt jedoch nur für jeweils drei Hühner einen Euro und bekam somit insgesamt zehn Euro. Der dritte Bauer hatte sechzig Hühner, also so viele Hühner wie die beiden anderen Bauern zusammen, und er wollte auch beim Verkauf die Gesamtsumme von fünfundzwanzig Euro erzielen. Darum bildete er einen mittleren Preis aus den Verkäufen der beiden anderen Bauern und verkaufte je fünf seiner Hühner zum Preis von zwei Euro. Als er am Abend sein Geld zählte, stellte er fest, dass er nur vierundzwanzig Euro eingenommen hatte. Wo war der fehlende Euro geblieben?

145 Die Ringfläche

Wie groß ist die Fläche des Ringes zwischen dem Umkreis und dem Inkreis eines regelmäßigen Siebenecks mit einer Seitenlänge von einem Zentimeter?

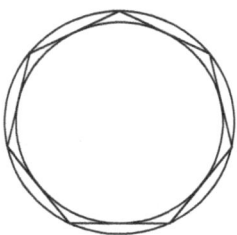

146 Die zehn Reisenden

Eines Abends kamen in einen kleinen Dorfgasthof zehn Reisende, und jeder verlangte ein Zimmer. „Ich habe nur neun Räume", sagte der Wirt, „aber ich werde sehen, was sich machen lässt." Er brachte die beiden ersten Reisenden in einem Zimmer unter. Dem dritten Reisenden gab er das zweite Zimmer, dem vierten das dritte Zimmer, usw. und schließlich dem neunten das achte Zimmer. Das neunte Zimmer war nun noch frei, und er holte den zehnten Reisenden aus dem ersten Zimmer und brachte ihn hier unter. Jetzt hatte jeder der zehn Reisenden sein Einzelzimmer. Wie war das möglich?

Die englische Form dieses Rätsels ist in Versform geschrieben und so hübsch, dass ich sie Ihnen nicht vorenthalten möchte.

> Ten weary, footsore travellers,
> All in a woeful plight,
> Sought shelter at a wayside inn
> One dark and stormy night.
>
> "Nine rooms, no more," the landlord said
> "have I to offer you.
> To each of eight a single bed,
> But the ninth must serve for two."

A din arose. The troubled host
Could only scratch his head,
For of those tired men no two
Would occupy one bed.

The puzzled host was soon at ease –
He was a clever man –
And so to please his guests devised
This most ingenious plan.

In a room marked A two men were placed,
The third was lodged in B,
The fourth to C was then assigned,
The fifth retired to D.

In E the sixth he tucked away,
In F the seventh man,
The eighth and ninth in G and H,
And then to A he ran,

Wherein the host, as I have said,
Had laid two travellers by;
Then taking one – the tenth and last –
He lodged him safe in I.

Nine single rooms – a room for each –
Were made to serve for ten;
And this it is that puzzles me
And many wiser men.

147 Lügner, Ehrliche und Mixer

Auf einer kleinen Südseeinsel leben drei Stämme, deren Angehörige recht ungewöhnliche Angewohnheiten haben. Die Angehörigen des Stammes der Ehrlichen sagen stets die Wahrheit, die vom Stamme der Lügner schwindeln stets das Blaue vom Himmel, und die vom Stamme der Mixer sagen immer abwechselnd einmal die Wahrheit und einmal die Unwahrheit. Wie kann ein Besucher dieser seltsamen Insel, der dort einen Eingeborenen trifft, mit nur zwei Fragen feststellen, zu welchem Stamm sein Gegenüber gehört?

148 Nullen und Einsen

Wie lautet die kleinste positive ganze Zahl, die sich ohne Rest durch 225 teilen lässt und die nur aus Nullen und Einsen besteht?

149 Der Weg durch das Haus

Die Zeichnung zeigt den Grundriss eines einstöckigen Hauses mit fünf Zimmern. Die Räume sind über sechzehn Türen untereinander und mit dem Garten verbunden. Können Sie einen Weg durch das Haus und den Garten finden, der durch jede der sechzehn Türen genau einmal läuft? Es spielt dabei keine Rolle, wo der Weg beginnt und wo er endet.

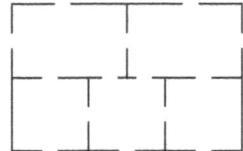

150 Eine Zahlenreihe

Nach welchem Gesetz ist diese Reihe aufgebaut, und wie könnte die nächste Zahl lauten?

1, 11, 21, 1211, 111221, 312211, 13112221, 1113213211, ...

151 Das Sparbuch

Alfred hat 100 Euro auf seinem Sparbuch. Nacheinander hebt er einige Beträge ab. Um festzustellen, wie viel Geld er abgehoben hat, zählt er die jeweiligen Restbeträge seines Kontos zusammen. Gleichzeitig addiert er zur Kontrolle auch die abgehobenen Beträge. Dabei stellt sich nach einiger Zeit heraus, dass er nach der ersten Rechnung noch einen Euro auf seinem Sparbuch haben müsste, während es nach der zweiten Rechnung leer ist. Wohin ist der eine Euro verschwunden?

Geld auf dem Sparbuch:	50 €	Abhebungen:	50 €
	25 €		25 €
	15 €		10 €
	7 €		8 €
	2 €		5 €
	0 €		2 €
	99 €		100 €

152 Magische Quadrate

Loh Shu wird von den Chinesen ein Raster von 3×3 Quadraten genannt, in dem die Zahlen von 1 bis 9 so verteilt sind, dass die Summe
der Zahlen in den drei Zeilen, den drei Spalten und den beiden Diagonalen jeweils 15 beträgt. Es ist in China schon seit dem vierten
Jahrhundert vor Christus bekannt und die einzige Möglichkeit, die
Zahlen so zu verteilen, dass die Bedingungen erfüllt sind, sieht man
einmal von den Mustern ab, die entstehen, wenn man das Quadrat
dreht oder spiegelt.

6	1	8
7	5	3
2	9	4

In der westlichen Welt wird das Loh Shu als magisches Quadrat dritter Ordnung bezeichnet. Es gibt magische Quadrate jeder Ordnung n,
die die Zahlen von 1 bis n^2 enthalten und deren magische Konstante,
das heißt, deren Zeilen-, Spalten- und Diagonalensumme, $n(n^2 + 1)/2$
beträgt, sofern $n \geq 3$ ist. Allerdings gibt es für $n > 3$ immer mehr als
eine Möglichkeit.

Ist es auch möglich, ein magisches Quadrat dritter Ordnung zu
konstruieren, das die ersten neun geraden Zahlen, also 2, 4, 6, 8, 10,
12, 14, 16 und 18, enthält? Wenn ja, wie sieht es aus? Die magische
Konstante braucht selbstverständlich hier nicht 15 zu sein.

153 Die Verteilung des Erbes

Ein alter Mann liegt auf dem Sterbebett. Er ruft seine fünf Söhne zu
sich und sagt: „Ich habe ein Grundstück von fünfhundert Metern

Länge und hundert Metern Breite. Teilt es nach meinem Tod zu gleichen Teilen so unter euch auf, dass jede Fläche mit jeder anderen eine gemeinsame Grenze hat." Danach schließt er die Augen und stirbt.

Wie müssen die fünf Söhne ihr Erbe teilen, damit die Bedingungen ihres Vaters erfüllt werden? Eine gemeinsame Grenze bedeutet, die Grundstücke treffen nicht nur in einem Punkt zusammen, sondern an einem Linienstück.

154 Das Differenzendreieck

Aus $n(n + 1)/2$ Kreisen kann man ein auf der Spitze stehendes Dreieck bilden, das eine Seitenlänge von n Kreisen hat. Dabei darf n eine beliebige natürliche Zahl sein.

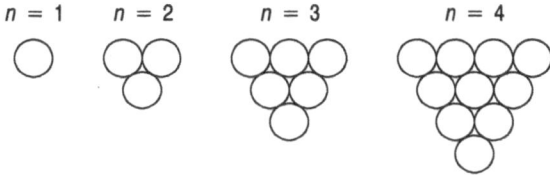

In die Kreise der obersten Reihe des Dreiecks sollen die Zahlen von 1 bis n gesetzt werden. Die restlichen Kreise sollen die absoluten Differenzen der Zahlen aus den beiden jeweils darüber liegenden Kreisen enthalten. Mit der absoluten Differenz ist die Differenz ohne Berücksichtigung des Vorzeichens gemeint.

Ein Beispiel soll dies verdeutlichen. Angenommen, bei einem Dreieck für $n = 3$ stünde in der obersten Zeile die Zahlenfolge 3, 1, 2, dann müsste in der zweiten 2, 1 stehen, da $|3 - 1| = 2$ und $|1 - 2| = 1$ ist. In das unterste Feld schließlich müsste eine 1 gesetzt werden, da $|2 - 1| = 1$ ist.

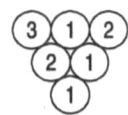

Wie groß kann die Zahl im untersten Feld eines Dreiecks der Seitenlänge n höchstens sein?

155 Sich schneidende Kreise

Die Mittelpunkte X, Y und Z von drei Kreisen, die alle den Radius 1 haben, sind so gelegt, dass sich ihre Umfänge in einem Punkt M schneiden.

Versuchen Sie zu beweisen, dass die anderen drei Kreisschnittpunkte A, B und C auf dem Umfang eines vierten Kreises liegen, der ebenfalls einen Radius von 1 hat!

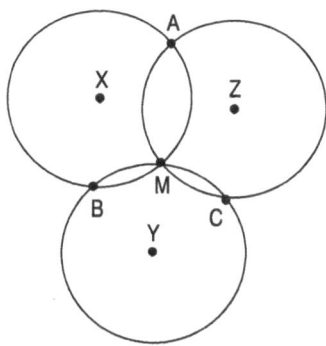

156 Die Streichholzschaufel

Vier Streichhölzer liegen in Form einer Schaufel auf dem Tisch, und auf der Streichholzschaufel liegt ein Euro. Versuchen Sie den Euro von der Schaufel zu bekommen, indem Sie zwei Streichhölzer verschieben. Die Position des Euros darf nicht verändert werden, und die Form der Schaufel muss erhalten bleiben.

157 Durch 12 teilbare Zahlen

Welches ist die größte Zahl, deren Ziffern alle verschieden sind und die außerdem ohne Rest durch 12 teilbar ist?

158 Eine Aufgabe zum Kopfrechnen

Für diese Aufgabe haben Sie zehn Sekunden Zeit. Berechnen Sie im Kopf folgendes Produkt:

$$1 \cdot 2 \cdot 3 \cdot 4 \cdot 5 \cdot 6 \cdot 7 \cdot 8 \cdot 9 \cdot 0 = ?$$

159 Die Halbierung

Aus neun Streichhölzern kann man ein Dreieck mit den Seitenlängen von zwei, drei und vier Hölzern bilden. Mit zwei zusätzlichen Streichhölzern soll das Dreieck in zwei flächengleiche Teile zerlegt werden, die aber nicht formgleich sein müssen. Die beiden Hölzer dürfen dabei weder übereinander liegen noch aus dem Dreieck herausragen, das heißt, die Trennlinie muss genau zwei Hölzer lang sein. Sie dürfen außerdem nicht geknickt oder gebrochen werden. Wie müssen die beiden Streichhölzer liegen?

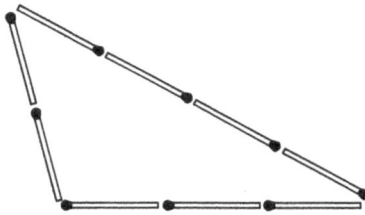

160 Ein unvollständiges Produkt

Das Produkt der beiden Zahlen 3141592653 und 2718288128 ist neunzehnstellig und beträgt 85397342?9628209684. Die neunte Stelle ist im Ergebnis durch ein Fragezeichen ersetzt worden. Welche Ziffer müsste dort stehen? Versuchen Sie die Aufgabe im Kopf zu lösen!

161 Ungerade Zahlen und Quadratzahlen

Die Summe einer beliebigen Anzahl aufeinanderfolgender ungerader Zahlen, beginnend mit der Eins, ist immer eine Quadratzahl. Warum?

162 Quadratzerlegungen

Es ist kein Problem, ein Quadrat in vier oder sechs kleinere Quadrate zu zerlegen. Aber versuchen Sie einmal ein Quadrat in fünf oder in sieben Quadrate zu unterteilen. Welche Anzahlen von Unterquadraten sind überhaupt möglich?

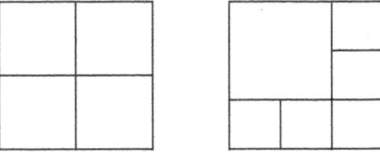

163 Die zerstörten Schachfelder

Von dem Schachbrett in der Abbildung wurden mit einem Schnitt vier Felder zerstört.

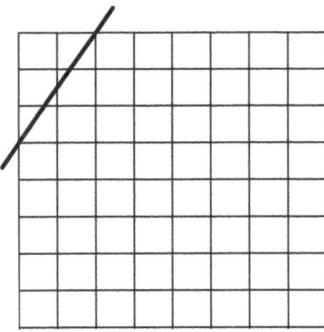

Wie viele Felder eines gewöhnlichen 8×8-Schachbretts kann man mit einem einzigen geraden Schnitt höchstens zerstören? Wie muss der Schnitt ausgeführt werden?

164 Ein Primzahlenproblem

Die Zahlen einer Reihe, die mit einer 9 beginnt, werden mit jedem Element um eine Ziffer länger.

9, 98, 987, 9876, 98765, 987654, 9876543, 98765432, 987654321, 9876543219, 98765432198, ...

Die jeweils nächste Zahl wird aus der vorherigen gebildet, indem man an deren letzte Ziffer eine davon um 1 kleinere Ziffer anhängt. Es gibt allerdings eine Ausnahme: Endet die vorherige Zahl mit einer 1, so wird für die nächste Zahl nicht eine 0, sondern eine 9 angehängt.

Wie viele und welche Zahlen dieser unendlichen Reihe sind Primzahlen?

165 Ein Gerüst aus Würfeln

Zwanzig gewöhnliche Spielwürfel, die die Augenzahlen von 1 bis 6 tragen, sind zu einem würfelförmigen Gerüst, wie es die Skizze zeigt, zusammengeklebt worden. Dabei wurden immer nur solche Flächen aufeinander geleimt, die die gleiche Augenzahl hatten.

Wie groß ist die Summe aller Augen auf den 72 freiliegenden Würfelflächen?

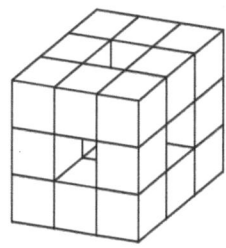

166 Ein seltsamer Würfel

Alle drei Abbildungen zeigen denselben Würfel. Wie sieht die Unterseite des Würfels in der ersten Abbildung aus?

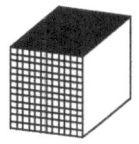 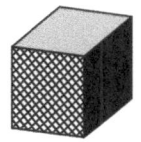 

167 Der Kegelklub

Einige Ehepaare haben einen Kegelklub gegründet. Der Kassenführer des Klubs hat drei Listen von den Mitgliedern erstellt. In der ersten Liste sind die Ehepaare nach dem zunehmenden Alter der Männer geordnet, in der zweiten Liste nach dem der Frauen und in der dritten Liste nach dem Gesamtalter der Ehepaare, also nach der Summe der Alter von Ehemann und Ehefrau.

In der ersten Liste steht das Ehepaar Adler auf dem siebten Platz und das Ehepaar Nagler auf dem achten Platz. In der zweiten Liste ist es genau umgekehrt: Die Adlers stehen auf dem achten und die Naglers auf dem siebten Platz. In der dritten Liste stehen die Adlers an erster und die Naglers an letzter Stelle.

Wie viele Ehepaare sind in dem Kegelklub?

168 Unfaire Würfel

Hinz und Kunz spielen ein ganz einfaches Glücksspiel. Vor ihnen auf dem Tisch liegen vier gewöhnliche Spielwürfel. Hinz darf sich von diesen Würfeln zuerst einen aussuchen, anschließend nimmt sich Kunz einen der restlichen drei. Die zwei übrig gebliebenen Würfel werden beiseite gelegt. Nun werfen Hinz und Kunz gleichzeitig ihren Würfel. Wer die höhere Augenzahl erreicht, ist der Gewinner und bekommt vom Verlierer einen Euro. Bei gleicher Augenzahl muss keiner zahlen. Welcher der beiden Spieler hat dabei die besseren Chancen?

Natürlich keiner! Wenn die Würfel nicht gefälscht sind, haben beide genau die gleichen Chancen zu gewinnen.

Entwerfen Sie nun vier neue Würfel, so dass bei genau dem gleichen Spiel Hinz, der wieder zuerst einen Würfel wählen darf, schlechtere Chancen hat als Kunz, der als zweiter einen Würfel aussuchen darf. Die vier Würfel dürfen beliebige Augenzahlen tragen. Die einzige Einschränkung ist, sie müssen ganzzahlig und dürfen nicht negativ sein. Es dürfen auch Augenzahlen mehrfach auf einem Würfel auftauchen. Hinz und Kunz sind hervorragende Logiker und Mathematiker. Sie wählen also jeder so ihren Würfel aus, dass sie möglichst gute Chancen haben zu gewinnen.

169 Die mathematischen Löcher

Gibt es einen Körper, den man konturengleich nacheinander durch alle drei Löcher des Brettchens stecken kann? Konturengleich bedeutet, dass sich mit dem Körper die Öffnungen vollständig verschließen lassen, so dass man an keiner Stelle mehr hindurch sehen kann.

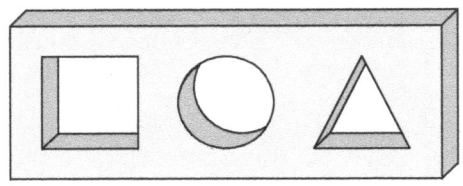

Die Seiten des quadratischen Lochs, der Durchmesser des runden Lochs und die Grundseite und die Höhe des dreieckigen Lochs haben die Länge d. Die beiden anderen Seiten des dreieckigen Lochs sind gleich lang.

170 Das Fußballturnier

Bei einem Fußballturnier spielen acht Vereine mit. Dabei tritt jede Mannschaft genau einmal gegen jede andere an. Für jedes Spiel werden zwei Punkte vergeben, die die Gewinnermannschaft erhält. Bei einem Unentschieden bekommt jede Mannschaft einen Punkt.

Am Ende des Turniers stellt sich heraus, dass alle acht Mannschaften eine unterschiedliche Punktzahl erreicht haben und dass die zweitbeste Mannschaft ebenso viele Punkt bekommen hat wie die vier schlechtesten Mannschaften zusammen.

Wie ist das Spiel der drittbesten Mannschaft gegen die fünftbeste ausgegangen?

171 Buchstabengruppen

Die Buchstaben des Alphabets sind nach einem bestimmten Verfahren in drei Gruppen unterteilt worden.

1. A, C, E, I, M, N, O, R, S, U, V, W, Z
2. G, J, P, Q, Y
3. B, D, F, H, K, L, T

Das X fehlt noch. In welcher der drei Gruppen sollte es stehen und warum gerade dort?

172 Zahlenquadrat aus Rom

Setzen Sie in jedes Feld eines $n \times n$-feldigen Quadrates ein römisches Zahlenzeichen, so dass jede Zeile und jede Spalte eine gültige römische Zahl bildet. Die $2n$ Zahlen müssen alle verschieden sein. Natürlich werden die Zeilen von links nach rechts und die Spalten von oben nach unten gelesen. Wie groß kann n höchstens sein?

Es dürfen nur die Zeichen I, V, X, L, C, D und M verwendet werden, und es muss die normale Subtraktionsregel benutzt werden. In einer römischen Zahl werden die Ziffern von links nach rechts nach absteigenden Werten geordnet. Das heißt, normalerweise steht links von einer Ziffer keine kleinere Ziffer. Die Subtraktionsregel in ihrer Normalform besagt, dass die Ziffern I, X und C einem ihrer nächst oder übernächst größeren Zahlzeichen vorangestellt werden dürfen und dann in ihrem Zahlwert von dessen Wert abzuziehen sind. Nur vom M dürfen mehr als drei Zeichen aufeinander folgen. Beispielsweise ist 5000 = MMMMM.

D	C	L	X
C	X	X	X
C	X	V	I
C	V	I	I

Das Abbildung zeigt ein Beispiel für $n = 4$. Die Zeilen und Spalten enthalten die Zahlen DCLX, CXXX, CXVI, CVII, DCCC, CXXV, LXVI und XXII, die alle verschieden sind. Dies ist allerdings nicht der größtmögliche Wert für n.

173 Die Suche nach des besten Ehefrau

Max Mustermann möchte eine Familie gründen und beschließt, eine der nächsten zwanzig Frauen, die er kennenlernt und die bereit sind, ihn zum Ehemann zu nehmen, zu heiraten. Natürlich will er nicht irgendeine dieser zwanzig Frauen heiraten, sondern möglichst die beste. Doch dies ist nicht ganz so leicht.

Max Mustermann hat klare Kriterien, mit denen er eine eindeutige Rangfolge der Heiratskandidatinnen aufstellen könnte. Würde er alle zwanzig Frauen gleichzeitig kennenlernen, könnte er darum ohne Mühe die beste dieser Frauen auswählen. Leider aber ist das nicht der Fall.

Max Mustermann lernt die Frauen alle nacheinander kennen. Er kann deshalb zwar seine jeweils aktuelle Heiratskandidatin mit den ehemaligen Kandidatinnen vergleichen, aber natürlich nicht mit den zukünftigen. Eine weitere Schwierigkeit ist, dass Max nur eine aktuelle Kandidatin heiraten kann. Seine vorherigen Heiratskandidatinnen sind endgültig ausgeschieden.

Irgendwann muss Max sich entscheiden: Diese Frau heirate ich jetzt. Erst später, wenn er alle zwanzig Frauen tatsächlich kennengelernt hat, kann er feststellen, ob er wirklich mit der besten dieser Frauen verheiratet ist.

Max Mustermann ist Mathematiker, darum trifft er seine Wahl mit einem Verfahren, bei dem er mit größtmöglicher Wahrscheinlichkeit die beste dieser zwanzig Frauen heiraten wird.

Wie funktioniert dieses Verfahren, und wie groß ist die Wahrscheinlichkeit, dass er tatsächlich die beste der zwanzig Frauen bekommt?

174 Straßenbahn kreuzt Fahrbahn

Auf einem Verkehrsschild steht: Vorsicht! Straßenbahn kreuzt Fahrbahn.

Können Sie dies ohne r buchstabieren?

175 Ein Rechteck aus Quadraten

Das kleinstmögliche Rechteck, in das man die Quadrate mit den Seitenlängen 1, 2, 3 und 4 setzen kann, ohne dass sie sich überlappen oder über den Rand des Rechtecks ragen, hat die Größe 7×5. Dabei bleibt eine Fläche von fünf Quadrateinheiten unbedeckt.

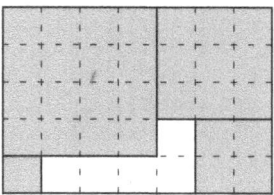

Wie groß ist die unbedeckte Fläche beim kleinsten Rechteck, in das man alle Quadrate mit den Seitenlängen von 1 bis 11 unterbringen kann? Die Seiten der Quadrate dürfen nur parallel oder senkrecht zu den Seiten des Rechtecks liegen.

176 Wie geht es weiter?

Diese Zahlenfolge ist nach einem bestimmten System aufgebaut.

5, 8, 12, 20, 25, 28, 50, 55, …

Wie könnte sie weitergehen?

177 Das Achteck

Vor Ihnen liegt ein Bogen kariertes Papier mit der Karogröße 1×1. Zeichnen Sie darauf ein Achteck, dessen Ecken alle mit den Quadratecken des Blattes zusammenfallen und dessen Seiten die Längen 1, 2, 3, 4, 5, 6, 7 und 8 haben, wenn auch nicht unbedingt in dieser Reihenfolge. Wie groß ist der kleinstmögliche Flächeninhalt des Achtecks? Das Achteck braucht nicht konvex zu sein, aber es darf nicht überschlagen oder so entartet sein, dass Seiten aufeinander fallen.

178 Der Weg zum Waldrand

Nick Knatterton wird von den beiden Verbrechern Juwelen Jupp und Mitz Max hinterrücks niedergeschlagen und verliert sein Bewusstsein. Als er wieder aufwacht, befindet er sich in einen dunklen Wald und ist an einem Baum gefesselt. Seine beiden Entführer stehen in der Nähe und unterhalten sich. „Der Wald ist ein Quadrat von 100 Kilometern Seitenlänge, und bis zum nächsten Waldrand sind es von hier aus 10 Kilometer. Zwei der anderen Waldränder sind jeweils 50 Kilometer und der vierte Waldrand ist 90 Kilometer entfernt", sagt Mitz Max.

Als die beiden Verbrecher verschwunden sind, kann sich Nick Knatterton von seinen Fesseln befreien. Er hat nicht die geringste Ahnung, wo er sich befindet und weiß über seinen Ort und die Lage des Waldes nur das, was er von Mitz Max gehört hat. Aber er hat ein perfektes Orientierungsvermögen. Das heißt, er kann eine beliebig komplizierte Kurve, die er sich überlegt hat, millimetergenau nachgehen.

Was ist der kürzeste Weg, den Nick Knatterton wählen kann, der ihn mit Sicherheit zum Waldrand führt?

Der Wald ist übrigens so dicht, dass Knatterton seinen Rand erst dann erkennen kann, wenn er ihn genau erreicht hat.

179 Die Flucht über den Rhein

Die Schweiz war im Zweiten Weltkrieg neutral, und viele Menschen, die in Deutschland verfolgt wurden, versuchen in die Eidgenossenschaft zu fliehen. In der Nähe von Waldshut gab es im Zweiten Weltkrieg eine schmale Brücke, die von Deutschland aus über den Rhein in die Schweiz führte. Sie wurde von einem deutschen Posten bewacht, der den Befehl hatte, jeden zu erschießen, der versuchte, über die Brücke in die Schweiz zu fliehen, und jeden zurückzuschicken, der die Brücke ohne Passierschein überqueren wollte. Der Posten saß auf deutscher Seite in einem Wachhäuschen, aus dem er alle drei Minuten herauskam, um die Brücke zu kontrollieren.

Ein Mann, die unbedingt aus Deutschland fliehen musste, aber keinen Passierschein bekommen konnte, hatte sich in der Nähe der Brücke versteckt. Er wusste, dass er sich an dem Posten ungesehen vorbeischleichen konnte, während der sich in dem Wachhäuschen aufhielt, doch es dauerte zwischen fünf und sechs Minuten, die Brücke zu überqueren. Da es weder auf noch unter der Brücke eine Möglichkeit gab, sich zu verstecken, wäre es dem Posten ein Leichtes, ihn zu erschießen, wenn er ihn bei dem Versuch, in die Schweiz zu entkommen, auf der Brücke entdeckte. Wie konnte er es dennoch schaffen, über die Brücke zu fliehen?

180 Uhrzeiten in den USA

Sieht man einmal von Alaska, Hawaii und den Außengebieten ab, sind die USA in vier Zeitzonen unterteilt: Im Osten am Atlantik gilt die Eastern Standard Time (EST), in der östlichen Mitte die Central Standard Time (CST), in der westlichen Mitte die Mountain Standard Time (MST) und im Westen am Pazifik die Pacific Standard

Time (PST). In diesen vier Zeitzonen rückt von Westen nach Osten die Zeit jeweils um eine Stunde vor.

Eines Tages telefoniert Oliver, ein Amerikaner, der in einem Ostküstenstaat lebt, von dort aus mit William, der sich in einem Westküstenstaat aufhält. „Wie spät ist es bei dir?", fragt Oliver. William nennt ihm die Uhrzeit. „Das ist ja seltsam", meint Oliver. „Bei mir ist es genauso spät."

Die Ostküstenstaaten sind Maine, New Hampshire, Massachusetts, Rhode Island, Connecticut, New York, New Jersey, Delaware, Maryland, Virginia, North Carolina, South Carolina, Georgia, Florida, Vermont und Pennsylvania. Westküstenstaaten gibt es nur drei: Washington, Oregon und Kalifornien.

Wie lässt sich die Uhrzeitübereinstimmung erklären? Natürlich haben beide Männer die Wahrheit gesagt.

181 Geradlinig zerstörbare Hexominos

Polyominos sind flache Plättchen, die aus lauter gleich großen, an den Kanten zusammenhängenden Quadraten bestehen. Man teilt sie ein nach der Anzahl ihrer Quadrate in Monominos, Dominos, Triominos, Tetrominos, Pentominos, usw. Mit zunehmender Quadratzahl steigt die Anzahl der verschiedenen Formen eines Polyominos rasch an. So gibt es bereits 35 verschiedene Hexominos, wenn man spiegelbildliche Formen nicht als unterschiedlich zählt.

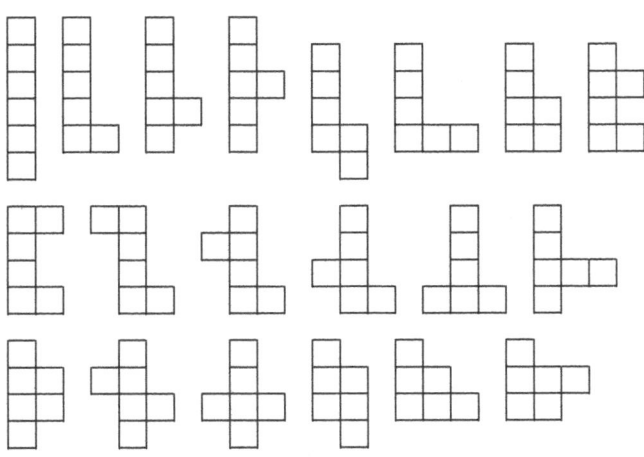

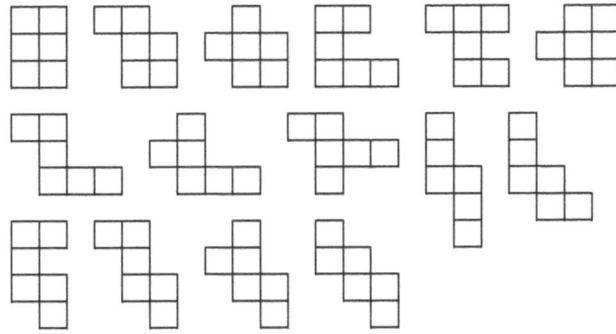

Einige Hexominos lassen sich durch einen einzigen gerade Schnitt so teilen, dass alle sechs Quadrate zerstört werden, bei den anderen sind mindesten zwei Schnitte dafür notwendig. Die Zeichnung zeigt für beide Fälle je ein Beispiel.

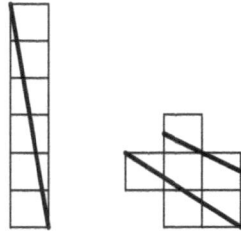

Bei welchen Hexominos sind alle Quadrate durch einen einzigen geraden Schnitt zerstörbar?

182 Der Weg zur Arbeit

Die U-Bahn, mit der Herr Müller täglich zur Arbeit fährt, pendelt regelmäßig zwischen den beiden Endstationen *Amsterdamer Platz* und *Düsseldorfer Straße* hin und her. Die U-Bahn braucht 15 Minuten von der Station *Amsterdamer Platz*, in deren Nähe Herr Müller wohnt und wo er morgens einsteigt, bis zur Station *Blauberg*, wo sich seine Lieblingskneipe befindet. Von der Station *Blauberg* bis zur Station *Centrum*, wo Herr Müller gelegentlich aussteigt, um einzukaufen, benötigt die U-Bahn 5 Minuten, und von der Station *Centrum* bis zur Endstation *Düsseldorfer Straße*, in deren Nähe Herr Müller arbeitet, braucht sie noch einmal 10 Minuten.

Obwohl Herr Müller jeden Morgen und jeden Abend von der einen Endstation zur anderen fährt, ist er pro Weg deutlich weniger als eine halbe Stunde unterwegs.

Wie lange dauert eine Fahrt, wenn die Haltezeiten in den Stationen vernachlässigbar kurz sind?

183 Die Zeiger der Küchenuhr

Eine analoge Küchenuhr hat zwei Zeiger, und wie bei jeder gewöhnlichen Uhr ist ihr Minutenzeiger länger als ihr Stundenzeiger. Um 25 Minuten nach 2 Uhr haben die Spitzen der beiden Zeiger einen Abstand von genau 161 mm und um 25 Minuten vor 4 Uhr von genau 199 mm.

Welchen Abstand haben die Zeigerspitzen um genau 9 Uhr?

184 Prometheus, Adonis und ich

Die beiden Götter Prometheus und Adonis sind perfekte Logiker, die niemals einen Denkfehler begehen. Außerdem lieben sie die Wahrheit und würden niemals lügen.

Als ich neulich mit den beiden in der Kneipe *Zum Olymp* saß und eine Portion Ambrosia mit einem Glas Nektar herunterspülte, wollte ich sie auf die Probe stellen und sagte: „Ich habe mir drei verschiedene ganze Zahlen aus dem Bereich von 1 bis 8 ausgedacht und sie einmal miteinander multipliziert und sie einmal addiert. Das Produkt werde ich jetzt Promi ins Ohr flüstern und die Summe Adonis." Das tat ich dann auch.

Nun entwickelte sich folgendes Gespräch:

Ich: „Promi, kennst du meine drei Zahlen?"

Prometheus: „Nein."

Ich: „Promi, weißt du, ob Adonis meine drei Zahlen nun kennt?"

Prometheus: „Nein."

Adonis: „Nun kenne ich die drei Zahlen."

Wie lauten die drei Zahlen?

185 Die Zahl der Kalender

Lohnt es sich eigentlich, alte Kalender aufzubewahren? Sie passen doch normalerweise nicht in den nächsten Jahren. In dem einen Jahr ist der 17. August ein Sonntag, im nächsten Jahr fällt er auf einen anderen Wochentag und im übernächsten Jahr auf noch einen anderen Wochentag. Dann gibt es auch noch die Schalttage und die wandernden Feiertage.

Angenommen, der Gregorianische Kalender bliebe unverändert unendlich lange gültig und an den bestehenden Feiertagsregeln würde nie etwas geändert werden, wie viele verschiedene Kalender gäbe es dann? Dabei sind die Wochentage, die Daten und auch alle festen und beweglichen Feiertage zu berücksichtigen.

Dass sich die Jahreszahl jedes Jahr ändert, braucht nicht berücksichtigt zu werden. Als Feiertage zählen hier nur die gesetzlichen Feiertage in Deutschland, Österreich, Liechtenstein, der Schweiz und Luxemburg.

186 Der König auf dem Schachbrettchen

Auf einem Schachbrett, das nur 3×3 Felder hat, steht als einzige Figur ein König auf dem Feld a1.

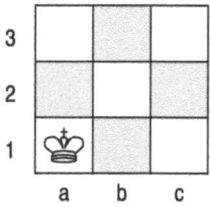

Wie groß ist die Wahrscheinlichkeit, dass der König nach seinem zweiten Zug auf dem Feld a3 steht, wenn alle erlaubten Züge gleich wahrscheinlich sind?

187 Das gevierteilte Dreieck

Ein unregelmäßiges Dreieck ist durch zwei Strecken, die zwei Ecken mit den jeweils gegenüberliegenden Seiten verbinden, in drei Dreiecke und ein Viereck unterteilt worden. Die Flächeninhalte der Dreiecke sind 3, 7 und 7.

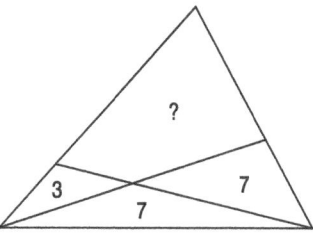

Wie groß ist der Flächeninhalt des Vierecks?

188 Das Wegasystem

Der Weltraum – unendliche Weiten. Wir schreiben das Jahr 2200.
Dies sind die Abenteuer des Raumschiffs Enterprise, das mit seiner vierhundert Mann starken Besatzung fünf Jahre lang unterwegs
ist, um neue Welten zu erforschen, neues Leben und neue Zivilisationen.

Computerlogbuch, Sternzeit 6334,1. Die Wega im Sternbild Leier
hat drei Planeten, die üblicherweise mit Alpha, Beta und Gamma bezeichnet werden. Die Bahnen von Alpha, Beta und Gamma sind
Kreise, die in einer Ebene liegen und die Wega als Mittelpunkt haben. Alle drei Planeten haben den gleichen Umlaufsinn. Die Umlaufzeit von Alpha beträgt zwei Erdenjahre, die von Beta fünf Erdenjahre
und die von Gamma siebzehn Erdenjahre.

Als die Enterprise auf dem Planeten Gamma landet, liegen zufällig alle drei Planeten und die Wega auf einer schnurgeraden Linie. Nach wie vielen Erdenjahren tritt dieses Ereignis zum nächsten
Mal ein?

189 Ein berühmtes Zwölfeck

Bei welchem sehr bekannten, ja geradezu weltberühmten Zwölfeck
stehen die Längen benachbarter Seiten viermal im Verhältnis 1:1 und
achtmal im Verhältnis 7:6?

190 Adventskranzkerzen

Ein Adventskranz hat vier Kerzen. Wie es der Brauch verlangt, soll
am ersten Adventssonntag eine Kerze auf dem Kranz brennen, am
zweiten Adventssonntag sollen zwei Kerzen brennen, am dritten

drei und am vierten vier. Die vier Kerzen sind völlig gleich, und an jedem Sonntag sollen die Kerzen gleich lange brennen. Wenn man mit einem Streichholz nur eine einzige Kerze anzuzünden kann, wie viele Streichhölzer benötigt man mindestens, damit am Ende des vierten Adventssonntags alle vier Kerzen vollständig abgebrannt sind?

191 Heim- und Auswärtsspiele

In der Fußball-Bundesliga spielt jede Mannschaft im Verlauf einer Saison zweimal gegen jede andere Mannschaft, einmal zu Hause und einmal auswärts. Das jeweils erste Spiel zweier Mannschaften findet immer in der Hinrunde und das zweite in der Rückrunde statt. Die Reihenfolge der Partien ist in beiden Runden gleich.

In der Regel trägt eine Mannschaft ihre Heim- und ihre Auswärtsspiele immer abwechselnd aus. Da aber jede Mannschaft irgendwann gegen jede andere antreten muss, kann es durchaus passieren, dass Mannschaften hin und wieder zweimal direkt nacheinander zweimal zu Hause oder zweimal auswärts spielen müssen.

Wie viele der achtzehn Bundesligamannschaften können in einer Saison alle ihre vierunddreißig Spiele immer abwechselnd zu Hause oder auswärts austragen? Dabei spielt es keine Rolle, ob die Saison mit einem Heim- oder Auswärtsspiel begonnen wird.

192 Der Professor auf der Rolltreppe

Ein Mathematikprofessor steigt gedankenverloren und langsam eine sich abwärts bewegende Rolltreppe herunter und erreicht das Ende nach 50 Stufen. Dort bemerkt er, dass er seinen Koffer vergessen hat und rennt dieselbe Rolltreppe wieder aufwärts. Nach 125 Stufen kommt er oben an.

Angenommen, der Professor ist in der Zeit, in der er auf dem Hinweg eine Stufe herabgestiegen ist, auf dem Rückweg fünf Stufen hinaufgestiegen und die Rolltreppe hat die ganze Zeit über dieselbe Geschwindigkeit gehabt, wie viele Stufen wären sichtbar, wenn die Rolltreppe stehen bliebe?

193 Der größte gemeinsame Teiler

Aus den neun Ziffern von 1 bis 9 werden vier verschiedene ausgewählt. Es gibt nun eine ganze Menge unterschiedlicher Möglichkeiten, aus diesen vier Ziffern vierstellige Zahlen zu bilden. Alle diese verschiedenen vierstelligen Zahlen werden addiert und ergeben die Summe S.

Da es viele verschiedene Möglichkeiten gibt, vier der neun Ziffern zu wählen, kann S auch viele verschiedene Werte haben. Was ist der größte gemeinsame Teiler aller dieser Werte von S?

194 Drei verschachtelte Quadrate

Drei Quadrate sind ineinander verschachtelt. Die Längen einiger Seitenabschnitte sind gegeben.

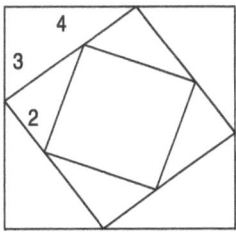

In welchem Verhältnis steht der Flächeninhalt des kleinsten Quadrates zu dem des größten Quadrats?

195 Zahlenfolge

1
11
21
1112
3112
211213
312213
212223
114213
31121314
⋮

Diese Zahlenfolge ist nach einem bestimmten Prinzip aufgebaut. Wie könnte die tausendste Zahl dieser Folge lauten?

196 Die Zerlegung

An der Oberseite dieses 4×4-feldigen Quadrates fehlen zwei halbe Felder.

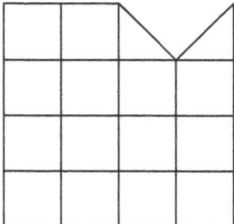

Zerlegen Sie die Figur in fünf deckungsgleiche Teile. Dabei gelten zwei Teile, die Spiegelbilder voneinander sind, auch als deckungsgleich.

197 Einundzwanzig Streichhölzer

Einundzwanzig Streichhölzer sind zu drei Doppelquadraten ausgelegt worden. Entfernen Sie nun daraus neun Streichhölzer, so dass ein Rest von elf bleibt.

198 Die Quadratur des Kreises

Eines der berühmteste Probleme der Mathematik ist die Quadratur des Kreises: Aus einem vorgegebenen Kreis soll nur mit Zirkel und Lineal ein flächengleiches Quadrat konstruiert werden. Seit dem fünften vorchristlichen Jahrhundert versuchten Mathematiker und

Laien ohne Erfolg, das Problem zu lösen. Schließlich gelang es 1882 dem deutschen Mathematiker Ferdinand von Lindemann zu beweisen, dass das Problem prinzipiell unlösbar ist. Alle Konstruktionen mit Zirkel und Lineal können also bestenfalls nur Näherungslösungen sein.

Eine solche Näherungslösung entdeckte 1947 der Südtiroler Handelsmann Eduard Gregori.

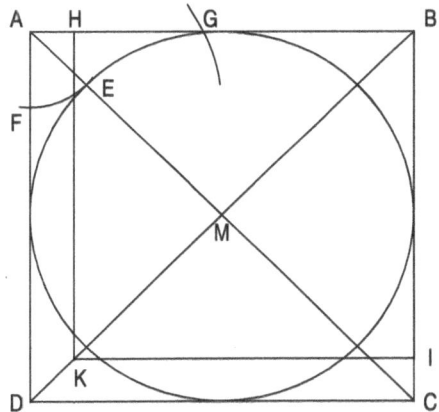

Um einen Kreis mit dem Radius r und dem Mittelpunkt M wird das Quadrat ABCD gezeichnet. Die Diagonale AC kreuzt den Kreisumfang im Punkt E. Der Kreisbogen mit dem Radius AE schneidet die Quadratseite AD im Punkt F. Schlägt man nun einen Kreis mit dem Radius r um den Punkt F, bekommt man den Schnittpunkt G mit der Quadratseite AB. Die Strecke AG wird geviertelt, und das erste Viertel liefert den Punkt H. Zum Schluss wird das Quadrat HBIK konstruiert, das näherungsweise die gleiche Fläche hat wie der Kreis.

Angenommen, das Quadrat HBIK hätte einen Flächeninhalt von genau πr^2, wie groß wäre dann π?

Vor einiger Zeit habe ich von einer Lehrerin aus Merzenich einen Gegenstand geschenkt bekommen, der aus zwei Teilen besteht, einem kleinen Teil und einem großen Teil. Das kleinere Teil ist leider verloren gegangen. Das größere Teil ist in der Abbildung zu sehen. Wissen Sie, wozu dieser Gegenstand dient und wie das fehlende Teil aussieht?

Diesen Gegenstand gibt es übrigens in den unterschiedlichsten Bauformen, und man findet ihn in beinahe jedem Haushalt. Das hier gezeigte Modell ist allerdings recht selten.

200 Das Schachbrettdreieck

Ein riesiges Schachbrett hat 100000×100000 Felder, die alle eine Seitenlänge von einer Einheit haben. Das untere linke Feld ist schwarz. Auf dieses Schachbrett wird ein Dreieck gezeichnet. Der erste Eckpunkt dieses Dreiecks liegt auf der unteren linken Ecke des Brettes, der zweite am unteren Rand des Brettes im Abstand von 97531 Einheiten von der ersten Ecke und der dritte am linken Rand des Brettes im Abstand von 13579 Einheiten von der ersten Ecke.

Um wie viel ist der schwarze Anteil der Dreiecksfläche größer als der weiße?

201 Summe und Produkt

Der Professor sagt am Ende seiner Logikvorlesung: „Ich denke mir zwei positive ganze Zahlen aus, die nicht unbedingt verschieden sein müssen. Ihrem Kommilitonen P verrate ich das Produkt dieser beiden Zahlen und ihrem Kommilitonen S die Summe der beiden Zahlen." Dann flüstert er P das Produkt und S die Summe ins Ohr.

Kurz darauf sagt einer der beiden Studenten zum anderen: „Du kannst unmöglich wissen, wie meine Zahl lautet." Hierauf erwidert der andere Student: „Da täuschst du dich. Deine Zahl ist 136."

Die beiden Studenten sind perfekte Logiker, und beide Behauptungen sind zu den Zeitpunkten, an denen sie gemacht werden, völlig korrekt.

Wie lauten die beiden Zahlen, die sich der Professor ausgedacht hat?

202 Burpsige Zahlen

Die kleinste 2-burpsige Zahl ist 7. Wenn man die größte 1-burpsige Zahl von der größten 2-burpsigen Zahl abzieht, erhält man eine Zahl mit 7 Burpsen. Was ist ein Burps?

203 Tante Gerdas Traummann

Meine Großtante Gerda hatte auf einer Kreuzfahrt durch die Ostsee einen Mann aus Atlanta kennengelernt. „Er ist wirklich traumhaft!", schwärmte sie mir vor. „Nur von Mathematik versteht er leider nichts. Er kann nicht einmal die Vorzeichen von Zahlen auseinanderhalten." „Wie meinst du das?", fragte ich sie. „Eines Morgens sagte ich zu ihm, es sei kühl, nur minus soundsoviel Grad warm. Darauf erwiderte er, ich habe mit der Zahl zwar recht, aber das Vorzeichen sei falsch."

Wie warm war es an dem Morgen?

___ Erste Lösungen

1 Springerzüge

Die Aufgabe ist unlösbar. Ein Springer wechselt bei jedem Zug die Farbe seines Feldes. Da ein 5×5-Schachbrett dreizehn schwarze und zwölf weiße Felder hat, stehen natürlich zu Beginn dreizehn Springer auf schwarzen und zwölf Springer auf weißen Feldern. Durch den gemeinsamen Zug müssten nun folglich dreizehn Springer auf weiße und zwölf Springer auf schwarze Felder gelangen. Das ist jedoch unmöglich, da sich die Anzahl der weißen Felder nicht erhöht haben kann.

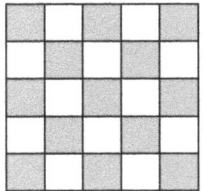

Quelle: Aufgabe: Martin Gardner, *Scientific American* 216, März 1967, S. 126.
– Lösung: Martin Gardner, *Scientific American* 216, April 1967, S. 123.

2 Der runde See

Zeichnet man den Weg des Schwimmers und verbindet Start- und Zielpunkt miteinander, erhält man ein rechtwinkliges Dreieck. Das Ufer des Sees ist der Umkreis dieses Dreiecks.

Nach dem Satz des Thales hat der Umkreis eines rechtwinkligen Dreiecks sein Zentrum immer auf der Mitte der Hypotenuse. Die Hypotenuse ist also der gesuchte Durchmesser des Sees. Sie hat eine Länge von

$$\sqrt{(60\,\mathrm{m})^2 + (80\,\mathrm{m})^2} = 100\,\mathrm{m}$$

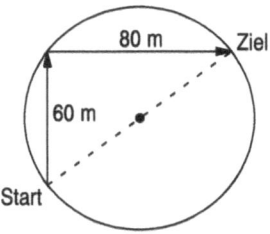

80 m ↘ Ziel

60 m

Start

Quelle: Martin Gardner, *Scientific American* 208, April 1963, S. 156, 158, 163.

3 Sockenprobleme

Sie brauchen nur einmal in einen Korb zu greifen und zwar in den, der das Schild „rote und grüne Socken" trägt.

Da jeder Korb den falschen Deckel bekommen hat, gibt es nur zwei mögliche Kombinationen für die Körbe und die Deckel. Anhand der Tabelle sieht man sofort, dass man nur eine Socke aus dem mit „rote und grüne Socken" beschrifteten Korb nehmen muss, um zwischen den beiden Möglichkeiten entscheiden zu können.

Beschriftung der Körbe	rote Socken	grüne Socken	rote und grüne Socken
Inhalt 1. Möglichkeit	grüne Socken	rote und grüne Socken	rote Socken
Inhalt 2. Möglichkeit	rote und grüne Socken	rote Socken	grüne Socken

In einem vierten Korb werden sechzehn weiße und siebzehn schwarze Socken aufbewahrt. Wie oft muss man mindestens in diesen Korb greifen, um ganz sicher zu sein, wenigstens ein Paar gleichfarbiger Socken zu haben? Auch in diesem Fall darf man nicht in den Korb hineinsehen. Man erkennt also erst dann die Farbe einer Socke, wenn man sie herausgenommen hat.

4 Die Teilung des Kuchens

Das Verfahren ist einfach, aber elegant und sehr wirksam: Eines der beiden Kinder teilt den Kuchen in zwei Stücke, die nach seiner Ansicht gleich groß sind. Das andere Kind wählt sich ein Stück aus.

Entweder hält es beide Teile für gleich groß, dann spielt es keine Rolle, welches es nimmt, oder es hält sie für verschieden groß, dann kann es das vermeintlich größere Stück nehmen. Es ist jedoch in jedem Fall garantiert, dass beide Kinder sicher sind, mindestens die Hälfte des Kuchens bekommen zu haben.

Gibt es für Alfred und Berta auch eine Möglichkeit, Tante Gertruds Kuchen so zu teilen, dass sie beide der Ansicht sind, mehr als die Hälfte bekommen zu haben?

5 Die Schnecke und die Fahnenstange

Sollten Sie herausbekommen haben, die Schnecke erreicht die Spitze der Fahnenstange nach zehn Tagen, haben Sie sich hereinlegen lassen.

Sie haben dann wahrscheinlich folgende Überlegung angestellt: Wenn die Schnecke am Tage $a = 5,25$ Meter hinaufkriecht und in der Nacht $b = 3,5$ Meter herabrutscht, so hat sie an einem Tag und in einer Nacht zusammen $a - b = 1,75$ Meter an Höhe gewonnen. Um die Gesamtzeit zu erhalten, teilt man die Länge der Stange durch $a - b$. Dies ergibt zehn Tage und Nächte.

Aber die Rechnung ist falsch. Man sieht es leicht an einem Weg-Zeit-Diagramm.

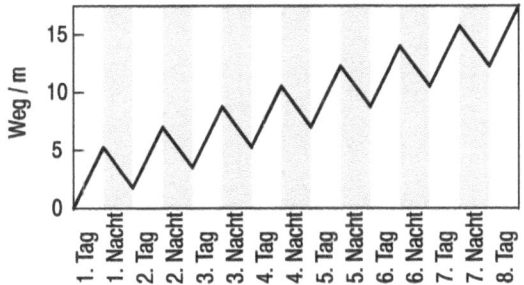

Die Schnecke erreicht die Spitze der Fahnenstange bereits nach acht Tagen und sieben Nächten.

Diese Zeit kann man auch leicht rechnerisch ermitteln. Zuerst zieht man das Stück a, das die Schnecke am ersten Tag hinaufkriecht, von der Länge l der Fahnenstange ab. Den Rest teilt man durch $-b + a = a - b$, also durch die Differenz von dem Stück, das die Schnecke in einer Nacht herunterrutscht und dem Stück, das sie am darauffolgenden Tag hinaufkriecht.

$$x = \frac{l - a}{a - b}$$

$$x = 7$$

Die Schnecke benötigt für den Weg also den ersten Tag und dann noch $x = 7$ Nächte und Tage.

Kaum ist die Schnecke an der Spitze der Fahnenstange angelangt, macht sie sich auch schon wieder auf den Weg nach unten. Sie kriecht auf dem Rückweg mit der gleichen Eigengeschwindigkeit wie auf dem Hinweg.
   Wann erreicht sie den Erdboden? Sie dürfen dabei annehmen, dass Tag und Nacht genau gleich lang sind.

6   Die Ecken des Quadrats

Das Quadrat kann durch eine Gerade so in zwei Rechtecke zerlegt werden, dass die Schnittlinien ihre Diagonalen sind. Da eine Diagonale ein Rechteck halbiert, haben die beiden abgeschnittenen Ecken den halben Flächeninhalt des Quadrats, also 50 cm².

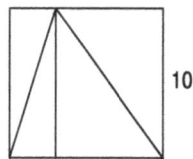

Quelle: Mathcounts Handbook and School-Level Problems, 1983/84.

7   Ein Problem für Biertrinker

Der Satz der Aufgabe „Ein halbvolles Glas Bier ist das gleiche wie ein halbleeres Glas Bier" und die Gleichung „½ volles Glas Bier = ½ leeres Glas Bier" bedeuten etwas völlig verschiedenes.
   Ein halbvolles und ein halbleeres Glas Bier sind zwei Biergläser, die bis zur Hälfte mit Bier gefüllt sind. Beide sind also wirklich gleich. Auf der anderen Seite stellt ½ volles Glas Bier ein bis zum

Rand gefülltes Glas Bier dar, das man halbiert hat. Man hat also den halben Inhalt, das halbe Glas, den halben Henkel und den halben Fuß. Dementsprechend ist ein ½ leeres Glas Bier ein halbiertes leeres Bierglas.

Die Gleichung „½ volles Glas Bier = ½ leeres Glas Bier" ist folglich falsch, deshalb kommt auch bei der Erweiterung mit 2 nur Unsinn heraus.

Quelle: Theodor Wolff, *Der Wettlauf mit der Schildkröte*, Berlin 1929, S. 159, 167.

8 Dreieckslinien

Das Dreieck lässt sich zu einem Parallelogramm ergänzen, indem man ein gleiches Dreieck an die Grundseite anschließt. Alle zwanzig Linien sind jetzt zehn Zentimeter lang. Die Gesamtlänge der Linien im Parallelogramm ist folglich 20 · 10 cm = 200 cm. Davon entfällt die Hälfte, also 100 cm, auf ein Dreieck.

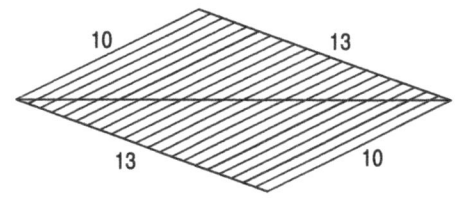

Quelle: Franz von Krbek, *Geometrische Plaudereien*, Leipzig 1962, S. 19.

9 Freitag, der 13.

Monate, die mit dem gleichen Wochentag beginnen, haben auch am 13. den gleichen Wochentag. In Gemeinjahren beginnen folgende Monate jeweils mit gleichen Wochentagen:

1. Januar und Oktober
2. Februar, März und November
3. April und Juli
4. Mai
5. Juni
6. August
7. September und Dezember

In Schaltjahren sieht es etwas anders aus:

1. Januar, April und Juli
2. Februar und August
3. März und November
4. Mai
5. Juni
6. September und Dezember
7. Oktober

Man kann dies leicht nachrechnen oder mit einem Kalender über-prüfen.

Da es sowohl in Gemein- als auch in Schaltjahren sieben ver-schiedene Monatsanfänge gibt, hat jedes Jahr mindestens einen Frei-tag, den 13. Höchstens drei Monate im Jahr beginnen mit dem glei-chen Wochentag, darum ist drei die Maximalzahl der Freitage, die auf einen 13. fallen.

Quelle: Aufgabe: G. C. Bush, *American Mathematical Monthly* 69, November 1962, S. 919. – Lösung: C. V. Heuer, *American Mathematical Monthly* 70, No-vember 1963, S. 759.

10 Ein rechtwinkliges Zwölfeck

Ist Ihnen ein Beweis geglückt? Dann haben Sie vermutlich ange-nommen, dass das Zwölfeck konvex sein muss. Dies wurde jedoch keineswegs vorausgesetzt, und darum ist die Behauptung in der Auf-gabe falsch.

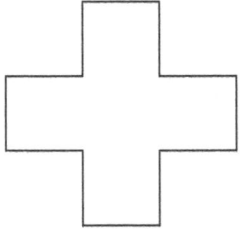

Die Abbildung zeigt ein gleichseitiges Zwölfeck, bei dem die be-nachbarten Seiten rechtwinklig aufeinander treffen.

Quelle: Emile Fourrey, *Curiosités Géométriques*, Paris 1907, S. 426.

11 Der Bücherwurm

Wenn die Bücher ordnungsgemäß ins Regal gestellt wurden, also der zweite Band rechts vom ersten Band steht, dann liegen der vordere Buchdeckel des ersten Bandes und der hintere Deckel des zweiten Bandes direkt aneinander. Der Bücherwurm braucht sich also nur durch einen Deckel zu nagen, wofür er drei Tage benötigt, um auf den hinteren Deckel des zweiten Bandes zu stoßen.

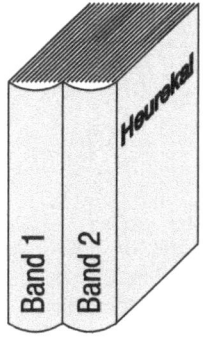

Quelle: Sam Loyd jun. (Hrsg.), *Sam Loyd's Cyclopedia of 5000 Puzzles, Tricks and Conundrums with Answers*, New York 1914, S. 327, 383. – Sam Loyd jun. hat die Aufgaben seines Vaters Sam Loyd sen. gesammelt und als Buch herausgegeben.

12 Das Zweieurostück

Der Umfang des Lochs in dem Blatt Papier braucht nur etwas mehr als doppelt so groß zu sein wie der Durchmesser des Zweieurostücks. Das heißt, es reicht aus, wenn das Loch einen Durchmesser von gut

$$d = \frac{2}{\pi} \cdot 25{,}75\,\text{mm} \approx 16{,}4\,\text{mm}$$

hat.

Der Trick, die Münze durch diese Öffnung zu bringen, besteht darin, dass man das Blatt Papier vorher falten muss.

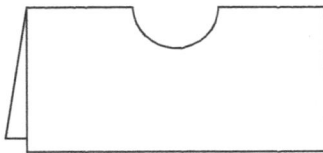

Zunächst wird der Bogen entlang eines Lochdurchmessers doppelt-gelegt. Dann wird das Papier strahlenförmig vom Lochmittelpunkt weg gefältelt, so dass der Kreisumfang in viele Bogenstücke zerlegt wird, die sich entlang einer Geraden anordnen.

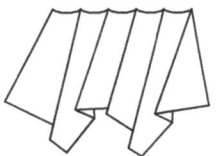

Im Grenzfall, bei unendlich vielen Fältelungen, ist der Halbkreis zur Geraden geworden. Diesen Grenzfall wird man jedoch nie erreichen. Außerdem muss man auch berücksichtigen, dass die Münze und das Papier endliche Dicken haben.

Quelle: Louis Hoffmann (Pseudonym von Angelo John Lewis), *Puzzles Old and New*, London 1893, S. 356, 393.

13   Zwei Freundinnen

Es ist kein Zufall, dass der junge Mann neunmal häufiger die Blondine als die Schwarzhaarige besucht, sondern eine Folge des Fahrplans.

Die Züge in den Süden fahren immer um 0, 10, 20, 30, 40 und 50 Minuten nach jeder vollen Stunde, während die nach Norden um jeweils 9, 19, 29, 39, 49 und 59 Minuten nach jeder vollen Stunde abgehen. Das bedeutet, trifft er in dem Zeitraum von 0 und 9 Minuten nach der Abfahrt eines Zuges nach Süden in der U-Bahnstation ein, wird er einen Zug in den nördlichen Vorort erwischen, gelangt er aber in der Zeit von 9 bis 10 Minuten danach an, bekommt er einen Zug nach Süden. Der erste Zeitraum ist neunmal so lang wie der zweite, deshalb ist die Wahrscheinlichkeit auch neunmal so groß, nach Norden zu fahren als nach Süden.

Quelle: Aufgabe: Martin Gardner, *Scientific American* 196, Februar 1957, S. 154. – Lösung: Martin Gardner, *Scientific American* 196, März 1957, S. 166.

14 Das magische Multiplikationsquadrat

Jede positive Zahl kann durch einen Ausdruck, der aus einem Exponenten und einer beliebigen Basis, die nur größer als 0 sein muss und auch nicht gleich 1 sein darf, beschrieben werden. Weder der Exponent noch die Basis müssen dabei ganzzahlig sein.

Hat das magische Multiplikationsquadrat die allgemeine Form

A	B	C
D	E	F
G	H	I

und wählt man als Basis beispielsweise die 2, lässt es sich auf folgende Art darstellen:

2^a	2^b	2^c
2^d	2^e	2^f
2^g	2^h	2^i

Die Zahl a ist der Logarithmus von A zur Basis 2. Das Produkt der Elemente der ersten Zeile, $2^a \cdot 2^b \cdot 2^c$, ist nach den Exponentialgesetzen gleich 2^{a+b+c}. Die Multiplikation der Gesamtausdrücke wird also zur Addition ihrer Exponenten.

Um ein magisches Multiplikationsquadrat zu finden, brauchen wir nur die Zahlen eines Additionsquadrats als Exponenten zu nehmen. Ein magisches Additionsquadrat ist als Beispiel in der Aufgabe angegeben. Mit der 2 als Basis wird daraus:

2^2	2^7	2^6		4	128	64
2^9	2^5	2^1	=	512	32	2
2^4	2^3	2^8		16	8	256

Das Produkt der einzelnen Zeilen, Spalten und Diagonalen dieses Quadrats beträgt 32 768.

Die 2 ist die kleinste ganzzahlige Basis, die für diese Rechnung in Frage kommt, aber das magische Additionsquadrat, das wir als Ausgangspunkt benutzt haben, liefert noch nicht die minimalen Exponenten. Alle neun Zahlen kann man noch um 1 verringern. Das Additionsquadrat enthält nun zwar die 0, was jedoch im Multiplikationsquadrat unerheblich ist, da $2^0 = 1$ ist, also eine positive Zahl ergibt. Das daraus entstehende Quadrat hat als Reihenprodukt den Wert 4 096.

2^1	2^6	2^5		2	64	32
2^8	2^4	2^0	=	256	16	1
2^3	2^2	2^7		8	4	128

Trotzdem ist auch dies noch nicht das Minimum: Das kleinstmögliche Reihenprodukt beträgt 216 und gehört zu folgendem Quadrat:

2	9	12
36	6	1
3	4	18

Es steht in einem interessanten Zusammenhang mit den Euler-Quadraten. Um dies zu sehen, müssen wir jedoch etwas weiter ausholen.

Bei einem lateinischen Quadrat dritter Ordnung sind die Buchstaben *a*, *b* und *c* so auf die Reihen und Spalten eines 3×3-feldigen Quadrates verteilt, dass jeder Buchstabe in jeder Reihe und in jeder Spalte genau einmal vorkommt. Für die beiden Diagonalen ist diese Bedingung jedoch nicht gefordert. Abgesehen von Permutationen gibt es nur zwei verschiedene lateinische Quadrate dritter Ordnung.

a	c	b
c	b	a
b	a	c

b	a	c
c	b	a
a	c	b

Ersetzt man die lateinischen Buchstaben a, b und *c* durch die griechischen α, β und γ, so wird aus dem lateinischen Quadrat ein griechisches.

Nun kann man ein lateinisches Quadrat und ein griechisches zu einem gemeinsamen Quadrat kombinieren, bei dem in jedem Feld ein lateinischer und ein griechischer Buchstabe stehen. Kommen in diesem Quadrat alle denkbaren Kombinationen aus einem lateinischen und einem griechischen Buchstaben genau je einmal vor, so wird es lateinisch-griechisches Quadrat oder Euler-Quadrat genannt.

Ein Beispiel für ein Euler-Quadrat ist:

aβ	cα	bγ
cγ	bβ	aα
bα	aγ	cβ

Nun kann man die Buchstaben durch Zahlen ersetzen.

$$a = \alpha = 0$$
$$b = \beta = 1$$
$$c = \gamma = 2$$

Damit lässt sich für jedes Feld aus dem lateinischen Buchstaben L und dem griechischen G mit der Regel

$$3L + G + 1$$

ein neuer Wert berechnen. Aus dem obigen Euler-Quadrat wird dadurch:

2	7	6
9	5	1
4	3	8

Dies ist das magische Additionsquadrat.

Aus Euler-Quadraten entstehen durch eine solche Umwandlung immer Quadrate, deren Reihen- und Spaltensummen gleich sind. Die Diagonalensummen können jedoch andere Werte haben. Sie müssen jeweils gesondert betrachtet werden. In unserem Beispiel erfüllt das Additionsquadrat hingegen auch die Diagonalenbedingung.

Berechnet man aus den Buchstaben des Euler-Quadrates nach einer anderen Regel

$$3^L \cdot 2^G$$

neue Werte, erhält man stattdessen folgendes Quadrat:

$3^0 2^1$	$3^2 2^0$	$3^1 2^2$			2	9	12
$3^2 2^2$	$3^1 2^1$	$3^0 2^0$	=		36	6	1
$3^1 2^0$	$3^0 2^2$	$3^2 2^1$			3	4	18

Es ist das magische Multiplikationsquadrat mit dem kleinstmöglichen Reihenprodukt.

Quelle: Aufgabe: Henry Ernest Dudeney, *The Weekly Dispatch*, 18. Juli 1897. – 216er-Lösung: Henry Ernest Dudeney, *The Weekly Dispatch*, 1. August 1897. – 32768er-Lösung: Hermann Schubert, *Mathematische Mußestunden*, Leipzig 1898, S. 174–175.

15 Quadrate, Kuben und fünfte Potenzen

Eine ganze Zahl z ist eine Quadratzahl, wenn sie sich als ganzzahlige Basis b mit einem Exponenten schreiben lässt, der durch 2 teilbar ist.

$$z = b^{2n} = b^n \cdot b^n$$

Analog gilt für Kubikzahlen und für fünfte Potenzen, dass sich der Exponent durch 3 und durch 5 teilen lassen muss. Der kleinste Exponent, der gleichzeitig durch 2, 3 und 5 teilbar ist, ist 30. Wählen wir jetzt noch die kleinstmögliche ganzzahlige Basis, nämlich 2, erhalten wir als Lösung $2^{30} = 1\,073\,741\,824$.

Quelle: Aaron J. Friedland, *Puzzles in Math and Logic*, New York 1970, S. 4, 40.

16 Der Handelsreisende

In der Karte sind die Städte auf fünf Spalten verteilt, die abwechselnd schwarz und weiß gefärbt sind. Die schwarzen Städte sind dabei nur mit weißen Städten verbunden und umgekehrt. Der Handelsreisende muss also immer abwechselnd eine schwarze und eine weiße Stadt aufsuchen. Da es aber nun zwölf schwarze Städte und nur zehn weiße Städte gibt, lassen sich nicht alle in einer alternierenden Reihe unterbringen.

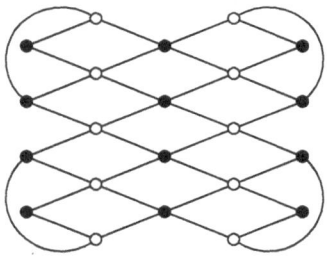

Es ist folglich unmöglich, dass der Handelsreisende alle Städte nur einmal besucht.

Quelle: Aufgabe: Litton Industries (Hrsg.), *Electronic News* 568, 17. Oktober 1966. – Lösung: Litton Industries (Hrsg.), *Electronic News* 569, 24. Oktober 1966.

17 Der Billardtisch

Am einfachsten kann man das Billardproblem lösen, wenn man sich den Tisch dreimal hintereinander zeichnet. Der vordere Tisch ist das Original, der mittlere ist das an der gemeinsamen Kante gespiegelte Bild des Originals und der hintere ist wiederum das Spiegelbild des mittleren Tisches und deshalb gleich dem Original.

Im Spiegelbild läuft vom Originalbild aus ein an der spiegelnden Kante reflektierter Strahl geradeaus weiter, deshalb kann man den Startpunkt auf dem vorderen Tisch durch eine Gerade mit dem Zielpunkt auf dem hinteren Tisch verbinden. Dieses Verhalten entspricht genau dem Reflexionsgesetz, dass der Einfallswinkel gleich dem Ausfallswinkel ist.

Nun kann man mit dem Strahlensatz die Koordinaten der Reflexionspunkte an den Banden berechnen.

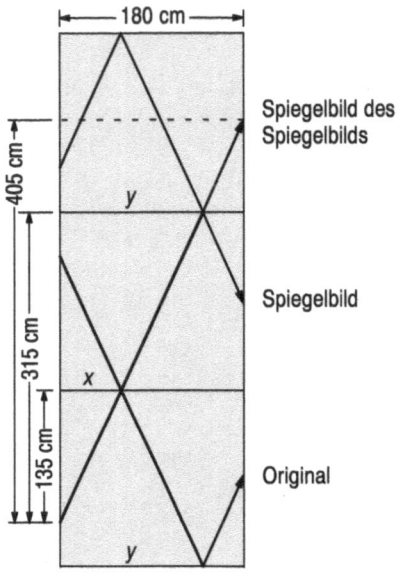

$$\frac{x}{135} = \frac{180}{405} \qquad \frac{y}{315} = \frac{180}{405}$$
$$x = 60 \qquad y = 140$$

Die Kugel trifft also sechzig Zentimeter vom linken Rand an die hintere Bande und hundertvierzig Zentimeter davon auf die vordere Bande.

Quelle: Aufgabe: Litton Industries (Hrsg.), *Electronic News* 593, 27. März 1967. – Lösung: Litton Industries (Hrsg.), *Electronic News* 594, 3. April 1967.

18 Rationale und irrationale Zahlen

Es ist möglich, dass beim Potenzieren einer irrationalen Zahl mit einer weiteren irrationalen Zahl das Ergebnis eine rationale Zahl wird. Mit der irrationalen Zahl $\sqrt{2}$ können wir den Ausdruck

$$a = \sqrt{2}^{\sqrt{2}}$$

bilden. Entweder ist a nun eine rationale Zahl – dann sind wir mit unserem Beweis schon fertig –, oder es ist eine irrationale Zahl. Im zweiten Fall bilden wir einen neuen Ausdruck, indem wir das irrationale a mit der irrationalen $\sqrt{2}$ potenzieren:

$$a^{\sqrt{2}} = \left(\sqrt{2}^{\,\sqrt{2}}\right)^{\sqrt{2}} = \sqrt{2}^{\,\sqrt{2}\cdot\sqrt{2}} = \sqrt{2}^{\,2} = 2$$

Der Ausdruck $a^{\sqrt{2}}$ ist dann also eine rationale Zahl.

R. Kuzmin konnte 1930 beweisen, dass $2^{\sqrt{2}}$ eine irrationale Zahl ist. Dieser Beweis ist jedoch alles andere als elementar. Da $\sqrt{2}^{\,\sqrt{2}}$ die Quadratwurzel aus $2^{\sqrt{2}}$ ist, muss folglich auch $\sqrt{2}^{\,\sqrt{2}}$ irrational sein.

Quelle: Dov Jarden, *Scripta Mathematica* 19, 1953, S. 229. – Kuzmins Beweis: R. Kuzmin, *Izvestiya Akademii Nauk SSSR, Ser. Mat.* 7, 1930, S. 585–597.

19 Der Treffpunkt

In der Grafik sind auf der Abszisse die möglichen Ankunftszeiten des Freundes A und auf der Ordinate die des Freundes B aufgetragen. Die Fläche des Quadrats bildet also die Gesamtheit aller möglichen Ankunftszeitpaare der beiden Freunde.

Betrachten wir ein Beispiel: Angenommen, Freund A betritt um 12.10 Uhr das Restaurant, so trifft er B, wenn dieser irgendwann zwischen 12.00 Uhr und 12.40 Uhr ankommt. Diese Tatsache macht die Linie deutlich, die bei 12.10 Uhr auf der Abszisse steht und eine senkrechte Ausdehnung von 12.00 Uhr bis 12.40 Uhr hat.

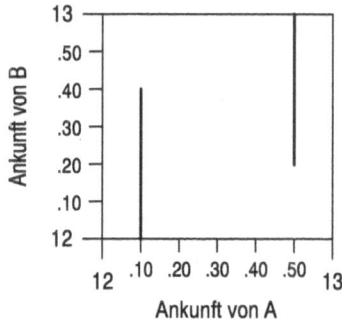

Als zweites Beispiel nehmen wir an, dass A erst um 12.50 Uhr zum Essen geht. Er kann dann seinen Freund treffen, wenn dieser in der Zeit von 12.20 Uhr bis 13.00 Uhr im Restaurant ankommt. Dies beschreibt die zweite senkrechte Linie in dem Diagramm.

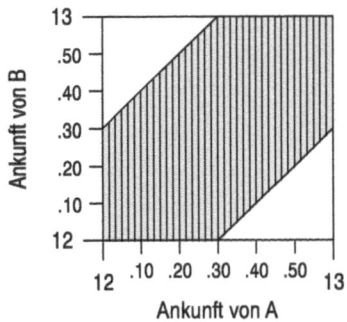

Zeichnen wir jetzt für jede mögliche Uhrzeit zwischen 12 Uhr und
13 Uhr die Treffpunktslinien, erhalten wir das zweite Diagramm. Der
schraffierte Balken bedeckt offensichtlich drei Viertel des Quadrats
und enthält somit auch drei Viertel aller möglichen Ankunftszeitpaare. Die Wahrscheinlichkeit, dass sich die beiden Freunde A und B
treffen, beträgt also 75%.

Quelle: L. Harwood Clarke, *Fun with Figures*, London 1954, S. 36, 77–78.

20 Das Zersägen eines Schachbretts

Mit einem einzigen Schnitt kann man, wenn alle bisherigen Bruchstücke des Schachbretts übereinandergelegt werden, jedes Teil in
zwei neue zersägen. Die Anzahl der Teile verdoppelt sich also bei jedem Sägevorgang. Da $2^6 = 64$ ist, zerfällt das Brett frühestens nach
dem sechsten Schnitt in seine vierundsechzig Einzelfelder.

Die gleiche Aufgabe soll jetzt gelöst werden, ohne dass der Tischler
die einzelnen Bruchstücke übereinanderlegen und gemeinsam
durchsägen darf. Es soll also immer nur ein einzelnes Teil zersägt
werden.
    Wie viele Schnitte braucht der Tischler wenigstens?

21 Der Schnellrechner

Carl Friedrich Gauß erkannte schnell, wie er sich mit einem kleinen
Kunstgriff die Arbeit wesentlich erleichtern konnte. Er schrieb die
Zahlen von 1 bis 100 zweimal in Spalten nebeneinander, einmal in
auf- und einmal in absteigender Reihenfolge. Danach addierte er
sie paarweise.

$$1 + 100 = 101$$
$$2 + 99 = 101$$
$$3 + 98 = 101$$
$$4 + 97 = 101$$
$$\vdots \qquad \vdots \qquad \vdots$$
$$99 + 2 = 101$$
$$100 + 1 = 101$$

Die Summe jedes Paares ist 101, und da er 100 Paare hatte, ergibt das zusammen $100 \cdot 101 = 10\,100$. Zum Schluss musste er noch einmal durch 2 teilen, da er ja jede Zahl doppelt genommen hatte. Die Summe der Zahlen von 1 bis 100 beträgt somit 5050.

Quelle: Wolfgang Sartorius von Waltershausen, *Gauss zum Gedächtnis*, Leipzig 1856, S. 12–13.

22 Die Weinflasche

Diese Aufgabe gehört zu den verblüffend einfachen Problemen, bei denen sich viele Menschen trotzdem schwer tun, die richtige Lösung zu finden.

Der Wert der Weines W ist natürlich nicht vier Euro, wie viele leicht voreilig schließen, sondern vier Euro und fünfzig Cent. Das Flaschenpfand F beträgt fünfzig Cent.

Rechnen wir einmal nach:

$$W + F = 5{,}00 \text{ Euro}$$
$$W - F = 4{,}00 \text{ Euro}$$

Wenn man diese beiden Gleichungen subtrahiert und anschließend durch 2 teilt, erhält man $F = 0{,}50$ Euro.

Quelle: Theodor Wolff, *Der Wettlauf mit der Schildkröte*, Berlin 1929, S. 161, 171–172.

23 Die fehlerhafte Ungleichung

Wendet man auf beide Seiten einer Ungleichung eine streng monoton steigende Funktion an, so bleibt das Ungleichheitszeichen erhalten. Benutzt man hingegen eine streng monoton fallende Funktion, so dreht es sich um: Aus dem „kleiner als" wird ein „größer als" und umgekehrt.

Dies haben wir gleich im ersten Schritt nicht beachtet, denn der Logarithmus zu einer Basis, die kleiner ist als 1, ist eine streng monoton fallende Funktion. Richtig hätte die Herleitung deshalb lauten müssen:

$$\left(\frac{1}{2}\right)^3 < \left(\frac{1}{2}\right)^2$$

$$\log_{1/2}\left(\frac{1}{2}\right)^3 > \log_{1/2}\left(\frac{1}{2}\right)^2$$

$$3\log_{1/2}\left(\frac{1}{2}\right) > 2\log_{1/2}\left(\frac{1}{2}\right)$$

$$3 > 2$$

Und das ist offensichtlich richtig!

Quelle: Anonymus, *Pi Mu Epsilon Journal* 1, November 1950, S. 111. – Eine Lösung wird im Pi Mu Epsilon Journal nicht gegeben.

24 Bestimmungsgrößen von Dreiecken

Es gibt tatsächlich Dreiecke, die in fünf Bestimmungsgrößen übereinstimmen und doch weder kongruent noch spiegelbildlich sind.

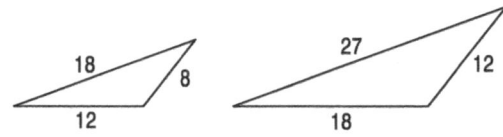

Betrachten Sie das erste Dreieck. Seine drei Seiten sind acht, zwölf und achtzehn Einheiten lang. Das zweite Dreieck hat die gleiche Form wie das erste Dreieck: die drei Winkel sind bei beiden gleich. Ein Mathematiker würde sagen, die beiden Figuren sind ähnlich. Alle Seiten sind beim zweiten Dreieck anderthalbmal so lang wie beim ersten, trotzdem tauchen bei beiden zwei gleiche Seitenlängen auf: Es gibt jeweils eine zwölf und eine achtzehn Einheiten lange Seite.

Die beiden Dreiecke des Beispiels haben also fünf gleiche Bestimmungsgrößen und sind trotzdem weder kongruent noch spiegelbildlich.

Übrigens widerspricht die Sache mit den fünf Bestimmungsgrößen aus dieser Aufgabe keineswegs den Sätzen über die Kongruenz von Dreiecken. Die drei Winkel und die beiden Seiten sind nur nicht vollständig angegeben: Man muss auch ihre gegenseitige Lage festlegen.

Quelle: Ulrich Graf, *Kabarett der Mathematik*, Dresden 1942, S. 57–58.

25 Das geplättete Polyeder

Das geplättete Polyederskelett stellt ein Tetraeder dar, bei dem eine der vier Kanten eingekerbt ist. Über die Seitenlängen und Winkel des Körpers kann man natürlich keine Aussage machen.

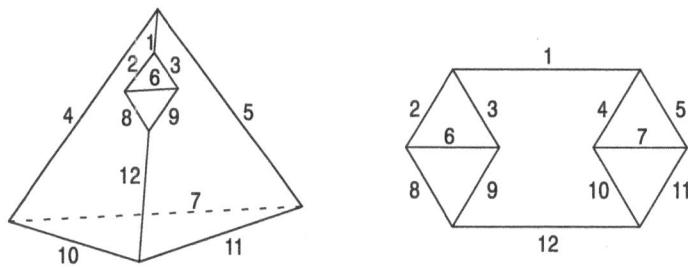

Der Deutlichkeit halber habe ich in den beiden Skizzen die Kanten nummeriert.

Quelle: Aufgabe: L. R. Ford, *American Mathematical Monthly* 69, März 1962, S. 232. – Lösung: Robert Connelly, *American Mathematical Monthly* 69, Dezember 1962, S. 1009.

26 Die vier Schnecken

Zu jedem Zeitpunkt bilden die vier Schnecken die Eckpunkte eines Quadrats, das ständig schrumpft und gleichzeitig um seinen Mittelpunkt rotiert. Der Weg jeder Schnecke steht daher immer senkrecht auf dem Weg der Schnecke, auf die sie zu kriecht. Das bedeutet, dass bei Annäherung von A an B keine Komponente in der Bewegung von B auftritt, die B auf A zu oder von A weg führt. Folglich vermindert sich der Abstand von A zu B genau um den von A zurückgelegten Weg, und A wird mit B zum gleichen Zeitpunkt zusammentreffen, als wenn B sich gar nicht bewegt hätte. Die Länge jedes Weges ist also gleich der Seitenlänge des Quadrats: ein Meter.

Die Bahnkurve, die die Schnecken kriechen, sind übrigens logarithmische Spiralen. Sie haben ganz allgemein die Form

$$r(\varphi) = r_0 e^{k\varphi} \, .$$

Dabei ist r der Abstand eines Bahnpunktes vom Zentrum der Spirale und φ der Winkel, den der Radius eines Bahnpunktes ab dem Radius r_0 überstreicht. Die Größe k ist eine Konstante. In diesem konkreten Fall der vier Schnecken beträgt $r_0 = \frac{1}{2}\sqrt{2}$ m und $k = -1$.

Quelle: Leo Moser, *Mathematics Magazine* 24, Januar–Februar 1951, S. 173, 174.

27 Lügner

Da die beiden Kinder ein Junge und ein Mädchen sind und da das eine Kind sagt, es sei ein Mädchen, und das andere sagt, es sei ein Junge, so müssen entweder beide Kinder die Wahrheit sagen oder beide lügen. Weil wir aber wissen, dass mindestens ein Kind lügt, so sagen folglich beide Kinder die Unwahrheit. Dies bedeutet, der Junge hat blondes und das Mädchen schwarzes Haar.

Quelle: Aufgabe: Martin Hollis in: Martin Gardner, *Scientific American* 225, Juli 1971, S. 107. – Lösung: Martin Hollis in: Martin Gardner, *Scientific American* 225, August 1971, S. 105.

28 Ein Wurzelvergleich

Der wohl einfachste Weg ist es, beide Zahlen mit 30 zu potenzieren und dann zu vergleichen.

$$\left(\sqrt[10]{10} \right)^{30} = \left(10^{1/10} \right)^{30} = 10^{30/10} = 10^3 = 1000$$

$$\left(\sqrt[3]{2}\right)^{30} = \left(2^{1/3}\right)^{30} = 2^{30/3} = 2^{10} = 1024$$

Der Ausdruck $\sqrt[3]{2}$ ist also größer als $\sqrt[10]{10}$. Die genauen Werte der beiden Zahlen sind übrigens:

$$\sqrt[3]{2} = 1{,}25992\ldots$$

$$\sqrt[10]{10} = 1{,}25893\ldots$$

Quelle: Aufgabe: Litton Industries (Hrsg.), *Aviation Week*, 11. März 1963. – Lösung: Litton Industries (Hrsg.), *Aviation Week*, 18. März 1963.

29 Inecke und Umecke

Man kann das innere Quadrat in dem Kreis um 45° drehen, ohne dass sich sein Flächeninhalt ändert. Wenn man jetzt noch die beiden Diagonalen in das kleine Quadrat einzeichnet, fällt einem die Lösung sofort ins Auge: Das äußere Quadrat besteht aus acht gleichen Dreiecken, das innere aus vier. Ihre Flächeninhalte stehen also im Verhältnis 2:1.

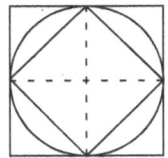

Ein Kreis dient einem regelmäßigen Sechseck als Umkreis und gleichzeitig einem anderen regelmäßigen Sechseck als Inkreis.

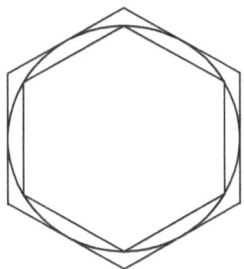

In welchem Verhältnis stehen die Flächeninhalte der beiden Sechsecke?

30 Fakultäten

Der Ausdruck 13! ist das Produkt der Zahlen von 1 bis 13:

$$13! = 1 \cdot 2 \cdot 3 \cdot 4 \cdot 5 \cdot 6 \cdot 7 \cdot 8 \cdot 9 \cdot 10 \cdot 11 \cdot 12 \cdot 13$$

Jede Multiplikation einer Zahl mit 10 fügt an das Ende dieser Zahl eine 0 an. Aber auch wenn man eine Zahl nacheinander mit den beiden Faktoren von 10, also mit 2 und 5, multipliziert, wird an ihr Ende eine 0 dazugesetzt. Bei allen anderen Faktoren bekommt man keine zusätzlichen Nullen.

Es ist jedoch zu beachten, dass die 10 auch in ihren Vielfachen versteckt sein kann: Auch eine Multiplikation beispielsweise mit $20 = 2 \cdot 10$ erhöht die Anzahl der Nullen. Der Faktor $100 = 10 \cdot 10$ hängt sogar zwei Nullen an das Ende der Zahl.

Bei 13! taucht der Faktor 10 zweimal auf, einmal als $2 \cdot 5$ und einmal als 10 selbst. Das Ergebnis muss darum mit genau zwei Nullen enden. 13! ist folglich gleich 6 227 020 800.

Allgemein endet die Zahl $n!$ auf N Nullen.

$$N = \sum_{i=1}^{I} \left[\frac{n}{5^i} \right] \quad , \qquad I = \left[\frac{\log_{10} n}{\log_{10} 5} \right]$$

Die eckigen Klammern bedeuten, dass von dem Quotienten nur der ganzzahlige Anteil betrachtet wird.

Quelle: Aufgabe: Litton Industries (Hrsg.), *Electronic News* 718, 21. Juli 1969. – Lösung: Litton Industries (Hrsg.), *Electronic News* 719, 28. Juli 1969.

31 Eine diophantische Gleichung

Das falsche Zahlenpaar lässt sich herausfinden, ohne dass man eine einzige Multiplikation oder Subtraktion ausführen muss. Man braucht nur einige Überlegungen über gerade und ungerade Zahlen anzustellen.

Die Differenz zweier gerader (g) oder zweier ungerader (u) Zahlen ist immer eine gerade Zahl; ist dagegen eine der beiden Zahlen gerade und die andere ungerade, so ist die Differenz immer ungeradzahlig.

$$g - g = g$$
$$g - u = u$$
$$u - g = u$$
$$u - u = g$$

Ein ähnliches Verhalten zeigt auch das Produkt zweier Zahlen: Ist wenigstens einer der beiden Faktoren geradzahlig, ist auch das Produkt geradzahlig. Nur wenn beide Faktoren ungeradzahlig sind, erhält man auch ein ungeradzahliges Ergebnis.

$$g \cdot g = g$$
$$g \cdot u = g$$
$$u \cdot g = g$$
$$u \cdot u = u$$

Da auf der rechten Seite der Gleichung

$$187x - 104y = 41$$

die ungerade Zahl 41 steht, muss entweder $187x$ oder $104y$ ungeradzahlig sein. In dem Produkt $104y$ ist der Faktor 104 geradzahlig, darum ist es in jedem Fall gerade. Also muss $187x$ ungeradzahlig sein. Das bedeutet aber, dass auch x ungerade sein muss. Dies ist bei vier der fünf Lösungsvorschläge auch der Fall, nur bei einem, nämlich bei (d), ist $x = 314$ eine gerade Zahl. Dies muss also das gesuchte falsche Zahlenpaar sein.

Quelle: Aufgabe: H. C. Torreyson, *School Science and Mathematics* 63, 1963, Problem 2918. – Lösung: Dale Woods, *School Science and Mathematics* 64, März 1964, S. 242.

32 Determinanten

Determinanten haben eine Eigenschaft, die uns die Lösung dieser Aufgabe sehr vereinfacht: Vertauscht man zwei Zeilen einer Matrix, so ändert ihre Determinante nur das Vorzeichen, behält aber ihren Wert bei. Bei unseren 362880 verschiedenen Möglichkeiten, die Ziffern von 1 bis 9 zu einer 3×3-Matrix zu ordnen, gibt es zu jeder Kombination auch eine, die sich nur dadurch von ihr unterscheidet, dass die erste und die zweite Zeile vertauscht sind. Da die Determinanten dieser beiden Matrizen den gleichen Wert, aber ein unterschiedliches Vorzeichen haben, ist ihre Summe null. Das gleiche gilt auch für jedes andere Paar. Daraus folgt, dass auch die Summe aller 362 880 Determinanten 0 ist.

Beispiel:

$$\begin{vmatrix} 9 & 5 & 1 \\ 2 & 7 & 6 \\ 4 & 3 & 8 \end{vmatrix} = 360 \qquad \begin{matrix} \begin{vmatrix} 2 & 7 & 6 \\ 9 & 5 & 1 \\ 4 & 3 & 8 \end{vmatrix} & = \\ & = -360 \\ & = \end{matrix}$$

Quelle: Charles W. Trigg, *Mathematics Magazine* 36, Januar–Februar 1963, S. 77, 78.

33 Ein mathematisches Symbol

Die einfachste und eleganteste Lösung ist das Dezimalkomma:

$$2 < 2{,}3 < 3$$

Es gibt noch eine weitere Möglichkeit: Das Produkt aus 2 und dem natürlichen Logarithmus von 3 beträgt ungefähr 2,19722.

$$2 < 2 \ln 3 < 3$$

Quelle: Aufgabe: Martin Gardner, *Scientific American* 225, Juli 1971, S. 106. – 1. Lösung: Martin Gardner, *Scientific American* 225, August 1971, S. 105. – 2. Lösung: Larry S. Liebovitch in: Martin Gardner, *Wheels, Life, and Other Mathematical Amusements*, New York 1983, S. 85.

34 Widerstände

Damit der Widerstandswürfel etwas anschaulicher wird, verzerren wir ihn soweit, bis er sich in der Ebene flach ausbreiten lässt, ohne dass es zu Überschneidungen der Widerstände kommt. Den Punkt B ziehen wir dabei zu einem Kreis auseinander.

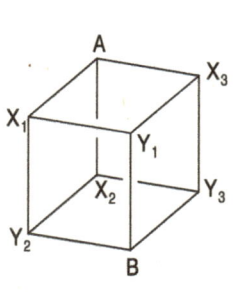
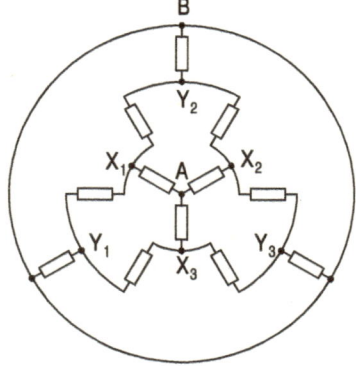

Die drei Würfelecken X_1, X_2 und X_3 liegen aus Symmetriegründen auf dem gleichen elektrischen Potential, darum darf man sie getrost miteinander verbinden, ohne dass sich der Widerstand des Systems ändert. Das gleiche gilt für die Ecken Y_1, Y_2 und Y_3.

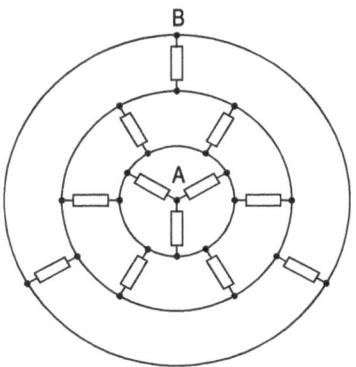

Jetzt sieht man, dass die Widerstände zwischen den einzelnen Kreisen parallel und die Kreise selbst hintereinander geschaltet sind. Daraus ergibt sich der Gesamtwiderstand

$$\frac{1}{3}\,\Omega + \frac{1}{6}\,\Omega + \frac{1}{3}\,\Omega = \frac{5}{6}\,\Omega\,.$$

Wie groß ist der Gesamtwiderstand zwischen den Punkten A und B der Schaltung, wenn alle drei Widerstände einen Wert von einem Ohm haben?

35 Die Stellenzahl

Wir schreiben den Ausdruck 2^{-n} in eine etwas andere Form.

$$2^{-n} = \left(\frac{10}{5}\right)^{-n} = 5^n \cdot 10^{-n}$$

Die Zahl 5^n endet immer mit einer 5 und niemals mit einer 0, da immer nur Fünfen miteinander malgenommen werden. Die Multiplikation mit 10^{-n} bedeutet, dass das Komma vor die letzten n Stellen von 5^n gesetzt wird. Die Zahl 2^{-n} hat also in der Dezimalschreibweise n Stellen hinter dem Komma.

Ein Beispiel ist $2^{-3} = 0{,}125$.

Quelle: Gerald C. Dodds, *Mathematics Magazine* 41, Januar–Februar 1968, S. 41, 50.

36 Eine kuriose Zahl

Es klingt zwar unwahrscheinlich, aber es gibt diese Zahl. Wenn wir sie mit n bezeichnen, so lautet die Aufgabe als Gleichung geschrieben:

$$\frac{n}{5} \cdot \frac{n}{7} = n$$

Das ergibt

$$n(n - 35) = 0.$$

Die Gleichung ist erfüllt, wenn $n = 0$ oder $n = 35$ ist. Da aber 0 keine positive Zahl ist, muss die Lösung 35 sein.

Quelle: Charles W. Trigg, *Mathematical Quickies*, New York 1967, S. 22, 110.

37 Die Kosinussumme

Betrachten Sie ein regelmäßiges Fünfeck, dessen Basisseite mit der Horizontalen einen Winkel von 5° einschließt.

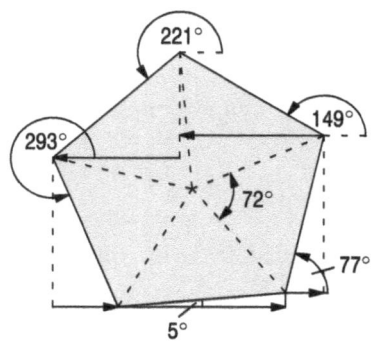

Da die Zentralwinkel des Fünfecks, die Winkel also, die von den Strecken gebildet werden, die den Mittelpunkt der Figur mit ihren Ecken verbinden, alle 360° / 5 = 72° betragen, schließen die fünf Seiten mit der Horizontalen die Winkel 5°, 77°, 149°, 221° und 293° ein.

Stellt man sich die Kosinus dieser Winkel als Vektoren vor, so addieren sie sich, wie man an den Pfeilen in der Zeichnung sehen kann, zu 0 auf. Die Lösung lautet also:

$$\cos 5° + \cos 77° + \cos 149° + \cos 221° + \cos 293° = 0$$

Quelle: Murray S. Klamkin, *Mathematics Magazine* 28, Mai 1955, S. 293.

38 Diagonalen

Die Raumdiagonalen eines Würfels sind zwar alle gleich lang, sie schneiden sich jedoch nicht unter rechten Winkeln.

Im dreidimensionalen Raum können sich in einem Punkt höchstens drei Geraden rechtwinklig schneiden. Es gilt allgemein, dass im n-dimensionalen Raum maximal n Geraden in einem Punkt unter rechten Winkeln aufeinander stehen können. Da ein Würfel ein Körper des dreidimensionalen Raums ist, jedoch vier Raumdiagonalen hat, können sie natürlich nicht alle senkrecht aufeinander stehen.

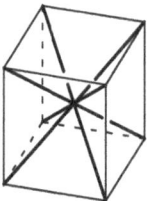

Kann es überhaupt irgendein dreidimensionales Polyeder geben, dessen Raumdiagonalen gleich lang sind und sich unter rechten Winkeln schneiden?

39 Der verknäulte Expander

Den unteren Teil des Expanders erhält man am einfachsten, indem man den oberen Teil an der Mittelachse spiegelt. Dadurch wird jede Verknotung im oberen Teil durch ein Gegenstück im unteren aufgehoben.

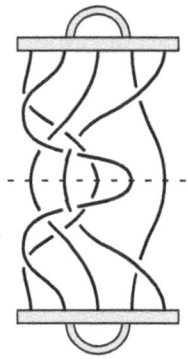

Quelle: Aufgabe: J. Lembek, *Pi Mu Epsilon Journal* 1, November 1953, S. 364–365. – Lösung: N. Grossman, *Pi Mu Epsilon Journal* 2, November 1954, S. 26.

40 Reihen

Es ist die Reihe derjenigen ganzen Zahlen, die auch auf den Kopf gestellt noch sinnvoll sind und außerdem dabei ihren Wert nicht verändern. Die Reihe lässt sich beliebig weit verlängern:

I, 8, II, 69, 88, 96, I0I, III, I8I, 609, 6I9, 689, 808, 8I8, 888, ...

Diese Zahlen werden in der Unterhaltungsmathematik auch als strobogrammatische Zahlen bezeichnet.

Eine geschlossene Formel, mit der man das n-te Element dieser Reihe berechnen kann, gibt es bisher jedoch nicht.

Wie lautet der nächste Buchstabe in der folgenden Reihe?

A, E, F, H, I, K, L, M, ...

41 Dreieck und Kreise

Die Zeichnung ist sehr ungenau ausgeführt worden. In Wirklichkeit muss der zweite Schnittpunkt der beiden Kreise immer, unabhängig davon, wie groß der Winkel γ ist oder wie lang die beiden Seiten a und b sind, auf der dritten Seite c liegen. Der gesuchte Abstand ist also null Zentimeter.

Warum? Verbindet man die Enden der beiden Kreisdurchmesser mit dem zweiten Schnittpunkt der Kreise, erhält man zwei Dreiecke. Diese müssen rechtwinklig sein, da sie zwei Thaleskreisen einbeschrieben sind. Zwei aneinandergehängte rechte Winkel ergeben 180° oder eine ungeknickte Gerade, was nun bedeutet, dass die beiden Verbindungslinien gleich der Seite c sind.

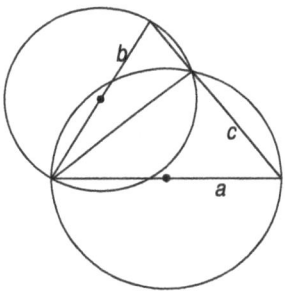

Quelle: Aufgabe: Litton Industries (Hrsg.), *Electronic News* 694, 10. Februar 1969. – Lösung: Litton Industries (Hrsg.), *Electronic News* 696, 24. Februar 1969.

42 Sechs Menschen

Einer der willkürlich aus der Menschheit gewählten sechs Menschen möge A sein. Von den anderen fünf Leuten gibt es mindestens drei, die A kennt, oder es gibt mindestens drei, die A nicht kennt.

Im ersten Fall können sich diese drei Personen untereinander völlig fremd sein – dann hat man schon ein mögliches Trio –, oder mindestens zwei kennen sich. Diese beiden bilden dann mit A eine Dreiergruppe, in der man sich untereinander kennt.

Für den zweiten Fall läuft der Beweis analog. Die drei Menschen, die A nicht kennt, können untereinander Bekannte sein. Es sind aber eventuell auch zwei dabei, die sich nicht kennen und die dann mit A ein Trio von Menschen bilden, die einander nicht bekannt sind.

Quelle: Aufgabe: The William Lowell Putnam Competition, *American Mathematical Monthly* 60, Oktober 1953, S. 541 und C. W. Bostwich, *American Mathematical Monthly* 65, Juni–Juli 1958, S. 446. – Lösung: John Rainwater, *American Mathematical Monthly* 66, Februar 1959, S. 141–142.

43 Teilbarkeit durch 8

Jede Zahl kann man in zwei Summanden zerlegen, von denen der eine aus den letzten drei Stellen der Zahl und der andere aus den vorderen Stellen und drei anschließenden Nullen besteht. Zum Beispiel gilt $51\,119\,552 = 51\,119\,000 + 552$.

Wenn beide Summanden durch 8 teilbar sind, ist die Zahl es auch. Da 1 000 und damit auch alle Vielfachen von 1 000, wie zum Beispiel $51\,119\,000$, ohne Rest durch 8 teilbar sind, genügt es, die letzten drei Ziffern einer Zahl – beispielsweise von $51\,119\,552$ nur 552 – auf ihre Teilbarkeit durch 8 zu untersuchen.

Quelle: Aufgabe: Anonymus, *Die Welt*, 17. 7. 1987, S. IV. – Lösung: Anonymus, *Die Welt*, 24. 7. 1987, S. IV.

44 Das Pentagon

Wenn der Spion sehr weit vom Pentagon entfernt ist – verglichen mit der Seitenlänge des Gebäudes –, dann gibt es zu jeder seiner möglichen Positionen einen Punkt genau auf der anderen Seite des Pentagons, der den gleichen Abstand von dessen Zentrum hat und von dem aus man diejenigen Seiten des Gebäudes sehen kann, die der Spion nicht sieht. Die Wahrscheinlichkeit, zwei oder drei Seiten beobachten zu können, sind also gleich und deshalb beide 0,5 oder 50%. Ganz exakt stimmt dies jedoch nur im Grenzfall, wenn der Spion unendlich weit vom Pentagon entfernt ist.

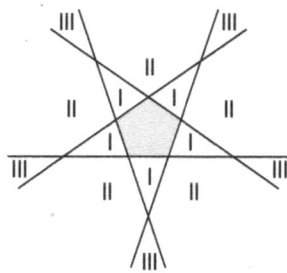

Bei geringem Abstand vom Pentagon gibt es auch Bereiche (I), von denen aus der Spion nur eine Gebäudeseite sehen kann. Sie haben jedoch nur eine endliche Größe. Die Bereiche, aus denen man zwei (II) oder drei Seiten (III) sieht, hingegen sind jeweils unendlich groß.

Nimmt man an, dass der Spion seine Position völlig willkürlich auf einem Kreis mit dem Radius r um das Zentrum des Pentagons wählt, so sind die Wahrscheinlichkeiten P_1, P_2 und P_3, dass es ein, zwei oder drei Seiten des Gebäudes sieht:

$$r < R_1 : \quad \text{Innenbereich des Pentagons}$$

$$R_1 \leq r < R_2 : \left\{ \begin{array}{l} P_1 = 1 \\ P_2 = 0 \\ P_3 = 0 \end{array} \right.$$

$$R_2 \leq r < R_3 : \left\{ \begin{array}{l} P_1 = \dfrac{1}{36°}\arcsin\left(\dfrac{\sin 54°}{2r\sin 36°}\right) - \dfrac{1}{2} \\[3mm] P_2 = \dfrac{3}{2} - \dfrac{1}{36°}\arcsin\left(\dfrac{\sin 54°}{2r\sin 36°}\right) \\[3mm] P_3 = 0 \end{array} \right.$$

$$r \geq R_3 : \left\{ \begin{array}{l} P_1 = 0 \\[2mm] P_2 = \dfrac{1}{2} + \dfrac{1}{36°}\arcsin\left(\dfrac{\tan 54°}{2r}\right) \\[3mm] P_3 = \dfrac{1}{2} - \dfrac{1}{36°}\arcsin\left(\dfrac{\tan 54°}{2r}\right) \end{array} \right.$$

Dabei haben R_1, R_2 und R_3 folgenden Größen:

$$R_1 = \frac{\tan 54°}{2}$$

$$R_2 = \frac{1}{2\sin 36°}$$

$$R_3 = \frac{\tan 54° + \tan 72°}{2}$$

Die Seitenlänge des Pentagons ist der Einfachheit halber mit 1 angenommen worden.

Quelle: Aufgabe: Litton Industries (Hrsg.), *Electronic News* 414, 27. Januar 1964. – Lösung für den Grenzfall: Litton Industries (Hrsg.), *Electronic News* 415, 3. Februar 1964. – Allgemeine Lösung: Helmut Postl in: Heinrich Hemme, *Mathematik zum Frühstück*, 2. Aufl., Göttingen 2003, S. 73–75.

45 Die sieben Punkte

Im Zweidimensionalen gibt es keine Lösung dieses Problems. Man muss die dritte Dimension hinzunehmen.

Fünf der gesuchten Punkte liegen auf den Ecken, der sechste in der Mitte eines regelmäßigen Fünfecks. Der siebte Punkt befindet sich genau über dem Mittelpunkt in einem Abstand, der der Verbindung vom Mittelpunkt zu einer der Ecken des Fünfecks entspricht. Jede beliebige Auswahl von dreien dieser sieben Punkte bildet die Ecken eines gleichschenkligen Dreiecks.

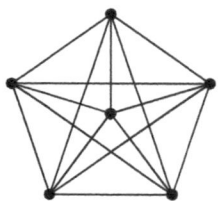 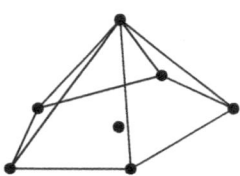

Es gibt aber noch weitere Möglichkeiten, wie die sieben Punkte angeordnet sein können. Wieder befinden sich fünf Punkte auf den Ecken eines regelmäßigen Fünfecks. Der sechste und siebte Punkt liegen auf der Achse, die senkrecht durch den Mittelpunkt des Fünfecks läuft.

Dadurch erhält man zwei Lösungsscharen. Bei der einen Schar liegt der siebte Punkt genauso weit unterhalb der Fünfecksfläche wie der sechste Punkt oberhalb. Die gleichschenkligen Dreiecke, die diese beiden Punkte mit den Eckpunkten des Fünfecks bilden, haben die Achse als Basis.

Bei der anderen Lösungsschar ist der Abstand zwischen dem sechsten und siebten Punkt gerade so groß wie der Abstand des sechsten Punktes zu den Eckpunkten des Fünfecks. Bei den Dreiecken, die diese beiden Punkte mit den Eckpunkten des Fünfecks bilden, ist die Achse einer der beiden gleichen Schenkel.

Die zuerst vorgestellte Lösung ist nur ein Spezialfall der zweiten Lösungsschar.

Quelle: Aufgabe: Litton Industries (Hrsg.), *Electronic News* 533, 14. März 1966. – 1. Lösung: Litton Industries (Hrsg.), *Electronic News* 534, 21. März 1966. – Weitere Lösungen: Helmut Postl in: Heinrich Hemme, *Mathematik zum Frühstück*, 2. Aufl., Göttingen 203, S. 75–76.

46   Eine Parallelprojektion

Man vergisst leicht, dass ein Körper nicht nur ebene Flächen, sondern auch Rundungen haben kann. Die beiden Ansichten aus der Aufgabe können beispielsweise eine flache, runde Scheibe darstellen, in die man am Umfang an einer Stelle eine Nut gefräst hat.

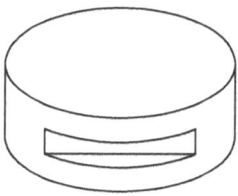

Quelle: Steve Odell, *Puzzles for Superbrains*, London 1979, S. 32–33, 69.

47   Große Zahlen

Alle Exponenten der vier Zahlen haben 11 als gemeinsamen Faktor. Man kann deshalb leicht die Exponenten aufgliedern und die Zahlen soweit ausmultiplizieren, dass sie nur noch die 11 als Exponenten haben.

$$2^{55} = 2^{5 \cdot 11} = \left(2^5\right)^{11} = 32^{11}$$
$$3^{44} = 3^{4 \cdot 11} = \left(3^4\right)^{11} = 81^{11}$$
$$4^{33} = 4^{3 \cdot 11} = \left(4^3\right)^{11} = 64^{11}$$
$$5^{22} = 5^{2 \cdot 11} = \left(5^2\right)^{11} = 25^{11}$$

Jetzt ist der Größenvergleich einfach. Es gilt also

$$5^{22} < 2^{55} < 4^{33} < 3^{44} \ .$$

Quelle: New Jersey Mathematics Teacher 43, Frühjahr 1986, S. 26.

48 Der Wert 1

Es gibt sehr viele Lösungen, die alle nach dem gleichen Prinzip aufgebaut sind. Drei Beispiele sind:

$$1^{234567890} = 1$$
$$1^{234567890} = 1$$
$$123456789^0 = 1$$

Quelle: Anonymus in: Heinrich Hemme, *Mathematik zum Frühstück*, Göttingen 1990, S. 27, 80.

49 Volumen und Oberfläche

Die Rechnungen der Aufgabe sind korrekt, nur die Schlussfolgerung, dass bei der Kugel und beim Würfel die Verhältnisse von Oberfläche zu Volumen gleich sind, ist falsch.

Es wurde nämlich die Voraussetzung nicht beachtet, dass die Volumina von Würfel und Kugel gleich sein müssen. Ein Würfel mit der Seitenlänge d und eine Kugel mit dem Durchmesser d haben verschiedene Volumina und zwar gilt $V_w = d^3$ und $V_K = \pi d^3/6$.

Für den korrekten Vergleich der Verhältnisse eliminiert man zunächst für beide Körper die „unvergleichbare" Größe d, indem man die Volumen- und die Oberflächengleichungen nach d auflöst und gleichsetzt.

$$d_W = \sqrt[3]{V_W} = \sqrt{\frac{A_W}{6}}$$
$$d_K = \sqrt[3]{\frac{6V_K}{\pi}} = \sqrt{\frac{A_K}{\pi}}$$

Nun werden die Volumina durch die entsprechenden Oberflächen ausgedrückt.

$$V_W = \left(\sqrt{\frac{A_W}{6}}\right)^3$$
$$V_K = \frac{\pi}{6}\left(\sqrt{\frac{A_K}{\pi}}\right)^3$$

Jetzt kommt der entscheidende Schritt: Nicht der Durchmesser und die Kantenlänge, sondern die beiden Volumina werden gleichgesetzt.

$$\left(\sqrt{\frac{A_W}{6}}\right)^3 = \frac{\pi}{6}\left(\sqrt{\frac{A_K}{\pi}}\right)^3$$

$$A_W = \sqrt[3]{\frac{6}{\pi}} \cdot A_K \approx 1,24\, A_K$$

Bei gleichen Volumina ist also die Würfeloberfläche etwa 1,24-mal so groß wie die Kugeloberfläche.

Quelle: D. W. Tomer in: Christopher P. Jargocki, *Science Brain-Twisters, Paradoxes and Fallacies*, New York 1976.

50 Die Rundtour des Springers

Der Springer kann auf dem $4 \times n$-Brett keine vollständige Rundtour in $4n$ Zügen machen. Das sieht man am einfachsten, wenn man das Schachbrett auf eine etwas ungewöhnliche Art einfärbt.

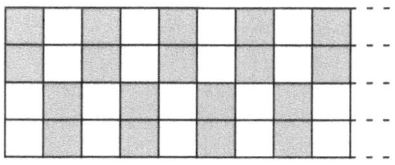

Steht der Springer am Anfang auf einem weißen Feld in der obersten oder untersten Reihe, so kann er mit dem nächsten Zug nur zu einem weißen Feld in eine der beiden mittleren Reihen gelangen. Umgekehrt kann der Springer auch ein weißes Feld in den äußeren Reihen nur von einem weißen Feld der beiden mittleren Reihen aus erreichen.

Da es in den beiden mittleren Reihen genauso viele weiße Quadrate gibt wie in der untersten und obersten Reihe, muss man als zweiten Zug wieder einen Sprung von den mittleren Reihen zu den weißen Feldern in den äußeren Reihen machen, wenn man auf dem Rundzug zu allen weißen Quadraten gelangen will. Der Springer erreicht somit niemals ein schwarzes Feld, und der vollständige Rundzug ist unmöglich.

Quelle: E. B. Dynkin, S. A. Molchanov, A. L. Rozental und A. K. Tolpygo, *Mathematical Problems: An Anthology*, New York 1967, S. 15, 45.

51 Das Problem des Händeschüttelns

Auf dem ersten Blick sieht es aus, als wenn das Problem unlösbar sei: Es scheinen Informationen zu fehlen. Aber das ist ein Irrtum. Die Frage aus der Aufgabe kann ohne zusätzliche Angaben beantwortet werden.

Dazu stellen wir die acht Teilnehmer an Wieners Gartenparty durch auf einem Kreis angeordnete Punkte dar. Weil keine der acht Personen seinem Ehepartner oder sich selbst die Hand gab, konnte jede höchstens sechs Hände schütteln. Die Antworten, die Herr Wiener bekam, haben also 0, 1, 2, 3, 4, 5 und 6 gelautet.

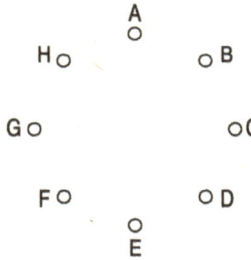

Da mit den Buchstaben A bis H keine bestimmten Personennamen verbunden sind, können wir völlig willkürlich annehmen, dass A sechs Leuten, und zwar B, C, D, E, F und G, die Hand schüttelte. Wir deuten dies durch Verbindungslinien zwischen den Punkten an. An der Skizze kann man nun sehen, dass H derjenige ist, der niemandem die Hand gab. Da A allen außer H die Hand schüttelte, bedeutet dies außerdem, dass A und H miteinander verheiratet sind.

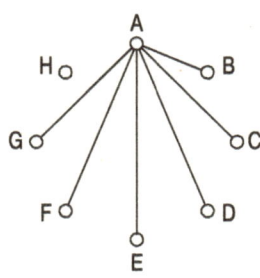

Im nächsten Schritt nehmen wir an, dass B fünf Personen die Hand gab. Aus dem Diagramm kann man nun entnehmen, dass G nur A und dass B allen Leuten außer G und H die Hand schüttelte. Da H mit A verheiratet ist, müssen G und B ein Ehepaar sein.

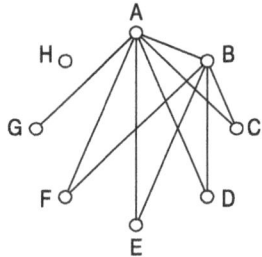

Der dritte Schritt geht ganz analog. Wir nehmen an, C gab vier Personen die Hand, und stellen dann fest, dass F nur zweien die Hand gab und mit C verheiratet ist.

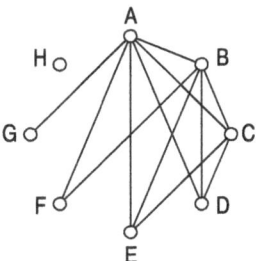

Wenn wir jetzt die Skizze betrachten, sehen wir, dass D und E jeweils drei Gäste mit Handschlag begrüßten. Da Herr Wiener nur einmal die Antwort „drei" bekam, muss er einer der beiden sein. Weil außerdem auch noch D und E miteinander verheiratet sind, ist seine Frau die andere der beiden. Frau Wiener gab also drei Gästen die Hand.

Quelle: Aufgabe: Lars Bertil Owe in: Martin Gardner, *Scientific American* 228, Mai 1973, S. 102. – Lösung: Lars Bertil Owe in: Martin Gardner, *Scientific American* 228, Juni 1973, S. 109.

Erste Lösungen

52 Das geteilte Blatt

Man sieht die Lösung sofort, wenn man mehrere DIN-A4-Blätter aneinanderlegt und die Diagonalen einzeichnet.

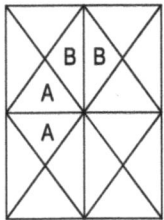

Die gesamte Papierebene wird in lauter gleiche Rhomben zerlegt. Jeder Rhombus wird durch eine Seite der Papierbögen halbiert, manche senkrecht, andere waagerecht. Da alle Rhomben gleich sind, ist auch $2A = 2B$. Somit sind die Flächen A und B gleich groß.

Quelle: Aufgabe: Duane Bollenbacher, *The Mathematics Teacher* 80, November 1987, S. 647. – Lösung: Heinrich Hemme, *Mathematik zum Frühstück*, Göttingen 1990, S. 84. – Bollenbacher gibt als Lösung nur $A = B$ an, ohne eine Begründung dafür zu liefern.

53 Tetrominos

Das Problem ist unlösbar. Zum Beweis färben wir die Quadrate des 4×5-Rechtecks und der fünf Tetrominos abwechselnd schwarz und weiß.

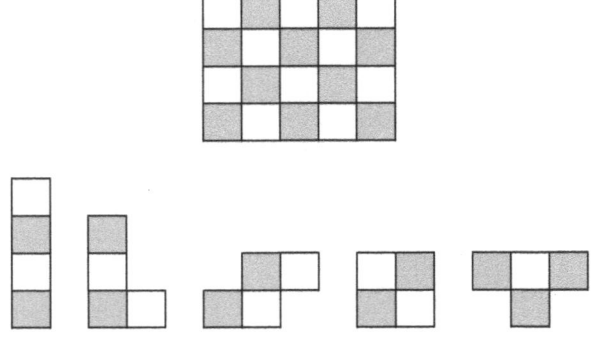

Bis auf das T-Tetromino hat jedes Plättchen zwei schwarze und zwei weiße Felder. Nur das T-Tetromino hat drei schwarze und nur ein weißes Quadrat. Natürlich können wir die Farben auch vertauschen, so dass es dann ein schwarzes und drei weiße Felder hat.

Unabhängig davon, welche Möglichkeit wir wählen, haben alle fünf Tetrominos zusammen eine ungerade Anzahl weißer und eine ungerade Anzahl schwarzer Felder. Das 4×5-Rechteck besteht jedoch aus geraden Anzahlen schwarzer und weißer Quadrate. Folglich ist es unmöglich, die Tetrominos zum 4×5-Rechteck zusammenzusetzen.

Für den zweiten Teil dieser Aufgabe sollen die Quadrate der Tetrominos genauso groß sein wie die Felder eines Schachbretts. Es ist unmöglich, mit fünfundzwanzig geraden Tetrominos und Treppentetrominos ein 10×10-Schachbrett vollständig zu überdecken. Dabei spielt es keine Rolle, wie viele der fünfundzwanzig Plättchen gerade Tetrominos und wie viele Treppentetrominos sind. Außerdem ändert sich nichts, wenn man einen Teil der Treppentetrominos umdreht und die spiegelbildliche Form verwendet.

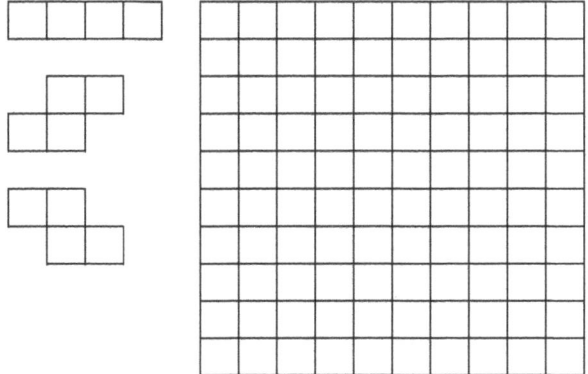

Warum gibt es keine Lösung?

54 Die Händedrücke

Wir bezeichnen die Zahl der Menschen, die jemals auf der Welt gelebt haben, mit N und die Anzahl der von ihnen gewechselten Händedrücke mit m. Jetzt nummerieren wir alle Menschen durch und nennen die Anzahl der Händedrücke, die der i-te Mensch gewechselt hat, n_i.

Zum Händedrücken gehören immer zwei Leute, darum taucht ein Händedruck, den der k-te mit dem l-ten Menschen wechselte, zweimal auf: einmal in n_k und einmal in n_l. Die Summe aller n_i beträgt deshalb $2m$, ist also eine gerade Zahl.

$$n_1 + n_2 + n_3 + ... + n_N = 2m$$

Die Summe von irgendwelchen ganzen Zahlen kann aber nur gerade sein, wenn die dabei beteiligten ungeraden Summanden neutralisiert werden. Das geschieht dadurch, dass man alle ungeraden Zahlen paarweise zusammenfasst: Ihre Summe ist dann jeweils gerade. Daraus folgt, die Anzahl der ungeraden Summanden ist gerade, oder anders ausgedrückt, die Anzahl der Menschen, die eine ungerade Zahl Hände gedrückt haben, ist gerade.

Diese Aufgabe hat noch einen weiteren eleganten Lösungsweg, den ich Ihnen nicht unterschlagen möchte.

Bevor es die ersten Menschen gab, hatte noch niemand jemanden die Hand geschüttelt. Irgendwann gaben sich dann zum ersten Mal zwei Leute die Hand. Es hatten somit zwei Menschen, also eine gerade Anzahl, je eine Hand, also eine ungerade Anzahl, geschüttelt. Bei jedem weiteren Händedruck hat es nun drei Möglichkeiten gegeben. Es haben sich zwei Menschen die Hand gegeben,

1. die beide vorher eine ungerade Anzahl Hände drückten, oder

2. die beide vorher eine gerade Anzahl Hände drückten, oder

3. von denen der eine vorher eine gerade und der andere eine ungerade Anzahl Hände drückte.

Im ersten und zweiten Fall verringert oder erhöht sich die Anzahl der Menschen, die eine ungerade Zahl von Händedrücken gewechselt haben, jeweils um zwei. Die Zahl bleibt also gerade, wenn sie vorher auch gerade war. Im dritten Fall ändert sich die Anzahl überhaupt nicht, da zwar derjenige, der vorher eine gerade Zahl Hände gedrückt hat, jetzt auf eine ungerade Zahl kommt, dafür hat aber derjenige, der vorher eine ungerade Anzahl Händedrücke gewechselt hat, nun eine gerade Anzahl Hände gedrückt. Die beiden Personen haben also nur die Gruppe getauscht.

Daraus folgt nun, dass die Anzahl der Menschen, die eine ungerade Zahl von Händen gedrückt hat, in jedem Fall gerade bleibt.

Quelle: Aufgabe und 1. Lösungsweg: E. B. Dynkin und W. A. Uspenski, *Mathematische Unterhaltungen I: Mehrfarbenprobleme*, Berlin 1955, S. 6, 40 (russische Originalausgabe: Moskau 1952). – 2. Lösungsweg: Gerald K. Schoenfeld in: Martin Gardner, *2nd Scientific American Book of Mathematical Puzzles and Diversions*, New York 1961, S. 60.

55 Das Färben von Landkarten

Es ist nicht möglich, jede Landkarte, die nur aus konvexen Ländern besteht, mit drei Farben regulär zu färben. Die Zeichnung zeigt ein Gegenbeispiel. Sie beweist gleichzeitig, dass selbst eine Karte, die nur dreieckige Länder hat, nicht immer mit drei Farben regulär gefärbt werden kann.

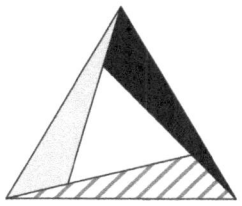

Eine Kreiskarte besteht aus einem Bogen Papier, auf dem eine beliebige Anzahl Kreise gezeichnet ist. Die Kreise dürfen verschieden groß sein, sich überschneiden oder sogar ineinander liegen.

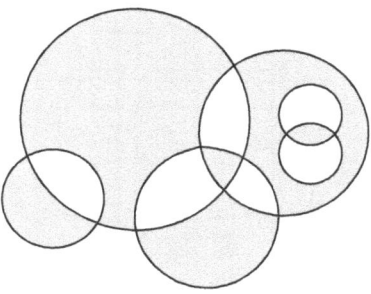

Die Länder, die durch die Kreisbögen begrenzt werden, können immer mit zwei Farben regulär gefärbt werden. Warum?

56 Die vertauschten Uhrzeiger

Betrachten wir zunächst einmal eine Uhr, deren Zeiger nicht vertauscht wurden. In der Zeit, in der der Stundenzeiger sich auf dem Zifferblatt von einer Zahl zur nächsten bewegt, macht der Minutenzeiger eine ganze Runde. Oder anders ausgedrückt: Zu jeder beliebigen Stellung des Minutenzeigers gibt es zwischen jedem Paar benachbarter Zahlen eine dazugehörige Stellung des Stundenzeigers.

Jetzt nehmen wir an, dass die Zeiger vertauscht sind. Der sich nun schnell bewegende Stundenzeiger überstreicht, wenn er sich von einer Zahl zur nächsten bewegt, immer gerade einen Punkt, der mit dem jetzt langsam gehenden Minutenzeiger eine sinnvolle Stellung ergibt.

In einer Stunde gibt es folglich zwölf und in einem vollständigen Uhrenzyklus, also in zwölf Stunden $12 \cdot 12 - 1 = 143$ sinnvolle Zeigerstellungen. Man würde eigentlich $12 \cdot 12 = 144$ Stellungen erwarten, doch hätte man dann eine doppelt gezählt, da die Zeigerpositionen um 0.00 Uhr und um 12.00 Uhr identisch sind.

Quelle: Aufgabe: Anonymus, *Zeitschrift für mathematischen und naturwissenschaftlichen Unterricht* 15, 1874, S. 197. – Lösung: W. E. Buker, *American Mathematical Monthly* 42, Februar 1935, S. 110–111.

57 Ein bruchlinienfreies Schachbrett

Alle zehn Linien eines 6×6-Schachbretts sollen von Dominosteinen geschnitten werden.

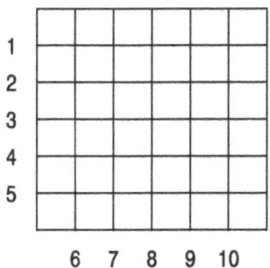

Wir betrachten zunächst nur die senkrechten Linien. Links von jeder dieser fünf Linien liegt eine gerade Anzahl Felder. Jeder sich ausschließlich links einer Senkrechten befindende Stein bedeckt dort eine gerade Anzahl von Feldern. Ein Dominostein, der eine Linie schneidet, deckt in der linken Hälfte ein Feld ab. Damit jedoch die abgedeckte Felderzahl dort wieder gerade wird, muss die Linie mindestens von zwei Steinen geschnitten werden.

Die gleiche Argumentation gilt auch für die waagerechten Linien. Da jeder Dominostein nur eine Linie schneiden kann und es zehn Linien auf dem Brett gibt, braucht man für ein bruchlinienfreies 6×6-Schachbrett mindestens zwanzig Steine. Es gibt jedoch nur achtzehn Steine. Die Aufgabe ist somit unlösbar.

Quelle: Aufgabe: Robert I. Jewett in: Martin Gardner, *Scientific American* 203, November 1960, S. 192, 194. – Lösung: Solomon W. Golomb in: Martin Gardner, *Scientific American* 203, Dezember 1960, S. 168.

58 Fünf Punkte im Quadrat

Wir teilen das Quadrat in vier kleine Quadrate mit den Seitenlängen $a/2$ auf. Wenn wir jetzt die fünf Punkte über das große Quadrat verteilen, so müssen wenigstens in einem der kleinen Quadrate mindestens zwei Punkte liegen.

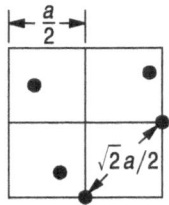

Diese beiden Punkte haben den größten Abstand voneinander, wenn sie sich an zwei diagonal gegenüberliegenden Ecken befinden. Ihr Abstand beträgt dann $\frac{1}{2}\sqrt{2}a$, womit die Behauptung bewiesen wäre.

Quelle: Aufgabe: Litton Industries (Hrsg.), *Aviation Week*, 26. März 1962. – Lösung: Litton Industries (Hrsg.), *Aviation Week*, 2. April 1962.

59 Die vierte Lüge

Wenn, wie Herr Meier behauptet, Frau Müllers Bemerkung „Ich habe in meinem Leben erst dreimal gelogen." ihre vierte Lüge gewesen wäre, dann hätte sie vorher tatsächlich erst dreimal gelogen. Das wiederum bedeutet aber, dass Frau Müller die Wahrheit gesagt hätte, und Herr Meier deshalb Unrecht hat.

Quelle: Aufgabe: Grau, *Archimedes* 1, April 1949, S. 11. – Lösung: Grau, *Archimedes* 1, Juni 1949, S. 14.

60 Primzahlen

Löst man die Gleichung aus der Aufgabe nach Q auf, sieht man, dass es das arithmetische Mittel von P_1 und P_2 ist.

$$Q = \frac{1}{2}\,(P_1 + P_2)$$

Die Zahl Q liegt also zwischen P_1 und P_2. Voraussetzung war jedoch, dass P_1 und P_2 zwei benachbarte Primzahlen sein sollen. Darum kann Q niemals eine Primzahl sein.

Es gibt unendlich viele Primzahlen. Warum?

61 Parallele Durchmesser

Nehmen wir einmal an, eine ebene, konvexe Figur hätte zwei Durchmesser, die parallel zueinander liegen. Ihre Enden bilden die vier Eckpunkte eines Parallelogramms. In diesem Parallelogramm ist jedoch wenigstens eine der beiden Diagonalen länger als seine Seiten und deshalb als die Durchmesser der Figur. Die Annahme muss also falsch sein.

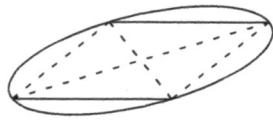

Quelle: Murray S. Klamkin, *Mathematics Magazine* 40, März–April 1967, S. 85, 110.

62 Die Winkel einer Pyramide

Ein reguläres Oktaeder besteht aus acht gleichen gleichseitigen Dreiecken. Zerschneidet man es entlang von vier Kanten, die in einer Ebene liegen, erhält man zwei Pyramiden mit quadratischen Grundflächen. Aus diesem Grund wird das reguläre Oktaeder gelegentlich auch als tetragonale Doppelpyramide bezeichnet.

Erste Lösungen

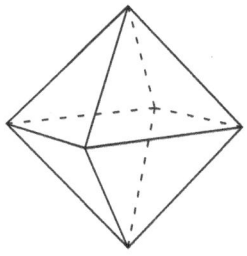

Der Schnitt halbiert nicht nur das Volumen des Oktaeders, sondern auch die Winkel zwischen den Seitenflächen der oberen und der unteren Hälfte. Da beim regulären Oktaeder wegen seiner Symmetrie alle Winkel zwischen benachbarten Seitenflächen gleich sind, müssen sie doppelt so groß sein wie die Winkel zwischen der Schnittfläche und den Seitenflächen. Das bedeutet natürlich auch, dass der gesuchte Winkel zwischen benachbarten Seitenflächen der Pyramide doppelt so groß ist wie ihr Böschungswinkel. Er hat also den Wert $2 \arctan \sqrt{2} \approx 109{,}47122°$.

Quelle: Charles W. Trigg, *Mathematics Magazine* 48, Mai–Juni 1975, S. 182, 186.

63 Hundert Ziffern

Wenn eine ganze Zahl k Ziffern hat, so besteht ihr Quadrat entweder aus $2k$ oder aus $2k-1$ Ziffern. Das lässt sich leicht beweisen.

Jede k-ziffrige Zahl a ist gleich oder größer als 10^{k-1} und ist zugleich kleiner als 10^k.

$$10^{k-1} \leq a < 10^k$$

Daraus folgt, dass a^2 in folgendem Intervall liegen muss:

$$(10^{k-1})^2 \leq a^2 < (10^k)^2$$
$$10^{2k-2} \leq a^2 < 10^{2k}$$

Das bedeutet, a^2 hat entweder $2k - 1$ oder $2k$ Ziffern.

Zusammen bestehen a und a^2 also aus $3k - 1$ oder $3k$ Ziffern. Da dies genau hundert Ziffern sein sollen, muss eine der beiden Gleichungen $3k - 1 = 100$ und $3k = 100$ erfüllt sein. Löst man sie nach k auf, erhält man $k = 101/3$ und $k = 100/3$. Beides sind keine ganzen

Zahlen. Daraus folgt, es ist unmöglich, eine Zahl zu finden, die zusammen mit ihrem Quadrat hundert Stellen hat. Die gesuchte Wahrscheinlichkeit ist also null.

Quelle: Aaron J. Friedland, *Puzzles in Math and Logic*, New York 1970, S. 1, 37.

64 Das reguläre Oktaeder

Ein Oktaedernetz besteht aus acht zusammenhängenden gleichseitigen Dreiecken. Man kann es auf Karton zeichnen, ausschneiden, knicken und zu einem regulären Oktaeder zusammenkleben.

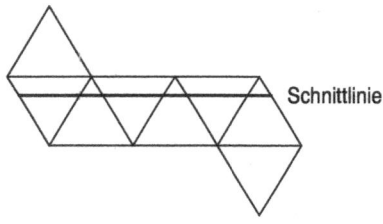

Die Lösung der Aufgabe sieht man sofort, wenn man die Schnittlinie in ein Netz des Oktaeders einzeichnet. Sechs der acht Dreiecke bilden ein Parallelogramm, und die Schnittlinie verläuft parallel zu seinen beiden langen Seiten. Sie hat, unabhängig in welchem Abstand zu den langen Parallelogrammseiten der Schnitt erfolgt, immer einen Umfang von drei Dreieckseitenlängen oder dreißig Zentimetern.

Dieses Oktaedernetz ist nicht das einzig mögliche. Es gibt insgesamt elf verschiedene Netze, aus denen man ein reguläres Oktaeder herstellen kann. Spiegelbildliche Formen sind dabei nicht mitgezählt.

In der untenstehenden Zeichnung sind zwölf Muster abgebildet; eines kann kein Oktaedernetz sein. Welches?

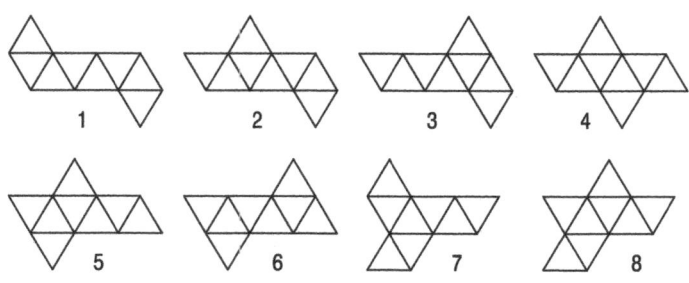

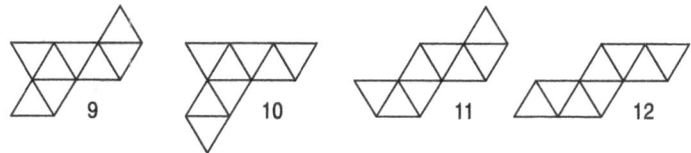

65 Milchkaffee

Dadurch, dass Frau Meier ihren Kaffee ständig weiter verdünnt hat, ist der Kaffee selbst natürlich nicht mehr oder weniger geworden. Sie hat also genau eine Tasse Kaffee getrunken. Bei der Milch braucht man nur die Mengen zusammenzählen, die sie nachgeschüttet hat:

$$\frac{1}{6} + \frac{1}{3} + \frac{1}{2} = \frac{1}{6} + \frac{2}{6} + \frac{3}{6} = 1$$

Frau Meier hat also genauso viel Milch wie Kaffee getrunken.

Quelle: Theodor Wolff, *Die lächelnde Sphinx*, Prag 1937, S. 194, 204.

66 Polygone

Ein regelmäßiges Zwölfeck kann in sechs Quadrate und zwölf gleichseitige Dreiecke gleicher Seitenlänge zerlegt werden. Der Flächeninhalt A_{12} des Zwölfecks ist die Summe aus dem sechsfachen Flächeninhalt A_4 des Quadrats und dem zwölffachen Flächeninhalt A_3 des Dreiecks.

$$A_{12} = 6A_4 + 12A_3 = 6(A_4 + 2A_3)$$

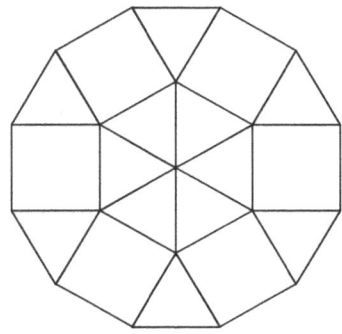

Das gleichseitige, gestauchte Sechseck aus der Aufgabe setzt sich aus einem Quadrat und zwei gleichseitigen Dreiecken zusammen. Darum ist sein Flächeninhalt

$$A_6 = A_4 + 2A_3.$$

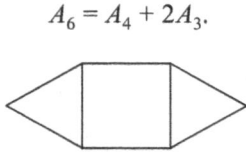

Der Flächeninhalt des Zwölfecks ist also sechsmal so groß wie der des Sechsecks und beträgt somit sechzig Quadratzentimeter.

Ein weiteres Sechseck wird, ohne dass sich seine Seitenlängen ändern, soweit gestaucht, bis an zwei sich gegenüberliegenden Ecken rechte Winkel entstehen. Auch der Flächeninhalt dieses gestauchten Sechsecks beträgt zehn Quadratzentimeter.

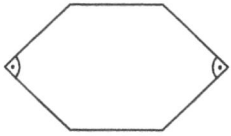

Wie groß ist der Flächeninhalt eines regelmäßigen Achtecks, das die gleiche Seitenlänge wie dieses Sechseck hat?

67 Die Fahrt nach München

Es gibt zwischen acht und neun Uhr nur einen Zeitpunkt, wo der Minuten- und der Stundenzeiger übereinanderstehen, und zwischen zwei und drei Uhr auch nur einen Punkt, wo sie in genau entgegengesetzte Richtung zeigen. Die Aufgabe hat also eine eindeutige Lösung, und die Fahrtzeit muss mehr als fünf und weniger als sieben Stunden betragen.

Nehmen wir einmal an, der Stundenzeiger einer Uhr wäre nach hinten verlängert und damit zum Doppelzeiger geworden. Wenn nun beispielsweise das Vorderende des Zeigers auf zwölf Uhr steht, zeigt das Hinterende auf sechs Uhr. Sechs Stunden später haben Vorder- und Hinterende des Stundenzeigers ihre Positionen vertauscht, während der Minutenzeiger wieder in seiner ursprünglichen Stellung steht. Dieses Verhalten der beiden Zeiger gilt nicht nur für zwölf Uhr, sondern für jede andere Uhrzeit auch.

Umgekehrt gilt für zwei Uhrzeiten, bei denen der Minutenzeiger zwischen denselben beiden Zahlen des Ziffernblattes steht und sich einmal mit dem Vorderende und einmal mit dem Hinterende des Stundenzeigers deckt, dass sie sich dann um genau sechs Stunden unterscheiden.

Zu Beginn von Alfreds Fahrt stehen der Minutenzeiger und das Vorderende des Stundenzeigers übereinander, am Ziel zeigen sie in genau entgegengesetzte Richtungen. Das bedeutet, am Ende der Fahrt stehen der Minutenzeiger und das Hinterende des Stundenzeigers übereinander. Dies ist dann der Fall, wenn Vorder- und Hinterende des Stundenzeigers ihre Position vertauscht haben und der Minutenzeiger wieder in seiner ursprünglichen Stellung steht. Alfred hat also für die Fahrt von Osnabrück nach München exakt sechs Stunden benötigt.

Quelle: Charles Salkind, *Mathematics Magazine* 28, März–April 1955, S. 241–242.

68 Tetraeder und Oktaeder

Stellen wir uns vor, wir kappen von einem regulären Tetraeder mit einer Seitenlänge von zwanzig Zentimetern alle vier Ecken ab. Die Schnitte sollen die Kanten halbieren. Die abgeschnittenen Spitzen sind wieder regelmäßige Tetraeder, die eine Kantenlänge von zehn Zentimetern haben.

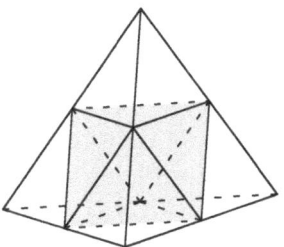

Verdoppelt man bei einem Körper alle Längen, behält aber seine Form bei, so verachtfacht sich sein Volumen. Die kleinen und die großen Tetraeder haben deshalb ein Volumenverhältnis von 1:8.

Der Rest des großen Tetraeders hat acht Seitenflächen, die alle gleiche gleichseitige Dreiecke sind. Vier dieser Dreiecke sind Schnittflächen, die beim Abkappen der Spitzen entstanden sind, die anderen vier sind die Reste der Seitenflächen. Der übrig gebliebene Körper ist also ein regelmäßiges Oktaeder mit einer Kantenlänge von zehn Zentimetern.

Das große Tetraeder, das ein Volumen hat, das acht kleinen Tetraedern entspricht, besteht also aus vier kleinen Tetraedern und einem Oktaeder. Das Oktaeder hat somit das Volumen von vier kleinen Tetraedern, oder anders ausgedrückt: Die Volumina eines regulären Tetraeders und eines regulären Oktaeders gleicher Kantenlänge stehen im Verhältnis 1:4.

Hat man beliebig viele reguläre Tetraeder und Oktaeder, die alle die gleiche Kantenlänge haben, zur Verfügung, kann man den Raum damit dicht füllen. Das heißt, die Tetraeder und Oktaeder lassen sich so stapeln und aneinanderlegen, dass nirgendwo auch nur die kleinste Lücke bleibt.

Beweisen Sie, dass die Körper Raumfüller sind!

69 Teilbarkeit durch 7

Schreibt man eine beliebige zweistellige Zahl *AB* dreimal hintereinander und bildet so eine sechsstellige Zahl *ABABAB*, ist diese immer durch 7 teilbar. Der Grund ist, dass das dreimalige Aneinanderreihen einer Multiplikation mit 10101 entspricht und dass 10101 das Produkt aus 7 und 1443 ist.

$$
\begin{array}{r}
7 \cdot 1443 \cdot AB = \underline{1\,0\,1\,0\,1 \cdot AB} \\
A\,0\,A\,0\,A \\
\underline{B\,0\,B\,0\,B} \\
A\,B\,A\,B\,A\,B
\end{array}
$$

Teilt man also die sechsstellige Zahl *ABABAB* durch 7, erhält man das 1443-fache der ursprünglichen Zahl *AB*.

Quelle: Aufgabe: Martin Gardner, *Scientific American* 207, September 1962, S. 238. – Lösung: Martin Gardner, *Scientific American* 207, Oktober 1962, S. 138.

70 Das Oktaeder im Würfel

Ein reguläres Oktaeder kann man sich aus zwei Pyramiden mit quadratischen Grundflächen zusammengesetzt denken. Ein Oktaeder hat jedoch nicht nur eine solcher quadratischen Schnittflächen, sondern drei, die alle senkrecht aufeinander stehen. Am einfachsten kann

Erste Lösungen

man sich das vorstellen, wenn man das Oktaeder in ein kartesisches Koordinatensystem setzt, wobei die Ecken jeweils im gleichen Abstand vom Ursprung auf den Achsen liegen. Das Oktaeder stanzt nun aus jeder der drei Koordinatensystemebenen, x-y-, x-z- und y-z-Ebene, ein quadratisches Stück heraus.

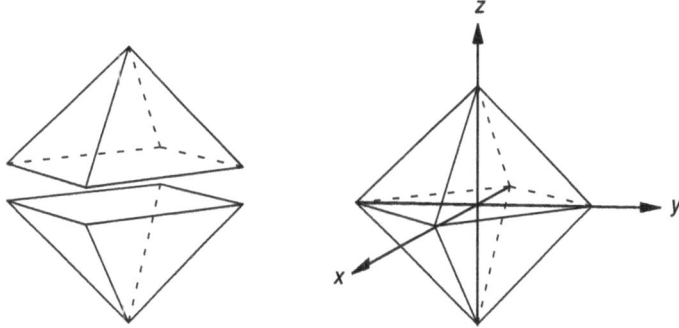

Diese drei quadratischen Schnittflächen müssen vollständig in den Einheitswürfel passen und können natürlich nicht größer sein als das in der Aufgabe gezeigte größte Quadrat. Aber sie brauchen auch nicht kleiner zu sein, denn das Nieuwland'sche Quadrat kann auf verschiedene Weisen so in den Würfel gelegt werden, dass gerade die drei quadratischen Schnittflächen des Oktaeders entstehen.

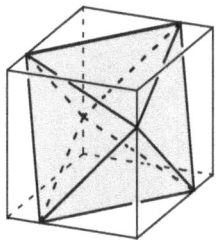

Die Kantenlänge des größten Oktaeders, das man vollständig in einen hohlen Einheitswürfel packen kann, beträgt somit auch $\frac{3}{4}\sqrt{2} \approx 1{,}0606602$.

Quelle: Aufgabe: Michael Goldberg, *Mathematics Magazine* 24, März–April 1951. – Lösung: Leon Bankoff, *Mathematics Magazine* 25, September–Oktober 1951, S. 48–49.

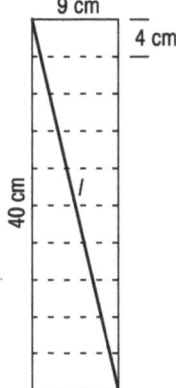

Wir rollen den Stab mit dem aufgewickelten Draht zehn Umdre-
hungen auf einem Tisch ab und betrachten die Spur, die er hinter-
lässt. Sie bildet ein Rechteck, dessen kurze Seite die Länge des Stabes (9 cm) und dessen lange sein zehnfacher Umfang (10 · 4 cm =
40 cm) ist.

Der Draht ergibt eine Diagonale in diesem Rechteck. Jetzt können
wir mit dem Satz des Pythagoras seine Länge l berechnen:

$$l = \sqrt{(9 \text{ cm})^2 + (40 \text{ cm})^2} = 41 \text{ cm}$$

Der Draht ist also 41 Zentimeter lang.

Quelle: Charles W. Trigg, *Mathematics Magazine* 23, Mai–Juni 1950, S. 278.

72 Die Frage des Forschers

Der Forscher hat etliche Möglichkeiten, seine Frage zu formulieren,
aber sie laufen alle auf das gleiche Prinzip hinaus. Eine mögliche Frage ist: „Wenn ich dich fragte, ob dieser Weg zum Dorf führt, würdest
du dann mit ‚ja' antworten?" Dabei zeigt er auf einen der beiden Wege.

Die Frage, die der Forscher dem Eingeborenen stellt, besteht aus
zwei geschachtelten Fragen, die die Eigenschaft haben, Lügen von alleine auszuschalten. Wir nennen die innere Frage A und die äußere B.

A: Führt dieser Weg zum Dorf?
B: Wie würdest du auf A antworten?

Nehmen wir zuerst einmal an, der Forscher würde an einen die Wahrheit sagenden Eingeborenen geraten. Ist der Weg, auf den der Forscher zeigt, der richtige, so würde der Eingeborene die Frage A mit „ja" beantworten. Folglich ist auch seine Antwort auf B „ja". Ist der Weg aber falsch, so würde er A und B mit „nein" beantworten.

Trifft der Forscher jedoch auf einen Lügner, so wird die Sache etwas komplizierter. Wenn der Weg richtig ist, so würde der Eingeborene auf die Frage A mit „nein" antworten. Da er aber danach gefragt wird, wie er diese Frage beantworten würde, und er auch dabei lügt, muss er „ja" sagen. Die doppelte Lüge hebt sich also auf. Ist der Weg falsch, würde der Eingeborene auf A mit „ja" und auf die Frage B dann natürlich mit „nein" antworten.

Der Forscher bekommt auf seine Frage also auf jeden Fall die korrekte Antwort, egal, ob der Eingeborene immer lügt oder ob er immer die Wahrheit sagt.

Der Forscher zeigt auf den	Der Eingeborene sagt die Wahrheit.		Der Eingeborene lügt.	
	Frage A	Frage B	Frage A	Frage B
richtigen Weg.	ja	ja	nein	ja
falschen Weg.	nein	nein	ja	nein

Quelle: Aufgabe: Martin Gardner, *Scientific American* 196, Februar 1957, S. 152, 154. – Lösung: Martin Gardner, *Scientific American* 196, März 1957, S. 166.

73 Monominos und Triominos

Alle Felder des Schachbretts sind mit einer der drei Ziffern 0, 1 oder 2 versehen worden. Legt man ein Triomino auf das Brett, so deckt es immer, unabhängig davon, wo man es hinlegt, entweder zwei Einsen und eine Null oder zwei Nullen und eine Zwei ab. Die Summe der abgedeckten Ziffern ist in beiden Fällen zwei.

Mit einundzwanzig geraden Triominos werden also dreiundsechzig Ziffern abgedeckt, die zusammen den Wert 42 haben. Da die Summe aller vierundsechzig Ziffern des Schachbretts 44 beträgt, muss das übriggebliebene Feld die Ziffer zwei haben. Das bedeutet nun, dass das Monomino nur auf einem der vier Felder liegen kann, die eine Zwei tragen.

1	1	0	1	1	0	1	1
1	1	0	1	1	0	1	1
0	0	2	0	0	2	0	0
1	1	0	1	1	0	1	1
1	1	0	1	1	0	1	1
0	0	2	0	0	2	0	0
1	1	0	1	1	0	1	1
1	1	0	1	1	0	1	1

Eine mögliche Belegung des Schachbretts mit den Triominos und dem Monomino zeigt die Abbildung. Belegungen, wo das Monomino auf den anderen drei möglichen Plätzen sitzt, erhält man, wenn man das Brett um 90°, 180° oder 270° dreht.

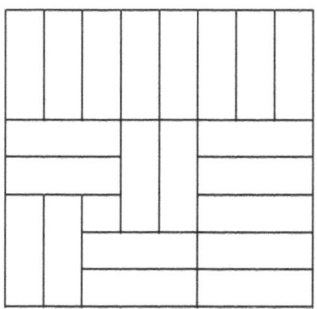

Quelle: Aufgabe: Solomon W. Golomb, *American Mathematical Monthly* 61, Dezember 1954, S. 676–677. – Lösung: Evgeni Jakovlevič Gik, *Schach und Mathematik*, Moskau/Leipzig 1986, S. 23–24 (russische Originalausgabe: Moskau 1983). – Golomb stellt einen ganz ähnlichen Lösungsweg vor, der jedoch weniger elegant ist als der von Gik.

74 Der Davidstern

Das Verhältnis der Sechsecksflächeninhalte kann man durch einfaches Abzählen bestimmen. Verbindet man den Mittelpunkt des Davidsterns mit den sechs Ecken und den sechs Seitenmittelpunkten des äußeren Sechsecks, zerfällt die Figur in 36 gleiche rechtwinklige Dreiecke.

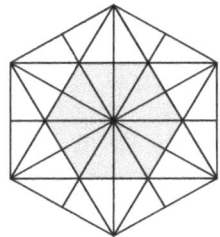

Das innere Sechseck setzt sich aus zwölf und das äußere aus 36 Dreiecken zusammen. Die Flächeninhalte der beiden Sechsecke stehen also im Verhältnis $A_i : A_a = 12 : 36 = 1 : 3$.

Quelle: Heinrich Hemme, *Mathematik zum Frühstück*, Göttingen 1990, S. 40–41, 103–104.

75 Die seltsame Vermehrung

Natürlich wird die Anzahl der Quadrate beim Zersägen und neu Zusammenleimen nicht größer. Diese seltsame Täuschung entsteht dadurch, dass sich die vier Bruchstücke des quadratischen Schachbretts gar nicht lückenlos zu dem rechteckigen Brett zusammensetzen lassen.

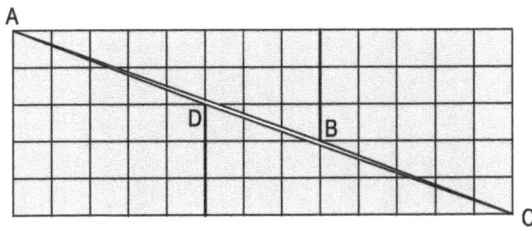

Die Linie AC ist in Wirklichkeit ein ganz schmaler viereckiger Spalt mit den Eckpunkten A, B, C und D. Er hat den Flächeninhalt eines Schachfeldes. Das Viereck ist so schmal, dass man es bei dick ausgezogenen Linien nicht von einer einzelnen Linie unterscheiden kann. Der Winkel a an der Ecken A und C beträgt dabei nur $\alpha = \arctan(1/46) \approx 1{,}245°$.

Quelle: Schl., *Zeitschrift für Mathematik und Physik* 13, 1868, S. 162. – Die Abkürzung „Schl." steht nach Warren Weaver (*American Mathematical Monthly* 45, April 1938, S. 234–236) und Greg Frederickson für „Oskar Schlömilch".

Um das Problem zu vereinfachen, zeichnen wir zunächst sämtliche möglichen Springerzüge in das Schachbrett ein. Jetzt stellen wir uns vor, alle Felder wären einzelne Kreise und nur durch Fäden, die die möglichen Züge darstellen, untereinander verbunden. Dies erlaubt uns, die Felder des Schachbretts zu entwirren und neu zu zeichnen.

Dadurch wird die Sache recht einfach. Mit den ersten zwölf Zügen schiebt man die drei Springer von den Feldern A4, B2 und D3 in die zweite Spalte auf die Felder C2, A3 und B1. Nun kann man mit vier weiteren Zügen den schwarzen Springer von A2 in seine neue Endposition D3 bringen. Im nächsten Schritt schiebt man die beiden weißen Springer von B1 und A3 aus der zweiten Spalte mit sechs Zügen auf B2 und A4 in die erste Spalte. Anschließend wird der schwarze Springer von C2 mit vier Zügen nach A2 bewegt. Jetzt müssen ihm die beiden weißen Springer den Weg frei machen: Sie werden also mit sechs Zügen von B2 und A4 nach B1 und A3 geschoben. Der zweite schwarze Springer kann von A2 mit drei Zügen in seine Endstellung B2 gebracht werden. Zum Schluss müssen noch die beiden weißen Springer von B1 und A3 nach A2 und A4 geschoben werden. Dazu sind fünf Züge erforderlich.

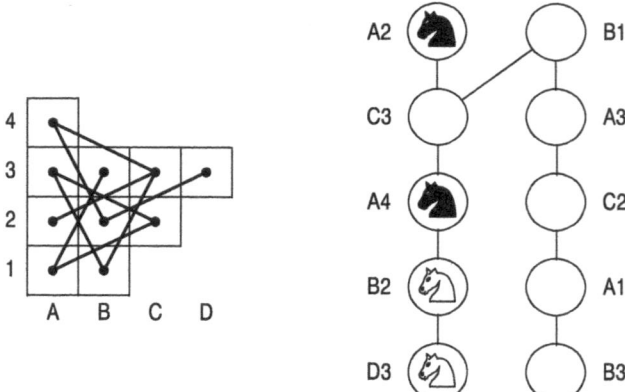

Jetzt haben die beiden weißen mit den beiden schwarzen Springern die Plätze getauscht. Es wurden insgesamt vierzig Züge benötigt.

Quelle: Evgeni Jakovlevič Gik, *Schach und Mathematik*, Moskau/Leipzig 1986, S. 119–120 (russische Originalausgabe: Moskau 1983).

77   Eine seltsame Zahlenmenge

Die fünfte Zahl ist 0. Das Produkt von 1, 3, 8 oder 120 mit 0 ist natürlich auch 0. Addiert man hierzu 1, so erhält man immer die Quadratzahl $1 = 1^2$.

Eine sechste Zahl kann man dieser Menge nicht hinzufügen. Der Beweis hierfür ist sehr kompliziert und wurde erst 1969 von A. Baker und D. Davenport erbracht.

Quelle: Aufgabe: Martin Gardner, *Scientific American* 216, März 1967, S. 124.
– Lösung: Martin Gardner, *Scientific American* 216, April 1967, S. 119. – Beweis, dass es keine sechste Zahl gibt: A. Baker und D. Davenport, *Quarterly Journal of Mathematics*, 2. Folge, Bd. 78, 1969, S. 129–138.

78   Der Würfel

Man kann den Würfel nicht aus 27 Klötzchen zusammenbauen. Um dies zu beweisen, stellen wir uns den Würfel aus 27 kleineren Würfeln mit einer Kantenlänge von zwei Zentimetern, die immer abwechselnd schwarz und weiß gefärbt sind, zusammengesetzt vor. Der Würfel besteht somit aus vierzehn schwarzen und dreizehn weißen kleinen Würfeln. Der schwarze Bereich des großen Würfels ist also größer als der weiße.

Die 1 cm × 2 cm × 4 cm großen Klötzchen denken wir uns aus jeweils acht Würfelchen mit einem Zentimeter Kantenlänge zusammengeklebt.

Wenn wir jetzt den großen Würfel aus den Klötzchen aufbauen wollen, so spielt es keine Rolle, wie wir sie packen: Von jedem Klötzchen sind immer vier Würfelchen in schwarzen und vier in weißen Bereichen des großen Würfels.

Daraus folgt, wenn der Würfel ganz aus den Klötzchen aufgebaut werden kann, dass die Hälfte des großen Würfels schwarz und die andere Hälfte weiß sein muss. Da das jedoch nicht der Fall ist, kann der Würfel nicht aus den 27 Klötzchen zusammengesetzt werden.

Quelle: R. Milburn in: M. H. Greenblatt, *Mathematical Entertainments*, New York 1965, S. 80–81.

79 Konstante Münzumfänge

Da beide Münzen sich einmal vollständig abrollen, ist die Strecke AA' so lang wie der Umfang des Euros. Der Umfang des Cents ist natürlich kleiner als der des Euros, darum macht er auch keine reine Rollbewegung auf der Strecke BB', sondern gleitet oder schleift über die Bahn.

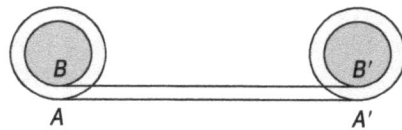

Besonders deutlich wird dieser Effekt, wenn wir uns die Bewegung des gemeinsamen Mittelpunkts der beiden Münzen ansehen. Dieser Punkt hat natürlich den Umfang null und kann sich deshalb durch Rollen überhaupt nicht vorwärts bewegen. Er legt seinen Weg nur durch Gleiten zurück.

Quelle: Aristoteles, 389–322 v. Chr., *Mechanica.* – Dieses Aristoteles zugeschriebene Werk stammt wahrscheinlich gar nicht von ihm, sondern wurde erst einige Zeit nach seinem Tod von einem unbekannten Autor verfasst.

80 Das magische Sechseck

Ein magisches Sechseck zweiter Ordnung gibt es nicht. Dies lässt sich auch leicht beweisen.

In allen Reihen muss die Summe der Zahlen gleich sein, also natürlich auch in den beiden Reihen, in der die Zahlen A und B stehen und in der, in der *A* und *C* stehen. Folglich gilt $A + B = A + C$ und damit $B = C$. Da aber *B* und *C* verschiedene Zahlen sein müssen, ist die unmöglich.

Es gibt übrigens auch keine magischen Sechsecke, deren Ordnungen größer sind als 3. Der Beweis dafür wurde 1963 von dem amerikanischen Mathematiker Charles W. Trigg (1898–1989) erbracht.

Quelle: Martin Gardner, *Scientific American* 209, August 1963, S. 114.

81 Wahrscheinlichkeiten beim Würfeln

Es ist möglich, zwei Würfel auch anders als üblich zu beschriften, so dass sie trotzdem die gleichen Augensummen mit den gleichen Wahrscheinlichkeiten wie gewöhnliche Würfel ergeben.

Verringert man alle Zahlen eines normalen Würfels um 1 und erhöht alle Zahlen eines zweiten Würfels um den gleichen Wert, so heben sich die Veränderungen beim Zusammenzählen der Augen auf. An den Augensummen kann man die Änderungen also nicht feststellen, und deshalb bleiben auch ihre Wurfwahrscheinlichkeiten die gleichen.

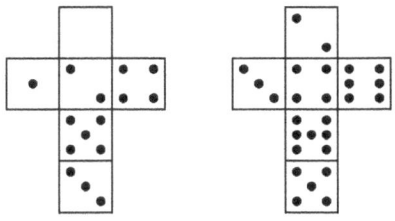

Man braucht bei beiden Würfeln nur eine Zahl zu verändern: Beim ersten Würfel wird die Sechs durch eine Null und beim zweiten die Eins durch eine Sieben ersetzt.

Es gibt noch ein zweites Paar von Würfeln, das die Bedingungen der Aufgabe erfüllt, das aber nicht so leicht zu finden ist. Auf ihnen kommt die Augenzahl 0 nicht vor.

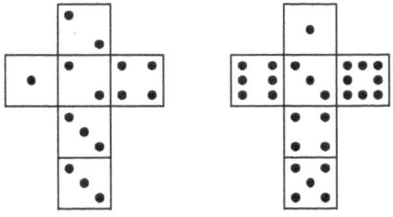

Diese beiden Würfel werden in der Unterhaltungsmathematik nach ihrem Entdecker George Sicherman als Sicherman-Würfel bezeichnet.

Durch Erhöhung der Augenzahlen um 1 auf dem einen Würfel und Vermindern um 1 auf dem anderen lassen sich aus den Sicherman-Würfeln noch zwei weitere Lösungspaare erzeugen.

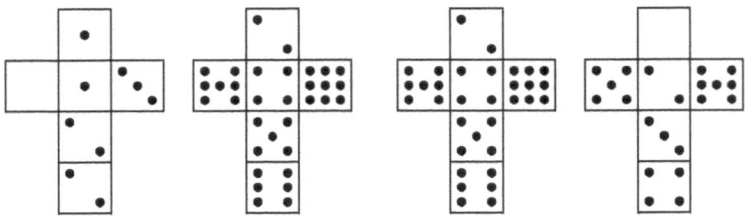

Diese vier Würfelpaare sind die einzig möglichen Lösungen der Aufgabe. Das zu beweisen, würde jedoch den Rahmen des Buches sprengen.

Versuchen Sie im zweiten Teil dieser Aufgabe die Flächen der beiden Würfel so zu beschriften, dass jede Augenzahl von 2 bis 12 mit der gleichen Wahrscheinlichkeit geworfen werden kann. Auf den Würfeln dürfen positive und negative Zahlen und sogar Brüche stehen. Alle Zahlen dürfen auch mehrfach auftauchen.

82 Die Spinne

Wir stellen uns vor, dass der Kegelmantel aus dünner Pappe hergestellt wurde und schneiden ihn entlang der Flanke, auf der die Spinne sitzt, auf und breiten ihn flach aus. Das Ergebnis ist ein Kreisausschnitt. Da der Durchmesser der Kegelbasis zehn Zentimeter ist, beträgt ihr Umfang 10π Zentimeter. Dies ist natürlich auch die Kreisbogenlänge des abgewickelten Kegelmantels. Der Radius des Kegelmantels, also die Flanke des Kegels, beträgt zwanzig Zentimeter. Wäre der Mantel ein Vollkreis, so hätte er einen Umfang von 40π Zentimetern. Weil der Kreisbogen jedoch nur gerade ein Viertel davon ist, treffen sich die beiden den Ausschnitt begrenzenden Radien unter einem rechten Winkel. Einmal um den Kegel herumzulaufen, bedeutet nun für die Spinne, auf dem abgewickelten Kegelmantel von der Mitte des oberen Randes zur Mitte des linken Randes zu krabbeln. Man sieht sofort, dass ihr Weg am kürzesten wird, wenn sie auf einer geraden Linie läuft. Da der Kreisausschnitt einen rechten Winkel hat, kann man mit dem Satz des Pythagoras die Länge des Weges leicht zu $10\sqrt{2} \approx 14,14$ Zentimetern berechnen.

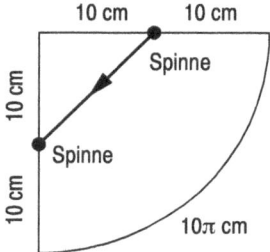

Quelle: Hugo Steinhaus, *Mathematical Snapshots*, New York 1950, S. 182–183.

83 Der Jäger

Auf dem ersten Blick könnte man meinen, der Jäger dürfte an jedem Punkt der Erde seine Wanderung beginnen und würde immer zum Ausgangspunkt zurückkehren. Aber das ist nicht richtig. Der Grund ist, dass die Breitenkreise vom Äquator zu den Polen hin immer kleiner werden. Darum ist zum Beispiel in Deutschland bei einem Viereck, das von zwei Breiten- und zwei Längenkreisen begrenzt wird, die Nordseite immer kürzer als die Südseite.

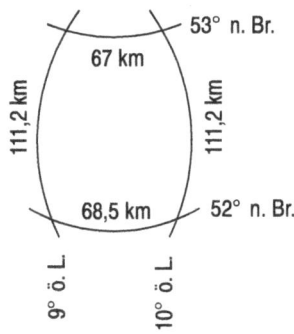

Trotzdem gibt es unendlich viele Orte, wo sich der Jäger befinden kann, aber alle liegen in der Nähe des Äquators oder der Pole.

a) Äquator: Der Jäger bricht morgens von einem Punkt am 0,045ten nördlichen Breitengrad auf und marschiert nach Süden. Da sein Ausgangspunkt fünf Kilometer nördlich des Äquators liegt, erreicht er nach zehn Kilometern den 0,045ten südlichen Breitengrad. Der weitere Verlauf der Wanderung des Jägers ist aus der Skizze ersichtlich. Sein Weg hat den Äquator als Spiegelachse.

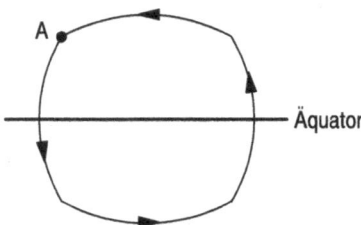

b) Pole: Um den Nordpol und um den Südpol werden zwei Kreise geschlagen. Der innere Kreis hat einen Radius von etwa 1,397, der äußere von etwa 11,397 Kilometern. Wir betrachten nur die Arktis; am Südpol läuft alles analog.

Der Jäger steht morgens auf dem inneren Kreis an irgendeinem Punkt A. Er marschiert zehn Kilometer nach Süden und gelangt im Punkt B auf den äußeren Kreis. Nun wandert er auf diesem Breitengrad zehn Kilometer nach Osten und biegt in C wieder nach Norden ab. Nach weiteren zehn Kilometern ist er wieder am inneren Kreis angelangt. Der Umfang dieses Kreises ist kleiner als zehn Kilometer, und zehn Kilometer nach Westen gehen heißt, dass er einmal den ganzen Breitengrad entlangwandert und dann in der zweiten Runde noch zusätzlich das Stück von D nach A zurücklegt. Damit ist er zum Ausgangspunkt zurückgekehrt.

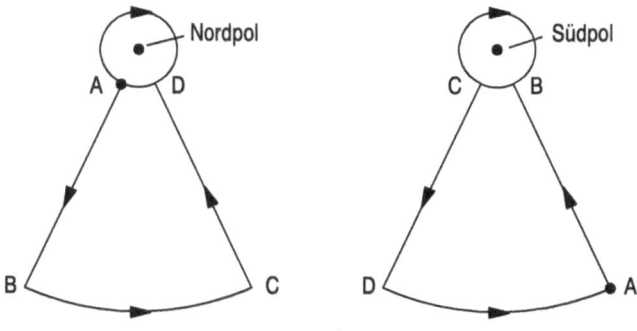

Dies ist nicht die einzige Möglichkeit. Die Kreise können auch so gewählt werden, dass der Jäger den Pol zweimal, dreimal oder noch öfter umkreist, bevor er das letzte Stück von D nach A geht.

Quelle: Yasuo Hakinuma in: Martin Gardner, *Puzzles From Other Worlds*, New York 1984, S. 158, 179–180.

84 Die Endziffern

Interessieren einen bei einer Multiplikation zweier Zahlen nur die beiden letzten Ziffern des Ergebnisses, so braucht man auch nur die beiden letzten Ziffern der Faktoren miteinander malzunehmen. Um 7^n zu berechnen, multiplizieren wir die 7 immer wieder mit sich selbst und betrachten von den Zwischenergebnissen jedes Mal nur die beiden letzten Stellen.

$$
\begin{aligned}
7^1 &= & 7 \\
7^2 &= 7^1 \cdot 7 = & 7 \cdot 7 = \ldots 49 \\
7^3 &= 7^2 \cdot 7 = & 49 \cdot 7 = \ldots 43 \\
7^4 &= 7^3 \cdot 7 = \ldots 43 \cdot 7 = \ldots 01 \\
7^5 &= 7^4 \cdot 7 = \ldots 01 \cdot 7 = \ldots 07 \\
7^6 &= 7^5 \cdot 7 = \ldots 07 \cdot 7 = \ldots 49
\end{aligned}
$$

Da die zwei letzten Ziffern von 7^1 und 7^5 in beiden Fällen 07 sind, wiederholen sich die Endstellen 07, 49, 43 und 01 periodisch. Um die beiden Endziffern von 7^n zu berechnen, braucht man also nur zu schauen, an welcher Stelle der Periode man sich befindet. Das geht am einfachsten, wenn man den Rest betrachtet, der bei der Division des Exponenten n durch 4 entsteht.

$$
7^n = \begin{cases}
\ldots 01 & n \equiv 0 \quad \mathrm{mod}\ 4 \\
\ldots 07 & n \equiv 1 \quad \mathrm{mod}\ 4 \\
\ldots 49 & n \equiv 2 \quad \mathrm{mod}\ 4 \\
\ldots 43 & n \equiv 3 \quad \mathrm{mod}\ 4
\end{cases}
$$

Sehen wir uns nun zunächst von $7^{7^{77}}$ den Exponenten 7^{77} an. Da 77 bei der Division durch 4 den Rest 1 ergibt, endet der Ausdruck 7^{77} mit den Ziffern 07. Es gilt also

$$7^{7^{77}} = 7^{\ldots 07}.$$

Bei diesem nur unvollständig bekannten Exponenten ...07 müssen wir feststellen, welchen Rest er bei der Division durch 4 ergibt. Dies ist glücklicherweise möglich. Da 100 ein Vielfaches von 4 ist, braucht man nur die beiden letzten Stellen einer Zahl durch 4 zu teilen, um den Divisionsrest zu ermitteln. Somit ergibt sich für die Zahl ...07 der Divisionsrest 3, und $7^{7^{77}}$ endet deshalb mit den Ziffern 43.

Quelle: Heinrich Hemme, *Die Sphinx*, Göttingen 1994, S. 12, 53.

85 Die Läufer auf dem Schachbrett

Es ist möglich, fünfzehn parallele Diagonalen, die durch die Mittelpunkte der Felder laufen, auf ein Schachbrett zu zeichnen. Wenn die Läufer sich nicht gegenseitig bedrohen sollen, darf auf jeder Diagonalen nur eine Figur stehen. Weil die Geraden alle Felder des Schachbretts schneiden, kann die Zahl der Läufer fünfzehn nicht überschreiten. Exakt so viele aufzustellen, gelingt jedoch auch nicht, da die beiden äußersten Diagonalen je nur ein Feld enthalten, und diese beiden Felder auf einer zu den anderen Geraden senkrecht laufenden Diagonalen liegen. Die Maximalzahl der sich nicht bedrohenden Läufer ist also vierzehn. Die Abbildung zeigt eine mögliche Aufstellung.

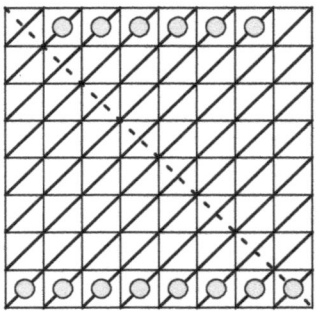

Quelle: Wilhelm Ahrens, *Mathematische Unterhaltungen und Spiele*, Band 1, 2. Auflage, Leipzig 1910, S. 260, 271–272.

86 Die drei Töchter

Der Staubsaugervertreter kennt das Produkt der Alter der drei Töchter und kann darum diese Zahl in drei Faktoren zerlegen. Es gibt dazu die acht Möglichkeiten aus der Tabelle.

Alter der 1. Tochter	Alter der 2. Tochter	Alter der 3. Tochter	Produkt der Alter	Summe der Alter
1	1	36	36	38
1	2	18	36	21
1	3	12	36	16
1	4	9	36	14
1	6	6	36	13
2	2	9	36	13
2	3	6	36	11
3	3	4	36	10

Weil der Vertreter auch die Hausnummer, also die Summe der Alter weiß, kann er in allen Fällen, außer im fünften und sechsten, daraus eindeutig das Alter der Mädchen ermitteln. Bei der fünften und sechsten Kombination ist die Summe jedoch beide Male 13, und darum lässt sich nicht entscheiden, welches der richtige Fall ist. Da der Vertreter der Hausfrau sagte, ihm fehle eine Angabe, muss die Hausnummer 13 sein. Aus der Information, die älteste Tochter spiele Klavier, kann man schließen, dass es eine älteste Tochter gibt, also dass die beiden ältesten Mädchen keine Zwillinge sind. Damit scheidet die fünfte Kombination aus. Die beiden jüngeren Töchter sind also zwei, und die älteste ist neun Jahre alt.

Quelle: Aufgabe: Mel Stover in: Martin Gardner, *Scientific American* 223, November 1970, S. 118. – Lösung: Mel Stover in: Martin Gardner, *Scientific American* 223, Dezember 1970, S. 114. .

87 Das Spiel mit der Dame

Um eine optimale Strategie für Alfred zu entwickeln, zäumen wir das Pferd von hinten auf. Alfred kann mit seinem letzten Zug gewinnen, wenn Berta die Dame auf eines der schraffierten Felder stellt. Stand die Dame vor Bertas Zug auf einem der beiden schwarzen Quadrate, so bleibt Berta gar nichts anderes übrig, als mit der Dame auf ein schraffiertes Feld zu ziehen. Die beiden schwarzen Felder sind also für Alfred „sichere" Felder, in dem Sinne, dass er das Spiel auf jeden Fall gewinnt, wenn er die Dame auf eines dieser Felder bringen kann.

In der nächsten Zeichnung sind die Felder schraffiert, von denen aus Alfred mit einem Zug die Dame entweder auf das Endfeld oder auf eines der beiden sicheren Felder bringen kann. Außerdem sind noch zwei weitere sichere Felder eingezeichnet. Zieht Alfred mit der

Dame auf eines dieser Felder, so muss Berta sie beim nächsten Zug auf ein schraffiertes Feld setzen.

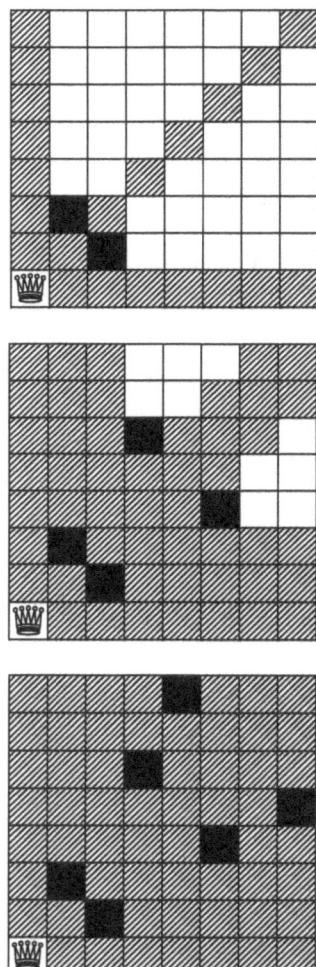

In der dritten Zeichnung sind auch die Felder schraffiert, von denen aus Alfred die Dame mit einem Zug auf das zweite Paar von sicheren Feldern bringen kann. Damit sind nun alle Felder schraffiert, bis auf das Endfeld, die vier bisherigen sicheren Felder und jeweils einem

Feld in der oberen Reihe und in der rechten Spalte, die auch wieder sichere Felder sind.

Stellt nun Alfred zu Beginn des Spiels die Dame auf eines der beiden sicheren Felder der oberen Reihe und der rechten Spalte, so kann Berta das Spiel nicht gewinnen. Alfred muss nur nach jedem Zug von Berta, der immer auf einem schraffierten Feld endet, die Dame auf ein sicheres Feld ziehen.

Quelle: Rufus P. Isaacs in: Claude Berge, *Theorie des graphes et ses applications*, Paris 1958.

88 Kettenbrüche

Der Pferdefuß an dem Beweis sind die Pünktchen. Sie haben in den beiden Brüchen eine verschiedene Bedeutung. Im ersten Ausdruck haben sie immer, egal wie lang die Kette des Bruchs auch ist, den Wert 1, und im zweiten Ausdruck stehen sie für eine Größe mit dem Wert 2. Die beiden Brüche sehen also zwar gleich aus, sind es aber nicht. Darum ist natürlich auch der Schluss 1 = 2 falsch.

Quelle: A. G. Konforowitsch, *Logischen Katastrophen auf der Spur*, S. 77–78, 94, Leipzig 1990 (ukrainische Originalausgabe: Kiew 1983).

89 Die Postkartenskulptur

Schneiden Sie die Postkarte entlang der drei ausgezogenen Linien ein. Danach knicken Sie das obere L-förmige Stück entlang der gestrichelten Linie AB um 90° nach hinten und das untere L-förmige Stück entlang der Linie BC um 90° nach vorne. Durch diese beiden 90°-Drehungen werden die beiden L-Stücke um insgesamt 180° gegeneinander verdreht und bilden das S-Stück der Skulptur.

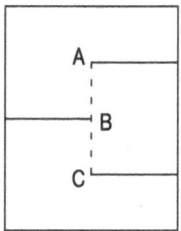

Quelle: Aufgabe: Kim Iles in: Martin Gardner, *Scientific American* 239, November 1978, S. 20, 22. – Lösung: Kim Iles in: Martin Gardner, *Scientific American* 239, Dezember 1978, S. 23.

90 Der Kreis auf dem Schachbrett

Der größte Kreis, den man in ein weißes Schachbrettfeld mit einer Seitenlänge von einer Einheit zeichnen kann, hat den Radius $r = 0{,}5$.

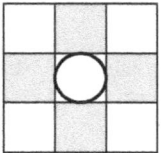

Soll der Kreis größer sein, muss der Umfang, um von einem weißen Feld zum nächsten zu kommen, den schwarzen Feldern ausweichen. Das geht nur, wenn er genau über eine Ecke läuft, wo zwei weiße Quadrate aneinanderstoßen. Der Kreisbogen kann dabei ein weißes Feld auf zwei Arten durchlaufen: Er kommt über eine Ecke hinein und verlässt es über eine Nachbarecke, oder er verlässt es über die gegenüberliegende Ecke.

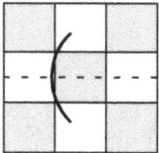 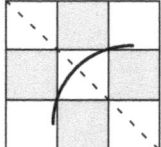

Ein Kreis der ersten Form muss seinen Mittelpunkt auf der Mittelsenkrechten der Feldseite haben, durch deren Ecken der Bogen läuft. Entsprechend liegt der Mittelpunkt eines Kreises der zweiten Form auf der Mittelsenkrechten der Diagonalen, die die beiden Eckpunkte des Feldes verbinden, die von dem Kreisbogen durchlaufen werden.

Zwei benachbarte weiße Felder können von dem Umfang eines Kreises nach gleichen Formen oder nach verschiedenen Formen durchlaufen werden. Geschieht es bei beiden nach der ersten Form, so ergibt sich ein Kreis, der seinen Mittelpunkt im Zentrum eines schwarzen Feldes hat und der einen Radius von $r = \frac{1}{2}\sqrt{2} \approx 0{,}7071$ besitzt.

Sollen die beiden weißen Felder nach der zweiten Form durchlaufen werden, so muss der Kreismittelpunkt im Schnittpunkt der beiden Mittelsenkrechten der entsprechenden Diagonalen liegen. Da diese aber parallel sind, liegt er im Unendlichen. Unser Schachbrett hat aber nur 8×8 Felder, darum scheidet diese Möglichkeit aus.

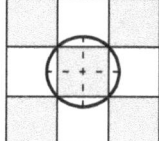 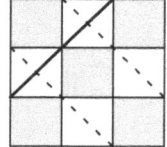

Bei der dritten Möglichkeit werden die weißen Nachbarquadrate nach verschiedenen Formen durchlaufen. Das Zentrum des Kreises ist der Schnittpunkt der Mittelsenkrechten von der Seite des einen Quadrates und von der Diagonalen des anderen Quadrates. Hier erhält man den größtmöglichen Kreis. Sein Radius ist mit dem Satz des Pythagoras zu bestimmen. Er beträgt

$$r = \sqrt{\left(\frac{3}{2}\right)^2 + \left(\frac{1}{2}\right)^2} = \frac{1}{2}\sqrt{10} \approx 1{,}5811$$

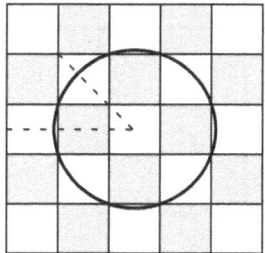

Quelle: Aufgabe: Martin Gardner, *Scientific American* 199, August 1958, S. 100.
– Lösung: Martin Gardner, *Scientific American* 199, September 1958, S. 190.

91 Die zerrissene Kette

Es müssen nur drei Glieder aufgetrennt und wieder zusammengelötet werden, um die Halskette zu reparieren. Die Reparatur kostet somit sechs Euro.

Der Trick dabei ist, beide Elemente des zweigliedrigen Teils aufzutrennen. Für den Rest gibt es mehrere Möglichkeiten. Beispielsweise kann je ein Element des zweigliedrigen Teils zwischen das

fünf- und sieben- und zwischen das sieben- und zehngliedrige Teil
gesetzt werden. Jetzt braucht nur noch ein Endglied des zehngliedri-
gen Teils aufgetrennt und mit dem Ende des fünfgliedrigen Teils verbunden zu werden.

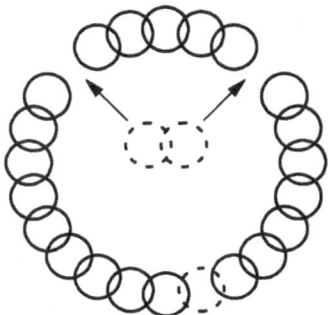

Quelle: Sam Loyd jun. (Hrsg.), *Sam Loyd's Cyclopedia of 5000 Puzzles, Tricks
and Conundrums with Answers*, New York 1914, S. 48, 345. – Sam Loyd jun.
hat die Aufgaben seines Vaters Sam Loyd sen. gesammelt und als Buch herausgegeben.

92 Der Vier-Banden-Stoß

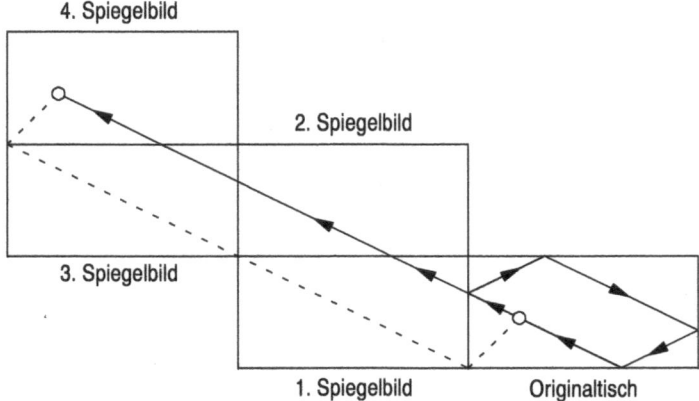

Der eleganteste Weg, dieses Problem zu lösen, ist, das Spiegelbild
des Billardtisches an die Bande zu zeichnen, auf die die Kugel bei ihrem ersten Stoß trifft. Die Kugelbahn nach der Reflexion bildet im

Spiegelbild eine Gerade mit der Bahn der Kugel vor der Reflexion im Originalbild.

Jetzt kann man den Weg der Kugel auf dem gespiegelten Tisch ganz analog weiter verfolgen: Man zeichnet an den gespiegelten Tisch ein Spiegelbild des Spiegelbilds. Insgesamt verteilt man die fünf Abschnitte der Kugelbahn vom Kreidekreuz über die vier Reflexionen an den Banden bis wieder zum Kreuz auf fünf Tische, die jeweils das Spiegelbild vom vorherigen Tisch sind. Die gesamte Bahn wird so zu einer Geraden. Diese Gerade lässt sich leicht parallelverschieben, und man sieht, dass sie die Länge von zwei Tischdiagonalen hat. Mit dem Satz des Pythagoras kann man nun die Länge der Kugelbahn zu $2\sqrt{2{,}40^2 + 1{,}20^2} = 2{,}40\,\sqrt{5} \approx 5{,}37$ Metern berechnen.

Quelle: Murray S. Klamkin, *Mathematics Magazine* 27, Mai–Juni 1954, S. 287.

93 Kreissehnen

Die Sehnen zwischen n Punkten auf einem Kreisumfang zerschneiden nur für $n = 1$ bis $n = 5$ den Kreis in $N = 2^{n-1}$ Flächen. Für höhere Werte von n gilt dies nicht mehr. Das kann man leicht beweisen, indem man die Flächen von einem Kreis mit $n = 6$ Punkten abzählt: Man kommt nur auf 31 Flächen statt auf die erwarteten $2^5 = 32$.

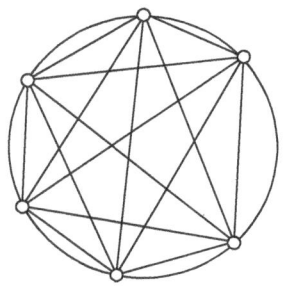

Für $n = 6$ beträgt die Abweichung der Flächenzahl von 2^{n-1} nur 1, aber mit größer werdendem n nimmt diese Differenz rasch zu.

n:	1	2	3	4	5	6	7	8	9	10	11	12	13	14
N:	1	2	4	8	16	31	57	99	163	256	386	562	794	1093
2^{n-1}:	1	2	4	8	16	32	64	128	256	512	1024	2048	4096	8192

Eine kleine Kuriosität ist, dass die Zahl $2^8 = 256$ als Flächenzahl auftaucht, jedoch nicht für $n = 9$, sondern für $n = 10$.

Allgemein gilt für die Anzahl der Flächen die Formel

$$N = \binom{n}{4} + \frac{1}{2} n (n-1) + 1.$$

Quelle: Aufgabe: Leo Moser in: Martin Gardner, *Scientific American* 221, August 1969, S. 120–121. – Lösung: Leo Moser in: Martin Gardner, *Scientific American* 221, September 1969, S. 245, 246.

94 Münzsprünge

Die Lösung des Problems wird verblüffend einfach, wenn man auf dem Spielbrett in der ersten, dritten und fünften Reihe jeweils den ersten, dritten und fünften Kreis durch ein Quadrat ersetzt. Man sieht nun sofort, dass Euros, die sich auf Quadraten befinden, auch durch beliebig viele Sprünge immer nur auf Quadraten bleiben werden und niemals Kreise erreichen können. Das bedeutet nun, dass für die neun Euros, die auf den schwarzen Quadraten liegen, nur sechs weiße Quadrate zur Verfügung stehen. Das Problem ist also unlösbar.

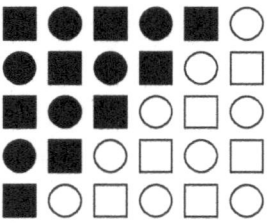

Quelle: Aufgabe: Martin Gardner, *Scientific American* 242, Dezember 1979, S. 23, 24. – Lösung: Martin Gardner, *Scientific American* 243, Januar 1980, S. 19, 20.

95 Quadratzahlen

Eine Quadratzahl endet immer auf 0, 1, 4, 5, 6 oder 9. Da die letzte Ziffer von 3141592653 589793 eine 3 ist, kann sie keine Quadratzahl sein.

Um diese Endungsregel zu beweisen, zerlegen wir die beliebige Zahl n in zwei Teile: in die letzte Stelle z und die vorderen Stellen a.

Erste Lösungen

$$n = 10a + z$$

Das Quadrat n^2 berechnet sich dann zu

$$n^2 = (10a + z)^2$$
$$n^2 = 100a^2 + 20az + z^2.$$

Somit setzt sich n^2 aus drei Summanden zusammen: $100a^2$, $20az$ und z^2. Die beiden ersten enden auf eine Null. Das bedeutet, die letzte Stelle von z^2 ist auch die letzte Stelle von n^2. Da z nur die Werte von 0 bis 9 annehmen kann, erhält man als letzte Stelle von z^2 auch nur die Ziffern 0, 1, 4, 5, 6 und 9.

z:	0	1	2	3	4	5	6	7	8	9
z^2:	0	1	4	9	16	25	36	49	64	81

Ist die Zahl 15763530163289 eine Quadratzahl? Versuchen Sie dies ohne Taschenrechner oder Heimcomputer festzustellen!

96 Briefmarkenkombinationen

Die verschiedenen Briefmarkenkombinationen, die zusammen einen Wert von dreißig Cent ergeben, kann man auf folgende Weise erhalten: Man schreibt sich eine Reihe von dreißig Einsen auf.

111111111111111111111111111111

Zwischen den Ziffern gibt es neunundzwanzig Lücken. Jede dieser Lücken dürfen wir wahlweise freilassen oder mit einem Trennstrich füllen. Da wir also bei jeder Lücke zwei Wahlmöglichkeiten haben, gibt es insgesamt 2^{29} Möglichkeiten, Trennstriche einzufügen. Ein Beispiel ist

11111-111111111111-1-11111111-1111.

Zählen wir jetzt bei allen Kombinationen jeweils die Einsen zwischen den Trennstrichen zusammen und ersetzen diese Zahlen dann durch Briefmarken gleicher Werte, erhalten wir alle möglichen Markenkombinationen. Aus unserem Beispiel wird somit:

| 5 | 12 | 1 | 8 | 4 |

Es gibt also 2^{29} Möglichkeiten, Briefmarken auf einen frensländischen Brief zu kleben.

Das Ergebnis lässt sich leicht verallgemeinern: Wenn das Briefporto n Cent beträgt, und es Briefmarken aller Werte von 1 Cent bis n Cent gibt, so hat man 2^{n-1} verschiedene Möglichkeiten, die Marken auf den Brief zu kleben.

Quelle: Aufgabe: Arthur B. Brown, *Pi Mu Epsilon Journal* 1, April 1951, S. 146. – Lösung: William Moser, *Pi Mu Epsilon Journal* 1, November 1951, S. 186–187.

97 Kalenderblätter

Ein Monat hat höchstens fünf Sonntage. Wenn also Alfred mit „nein" antwortet, kann er höchstens vier Sonntage auf den offenen Kalenderblättern gesehen haben, denn wären es fünf, so müsste das verdeckte Blatt zu einem Werktag gehören.

Berta, die auch „nein" sagt, hat höchstens drei Sonntage gesehen. Da sie sich natürlich überlegt, dass Alfred höchstens vier Sonntage gesehen haben kann, müsste das zweite umgedrehte Blatt ein Werktag sein und sie mit „ja" antworten, wenn sie vier Sonntage sähe.

Das „nein" des dritten Studenten bedeutet, er hat höchstens zwei Sonntage gesehen, denn bei drei Sonntagen hätte er gewusst, dass das zuletzt umgedrehte Kalenderblatt ein Werktag wäre. Die Begründung ist ganz analog zu Bertas Überlegungen. Entsprechend folgt aus dem „nein" des vierten Studenten, dass er höchstens einen und aus dem „nein" des fünften Studenten, dass er keinen Sonntag gesehen hat. Folglich ist das letzte Kalenderblatt schwarz, und Friedas Antwort muss „ja" sein, da sie diese Überlegungen auch machen kann.

Angenommen, die Antworten der ersten vier Studenten wären „nein" und die des fünften wäre „ja", und Professor Berstermann würde Frieda sägen, dass das zuletzt umgedrehte Blatt vom 18. eines Monats stammt. Wie müsste Friedas Antwort in diesem Fall lauten?

98 Die Streichholzgleichung

Auf der linken Seite der Streichholzformel kann man durch Umlegen eines Holzes aus der römischen VII eine $\sqrt{1}$ machen, wodurch natürlich eine korrekte Gleichung entsteht.

Quelle: Henry Ernest Dudeney, *Modern Puzzles and How to Solve Them*, London 1926, S. 97, 182.

99 Das Zwanzig-Fragen-Spiel

Der größtmögliche Zahlenbereich, aus dem sich mit zwanzig Fragen, die mit „ja" oder „nein" beantwortet werden können, eine Zahl mit Sicherheit bestimmen lässt, geht von 0 bis $2^{20} - 1 = 1048575$.

Die Fragen müssen alle so gestellt werden, dass durch jede die Hälfte der bis dahin noch möglichen Zahlen ausgeschieden wird. Dafür gibt es viele Möglichkeiten. Bei einem besonders eleganten Verfahren wird die Binärdarstellung der Zahlen gebraucht, wie sie zum Beispiel auch Computer für ihre Berechnungen benutzen.

Bertas erste Frage würde bei dieser Methode lauten: „Wenn du deine Zahl in der Binärform darstellst und sie dann von links mit Nullen bis auf zwanzig Stellen auffüllst, ist dann die erste Ziffer eine 1?" Ihre zweite Frage wäre: „Ist in dieser Darstellung die zweite Ziffer eine 1?". Die weiteren Fragen wären ganz analog, bis schließlich die zwanzigste Frage lautete: „Ist in dieser Darstellung die zwanzigste Ziffer eine 1?"

Um eine Dezimalzahl, die gleich oder kleiner als 1048575 ist, in eine Binärzahl umzuwandeln, teilen wir sie zuerst durch $2^{19} = 524288$. Das Ergebnis kann nur 0 oder 1 und ein Divisionsrest sein, der kleiner als 524288 ist. Diese 0 oder 1 ist die erste Ziffer der Binärzahl. Um die zweite Ziffer zu erhalten, teilen wir den Rest durch $2^{18} = 262144$ und erhalten wieder eine 0 oder 1 und einen Rest. Die nächsten Schritte verlaufen analog: Wir teilen jeweils die Reste durch 2^{17}, 2^{16}, 2^{15} usw. bis 2^0. Diese zwanzig Divisionen ergeben die zwanzig Ziffern der Binärzahl.

Machen wir uns dies noch einmal an einem Beispiel deutlich. Die Dezimalzahl 321456 ergibt bei der Division durch 2^{19} den Wert 0 und den Rest 321456. Im nächsten Schritt ergibt sich bei der Division von 321456 durch 2^{18} der Wert 1 und ein Rest von 59312. Teilt man nun 59312 durch 2^{17}, erhält man 0 und den Rest 59312. Führt man alle zwanzig Schritte durch, wird aus der Dezimalzahl 321456 die Binärzahl 01001110011110110000.

Die führende linke 0 könnte man ruhig fortlassen, so dass die Zahl eigentlich nur neunzehnstellig wäre, aber Berta verlangte ja ausdrücklich, dass die Zahl links mit Nullen bis auf zwanzig Stellen aufgefüllt werden sollte.

Jetzt wird auch sofort klar, warum die größte Zahl, die man mit zwanzig Fragen bestimmen kann, $2^{20} - 1$ ist: Dies ist die größte zwanzigstellige Binärzahl; sie besteht aus zwanzig Einsen.

Die Umwandlung der Binärzahl in eine Dezimalzahl ist übrigens recht einfach. Bezeichnet man die zwanzig Ziffern von rechts nach links mit a_0 bis a_{19}, so erhält man die Dezimalzahl z nach folgender Gleichung:

$$z = \sum_{i=0}^{19} a_i \cdot 2^i = a_0 + 2a_1 + 4a_2 + 8a_3 + \ldots + 524288\, a_{19}.$$

Quelle: Aufgabe: H. D. Larson in: L. A. Graham, *Ingenious Mathematical Problems and Methods*, New York 1959, S. 28. – Lösung: William M. McCardell in: L. A. Graham, *Ingenious Mathematical Problems and Methods*, New York 1959, S. 166–167.

100 Die Fluggesellschaft

Würde die Fluggesellschaft zwischen allen zwanzig Städten Direktverbindungen unterhalten, so gäbe es von jeder Stadt zu jeder der neunzehn anderen Städte jeweils eine Linie, also insgesamt $20 \cdot 19 = 380$ Linien. Da jedoch Hin- und Rückweg nur als eine Verbindung gezählt werden soll, muss diese Zahl noch durch 2 geteilt werden, und es gibt somit 190 verschiedene Linien.

Wären alle diese 190 Linien vorhanden, gäbe es zwischen zwei beliebigen Städten A und B jeweils eine Direktverbindung und achtzehn Verbindungen, bei denen man genau einmal umsteigen muss, also insgesamt neunzehn Verbindungen, bei denen man höchstens einmal umsteigen muss. Wenn aber achtzehn Verbindungen fehlen, bleibt von den jeweils neunzehn Möglichkeiten immer noch mindestens eine übrig, und es gibt deshalb immer eine Flugverbindung, bei der man höchstens einmal umsteigen muss.

Quelle: Bundeswettbewerb für Mathematik 1990, *Praxis der Mathematik* 32, Dezember 1990, S. 286–287.

101 Sieben Zigaretten

Die Abbildung zeigt eine Draufsicht der Anordnung der sieben sich gegenseitig berührenden Zigaretten. Damit diese Platzierung auch wirklich möglich ist, muss die Länge der Zigarette gleich oder größer als das $7\sqrt{3}/2$-fache ihres Durchmessers sein. Da normale Zigaretten etwa achtmal so lang wie dick sind, ist die Lösung also möglich.

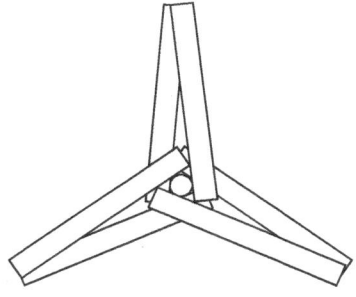

Quelle: Henry Ernest Dudeney, *Modern Puzzles and How to Solve Them*, London 1926, S. 56–57, 147.

102 Fakultäten

Die Fakultät jeder Zahl n, die größer ist als 1 und die die Form $n = m! - 1$ hat, kann als Produkt von weniger als $n - 1$ aufeinanderfolgenden ganzen Zahlen geschrieben werden. Der Grund dafür ist, dass die ersten m Faktoren von $n!$ den Wert $m!$ haben, und dass $m!$ die Zahl ist, die auf $n = m! - 1$ folgt.

$$n! = \underbrace{1 \cdot 2 \cdot 3 \cdot \ldots \cdot m}_{= \, m!} \cdot (m + 1) \cdot \ldots \cdot (m! - 1)$$

Das bedeutet, $n!$ ist auch das Produkt der $n + 1 - m$ aufeinanderfolgenden Zahlen von $m + 1$ bis $m!$.

$$n! = (m + 1) \cdot (m + 2) \cdot (m + 3) \cdot \ldots \cdot (m! - 1) \cdot m!$$

Beispielsweise erhält man für $m = 3$ die Zahl $n = 3! - 1 = 5$, deren Fakultät sich auch als $5! = 4 \cdot 5 \cdot 6$ darstellen lässt.

Die Summe S der Fakultäten aller Zahlen von 1 bis 1000 ist eine riesengroße Zahl mit mehreren tausend Stellen.

$$S = 1! + 2! + 3! + \ldots + 1000!$$

Können Sie die vorletzte Ziffer von S bestimmen, ohne S vollständig berechnen zu müssen?

103 Linien auf dem Schachbrett

Man kann schon mit sieben geraden Linien jedes Feld eines Schachbretts schneiden. Die erste Linie läuft entlang einer der beiden Diagonalen des Brettes, die man um einen kleinen Winkel um ihren Mittelpunkt gedreht hat. Die anderen sechs Geraden liegen ungefähr parallel zur zweiten Diagonalen des Schachbretts.

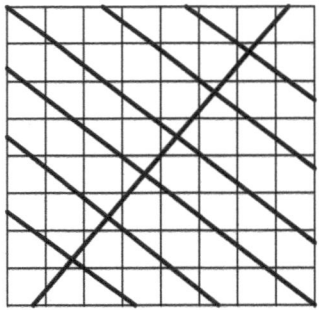

Quelle: Evgeni Jakovlevič Gik, *Schach und Mathematik*, Moskau 1986, S. 18–19; russische Originalausgabe: Moskau 1983.

104 Die Linie im Dreieck

Zeichnet man ein zweites, gleiches Dreieck an die Hypotenuse des ersten Dreiecks, erhält man ein Rechteck, in dem die Hypotenusen die eine Diagonale bilden und die beiden Verbindungslinien von den rechten Winkeln zu den Hypotenusenmitten zusammen die andere.

Da die Diagonalen eines Rechtecks gleich lang sind und sich gegenseitig halbieren, muss die gesuchte Strecke 2,5 Zentimeter lang sein.

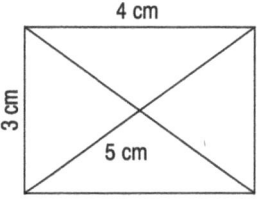

Quelle: Aufgabe: L. A. Graham, *Ingenious Mathematical Problems and Methods*, New York 1959, S. 55. – Lösung: Heinrich Hemme, *Bild der Wissenschaft* 29, Dezember 1992, S. 113.

105 Acht gleichseitige Dreiecke

Das Grundmuster der Lösung ist der sechszackige Davidstern. Von der Richtigkeit kann man sich leicht durch Abzählen der gleichseitigen Dreiecke überzeugen. Durch Parallelverschieben der einzelnen Strecken lassen sich jedoch noch beliebig viele weitere Lösungen erzeugen. In der Skizze sind einige Beispiele gezeigt.

 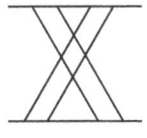 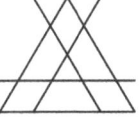 

Wie viele gleichseitige Dreiecke lassen sich mit n Geraden auf einem Blatt Papier höchstens zeichnen? Dabei soll n eine beliebige ganze Zahl sein.

106 Die drei Kreise

Die Zeichnung aus der Aufgabe kann nach dem gleichen Schema mit beliebig vielen Kreisen erweitert werden, so dass sich folgendes Muster ergibt:

Jede Kreisfläche besteht jetzt aus zwölf linsenförmigen Zweiecken B und aus sechs Bogendreiecken A. Ein Viertelkreis hat daher die Fläche F_{VK} von

$$F_{VK} = \frac{1}{4}(12B + 6A)) = 3B + \frac{3}{2}A.$$

Die schraffierte Fläche besteht aus drei Zweiecken B und einem Dreieck A und hat deshalb den Flächeninhalt

$$F_{SF} = 3B + A.$$

Sie ist also um eine halbe Dreiecksfläche kleiner als der Viertelkreis. Rechnet man den Flächeninhalt der schraffierten Fläche genau aus, erhält man, dass ihr Verhältnis zur Fläche des Viertelkreises

$$\frac{F_{SF}}{F_{VK}} = 2\left(1 - \frac{\sqrt{3}}{\pi}\right) = 0,8973\ldots$$

beträgt.

Quelle: Aufgabe: Litton Industries (Hrsg.), *Electronic News* 444, 3. August 1964. – Lösung: Litton Industries (Hrsg.), *Electronic News* 445, 10. August 1964.

107 Die Erbsen

Beim ersten Verteilschritt wird in jeden Topf eine Erbse gelegt. Beim zweiten Schritt bekommen nur die Töpfe eine Erbse, deren Topfnummer durch 2 teilbar ist, und beim dritten Schritt nur die, deren Nummer durch 3 teilbar ist. Entsprechend geht es weiter. Zum Schluss enthält jeder Topf so viele Erbsen, wie seine Nummer Teiler hat. So hat zum Beispiel 6 die Teiler 1, 2, 3 und 6, darum befinden sich vier Erbsen im sechsten Topf.

Die Teiler einer Zahl lassen sich immer zu Paaren zusammenfassen, deren Produkte die Zahl selbst ergeben. Bei der 6 sind diese Paare $1 \cdot 6 = 6$ und $2 \cdot 3 = 6$. Da die Teiler nur paarweise auftreten, ist also die Anzahl der Teiler einer Zahl immer gerade.

Von dieser Regel gibt es Ausnahmen, und das sind die Quadratzahlen. Quadratzahlen haben einen Teiler, der keinen Partner hat. Dieser Teiler ergibt nur mit sich selbst multipliziert die Zahl. Das bedeutet, die Anzahl der Teiler einer Quadratzahl ist ungerade.

Die Wurzel aus 1000 ist ungefähr 31,62. Es gibt also 31 Quadratzahlen, die kleiner als 1000 sind und damit auch 31 Töpfe, in denen eine ungerade Anzahl Erbsen liegt.

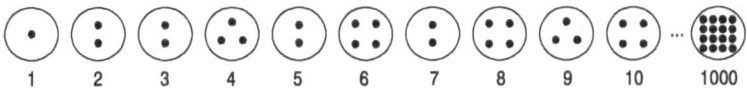

Quelle: Aufgabe: J. Lambek, *Pi Mu Epsilon Journal* 1, November 1952, S. 276–277. – Lösung: Charles W. Trigg, *Pi Mu Epsilon Journal* 1, April 1953, S. 330.

108 Die Maximierung

Das Strahlenviereck setzt sich aus vier Dreiecken zusammen, bei denen jeweils zwei Seiten vorgegeben sind. Um uns zu überlegen, welchen Winkel zwei gegebene Seiten eines Dreiecks einschließen müssen, damit seine Fläche möglichst groß wird, legen wir es auf die längere der beiden Seiten und betrachten diese als Grundseite g. Die kürzere Dreieckseite drehen wir auf einem Halbkreis um den gemeinsamen Eckpunkt. Die Höhe h des Dreiecks ist nun der Abstand des Eckpunkts der kurzen Seite von der Grundseite. Da der Flächeninhalt eines Dreiecks $A_\Delta = \frac{1}{2}gh$ ist, wird er maximal, wenn h maximal ist. Das ist der Fall, wenn die kurze Seite senkrecht auf der langen steht. Die Fläche eines Dreiecks, bei dem zwei Seiten a und b vorgegeben sind, hat somit dann ihren Maximalwert von $A_\Delta = \frac{1}{2}ab$, wenn diese einen rechten Winkel einschließen.

Stehen also die Strahlen des Vierecks alle senkrecht aufeinander, so werden die Flächeninhalte der vier Dreiecke möglichst groß, und damit bekommt auch das Viereck seine maximale Ausdehnung.

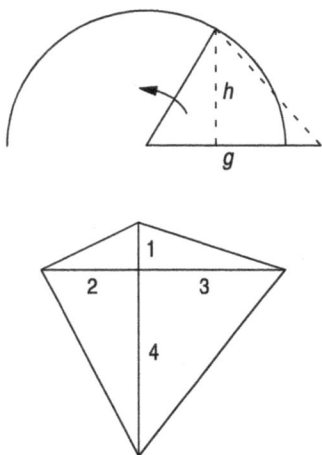

Die vier Strahlen können nun noch auf drei verschiedene Weisen zu Diagonalenpaaren kombiniert werden: 1 + 4, 2 + 3 oder 1 + 3, 2 + 4 oder 1 + 2, 3 + 4. Die Flächeninhalte der dazugehörigen Vierecke sind 12,5, 12 und 11,5 cm². Folglich hat das größtmögliche Viereck eine Fläche von 12,5 cm².

Bei einer Pyramide mit einer dreieckigen Grundfläche haben die drei Kanten, die zur Spitze laufen, Längen von einem Zentimeter, zwei Zentimetern und drei Zentimetern. Die Längen der Grundflächenkanten sind nicht festgelegt. Welches Volumen kann die Pyramide maximal haben?

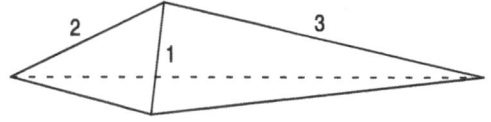

109 Die größte dreiziffrige Zahl

Es gibt vier verschiedene Möglichkeiten, wie man drei Ziffern x, y und z zu einer Zahl anordnen kann:

$$xyz \qquad xy^z \qquad x^{yz} \qquad x^{y^z}$$

Dabei bedeutet beispielsweise x^{yz}, dass eine einstellige Zahl x mit einer zweistelligen Zahl yz potenziert wird. Bei allen vier Möglichkeiten wird die jeweils größtmögliche Zahl von drei Neunen gebildet. Als Kandidaten für die insgesamt größtmögliche Zahl stehen also 999, 99^9, 9^{99} und 9^{9^9} zur Auswahl. Wir wollen sie etwas näher untersuchen.

$$999 < 6561 = 9^4 = 9^{4^1} < 9^{9^9}$$
$$99^9 = 729^9 = 9^{3 \cdot 9} < 9^{9^9}$$
$$9^{99} = 9^{729} = 9^{9^3} < 9^{9^9}$$

Die größte Zahl, die man mit drei Ziffern darstellen kann, ist somit 9^{9^9}. Sie ist so riesengroß, dass es unmöglich ist, sie auszuschreiben. Ihr Wert beträgt ungefähr

$$9^{9^9} = 9^{387420489} \approx 4{,}28 \cdot 10^{369693099}.$$

Dies ist eine Zahl mit 369 693 100 Stellen. Würde man sie auf einen Streifen Papier schreiben und für jede Ziffer fünf Millimeter brauchen, wäre dieser Streifen 1848 Kilometer und 465,5 Meter lang. Könnte man jede Sekunde eine Ziffer schreiben, wäre man damit fast zwölf Jahre rund um die Uhr beschäftigt.

Quelle: Louis Mittenzwey, *Mathematische Kurzweil*, Leipzig 1880, S. 30, 79–80.

110 Vier Punkte

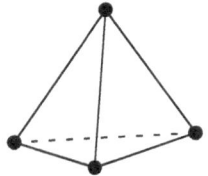

Das Problem ist im Zweidimensionalen nicht lösbar. Die vier Punkte bilden die Ecken eines regulären Tetraeders, eines Körpers, der von vier gleichgroßen gleichseitigen Dreiecken begrenzt wird.

Quelle: Aufgabe: Litton Industries (Hrsg.), *Electronic News* 533, 14. März 1966. – Lösung: Litton Industries (Hrsg.), *Electronic News* 534, 21. März 1966.

111 Die drei Zahlenklassen

Die Zahlen wurden nicht nach irgendwelchen arithmetischen Gesetzen, sondern einzig nach ihrer äußeren, grafischen Form unterschieden. In der ersten Klasse sind die Zahlen, die nur aus gekrümmten Linien bestehen, in der zweiten Klasse bestehen die Zahlen nur aus geraden Linien, und in der dritten Klasse haben sie sowohl gerade als auch gekrümmte Linien. Die Zahlen 15 und 16 gehören deshalb in die dritte und 17 in die zweite Klasse.

Quelle: Aufgabe: Litton Industries (Hrsg.), *Electronic News* 413, 20. Januar 1964. – Lösung: Litton Industries (Hrsg.), *Electronic News* 414, 27. Januar 1964.

112 Ein Fünf-Sekunden-Aufgabe

Das Ergebnis ist nicht 20, sondern 71.

$$34 : \frac{1}{2} + 3 = 34 \cdot 2 + 3 = 71$$

Quelle: Martin Gardner, *Mathematical Puzzles*, New York 1961, S. 102, 107.

113 Das Kartenspiel

Am einfachsten ist es, das Pferd von hinten aufzuzäumen. Nach der vierten Runde haben alle vier Spieler 160 Euro. Das bedeutet, die drei Gewinner haben vor dem vierten Spiel jeder 80 Euro besessen. Da sich die Summe des Geldes aller Spieler zusammen nicht verändern kann, und sie 4 · 160 = 640 Euro beträgt, muss der Verlierer der vierten Runde vor dem vierten Spiel 640 – 3 · 80 = 400 Euro gehabt haben.

Die nächsten Schritte laufen ganz analog: Die Gewinner einer Runde haben vor dem Spiel halb so viel wie danach, und der Verlierer besitzt vorher die Differenz zwischen 640 Euro und der Summe des Geldes der drei anderen Spieler.

	Geldbesitz				
	nach dem 4. Spiel	nach dem 3. Spiel	nach dem 2. Spiel	nach dem 1. Spiel	vor dem 1. Spiel
Verlierer des 1. Spiels	160	80	40	20	330
Verlierer des 2. Spiels	160	80	40	340	170
Verlierer des 3. Spiels	160	80	360	180	90
Verlierer des 4. Spiels	160	400	200	100	50

Daraus ergibt sich, dass vor dem ersten Spiel der Verlierer der ersten Runde 330 Euro, der der zweiten Runde 170 Euro, der der dritten Runde 90 Euro und der der vierten Runde 50 Euro besessen hat.

Quelle: Aufgabe: Anonymus, *Chip*, November 1991, S. 472. – Lösung: Heinrich Hemme, *Die Sphinx*, Göttingen 1994, S. 73–74.

114 Die Winkelhalbierenden

Da in jedem Dreieck die Winkelsumme 90° beträgt, ergeben a und β zusammen 90°. Das bedeutet, dass die beiden Basiswinkel $2a$ und 2β sich zu 180° addieren, und folglich für den Scheitelwinkel nur noch 0° übrigbleiben. Die Zeichnung ist also sehr ungenau ausgeführt. In Wirklichkeit sind die Seiten des Dreiecks parallel und treffen sich im Unendlichen. Dadurch ist natürlich auch die gesuchte Höhe unendlich.

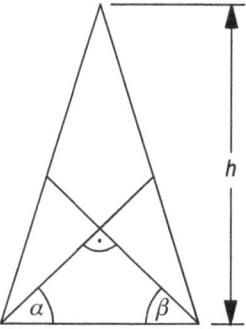

Quelle: Leo Moser in: Martin Gardner, *Scientific American* 208, April 1963, S. 159, 163.

115 Polyeder mit dreieckigen Flächen

Hat das Polyeder n dreieckige Flächen, so gibt es $3n$ Dreieckseiten. Zwei Dreieckseiten bilden immer eine Polyederkante, und somit hat der Körper $3n/2$ Kanten. Dieser Bruch ergibt nur dann eine ganze Zahl, wenn n gerade ist, und deshalb hat ein Polyeder aus lauter Dreiecken immer eine gerade Zahl von Flächen.

Gibt es zu jedem geradzahligen n, das größer als 2 ist, ein n-flächiges Polyeder, dessen Seiten alle dreieckig sind?

116 Das Elektrokabel

Wenn das Kabel nur eine Ader hat, ist die Aufgabe trivial, hat es aber genau zwei Adern, so ist das Problem unlösbar. Für alle anderen Anzahlen gibt es ein Verfahren, um die Enden richtig zuzuordnen, bei dem der Elektriker nur einmal vom Erd- bis zum Dachgeschoss und zurückgehen muss.

Nehmen wir zunächst einmal an, die Adernzahl n wäre ungerade. Der Elektriker verbindet nun am Kabelende im Erdgeschoss immer jeweils zwei Adern leitend miteinander. Dabei bleibt zum Schluss eine Ader frei. Jetzt steigt er in die oberste Etage des Hauses und stellt mit seinem Durchgangsprüfer fest, welche Adern im Erdgeschoss miteinander verbunden sind und welches die freie Ader ist. Die freie Ader kennzeichnet er nun mit 1 und verbindet sie leitend mit der einen Ader eines beliebigen ersten Paares; diese erhält die Nummer 2. Die andere Ader des ersten Paares wird als Nummer 3 mit der einen Ader eines zweiten beliebigen Paares, der Nummer 4, verbunden. Die andere Ader des zweiten Paares, Nummer 5, wird mit der einen Ader eines weiteren Paares, Nummer 6, verbunden. So geht es weiter, bis zum Schluss noch eine Ader des letzten Paares frei bleibt. Sie bekommt die Nummer n.

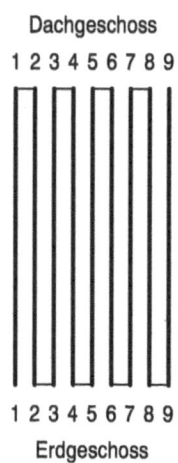

Dachgeschoss

1 2 3 4 5 6 7 8 9

1 2 3 4 5 6 7 8 9

Erdgeschoss

Jetzt geht der Elektriker zurück ins Erdgeschoss. Dort trennt er die verbundenen Adern wieder auf, merkt sich aber, welche miteinander verbunden waren. Die Ader, die er im Erdgeschoss frei gelassen hat, ist im Dachgeschoss mit 1 gekennzeichnet. Mit dem Durchgangsprüfer kann er nun feststellen, mit welcher Ader sie im Dachgeschoss verbunden ist. Sie muss die Nummer 2 sein. Die Ader, die ursprünglich im Erdgeschoss mit Nummer 2 verbunden war, muss Nummer 3 sein. Mit dem Durchgangsprüfer kann man jetzt wieder feststellen, welche Ader mit Nummer 3 im Dachgeschoss verbunden ist. Dies ist Nummer 4. Auf diese Weise kann er alle Adern bis zur Nummer $n-1$ finden. Die freie Ader ist schließlich Nummer n.

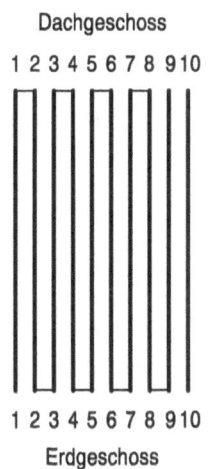

Dachgeschoss

1 2 3 4 5 6 7 8 9 10

1 2 3 4 5 6 7 8 9 10

Erdgeschoss

Hat das Kabel eine gerade Anzahl von Adern, so lässt der Elektriker im Erdgeschoss nicht nur eine, sondern zwei Adern frei. Im Dachgeschoss kennzeichnet er die eine dieser beiden Adern mit n und lässt sie frei, und die andere mit 1 und verbindet sie mit der einen Ader irgendeines anderen Paares, im Erdgeschoss kann er danach die n-te Ader mit dem Durchgangsprüfer leicht identifizieren. Jetzt läuft das Verfahren genauso wie bei einer ungeraden Zahl von Adern.

Quelle: Aufgabe: Anonymus, *Archimedes* 1, April 1949, S. 10. – Lösung für ungerade Anzahlen: Martin Gardner, *Scientific American* 197, Dezember 1957, S. 134, 136, 138. – Lösung für gerade Anzahlen: J. G. Fletcher in: Martin Gardner, *Mathematical Puzzles and Diversions*, New York 1959, Kap. 12.

117 Ein Türenproblem

Jede Tür hat zwei Seiten. Wenn das Haus insgesamt n Türen besitzt, gibt es also $2n$ Türseiten. Da jeder Raum eine gerade Anzahl von Türen hat, muss auch in jeden eine gerade Anzahl von Türseiten zeigen. Weil nun die Summe von lauter geraden Zahlen auch wieder eine gerade Zahl ist, kann die Summe m aller Türseiten, die in die Räume zeigen, nur gerade sein. Die Differenz zwischen $2n$ und m ist die Anzahl der Türseiten, die nach draußen zeigen. Da nun $2n$ und m gerade Zahlen sind, muss auch ihre Differenz gerade sein. Das bedeutet, das Haus hat eine gerade Anzahl von Außentüren. Somit kann es also nicht genau eine Außentür besitzen.

Quelle: Aufgabe: Roland Silver in: L. A. Graham, *Ingenious Mathematical Problems and Methods*, New York 1959, S. 56. – Lösung: R. V. Gillespie in: L. A. Graham, *Ingenious Mathematical Problems and Methods*, New York 1959, S. 234.

118 Angreifer und Verteidiger

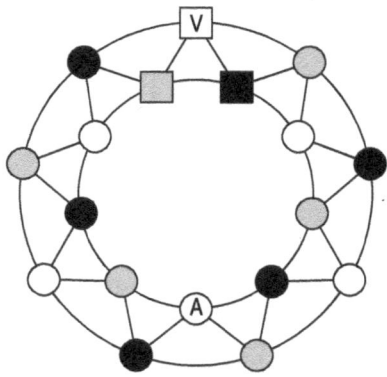

Wenn beide Spieler mit der für sie jeweils optimalen Strategie spielen, verliert derjenige, der den ersten Zug macht. Um dies leicht einsichtig zu machen, habe ich die Felder des Spielbrettes eingefärbt. Am Anfang stehen Angreifer und Verteidiger auf weißen Feldern. Durch den ersten Zug wird diese Farbgleichheit aufgehoben. Die optimale Strategie des Spielers, der den zweiten Zug macht, ist, nach jedem Zug des anderen Spielers die Farbgleichheit wieder herzustellen. Das ist immer möglich, da von jedem Feld einer bestimmten Farbe immer jeweils zwei Felder von jeder der beiden anderen Farben erreichbar sind, und da es nirgendwo zwei benachbarte gleichfarbige Felder gibt.

Ist der als zweiter Ziehende der Angreifer, so kann er sich auf diese Weise Schritt für Schritt dem Verteidiger nähern und ihn mit seinem letzten Zug auf einem quadratischen Feld schlagen. Er braucht dazu mindestens vier, aber höchstens sieben Züge.

Wenn der Zweitziehende der Verteidiger ist, kann er sich durch das Herstellen der Farbgleichheit immer vor dem Angreifer in Sicherheit bringen, da dieser mit jedem Zug die Farbe seines Feldes wechseln muss. Der Verteidiger kann in diesem Fall also niemals geschlagen werden.

Quelle: Roland Sprague, *Unterhaltsame Mathematik*, Braunschweig 1961, S. 18, 50.

119 Dreiecke und Rechteck

Jedes Rechteck kann nach dem folgenden Schema in beliebig viele rechtwinklige Dreiecke zerlegt werden.

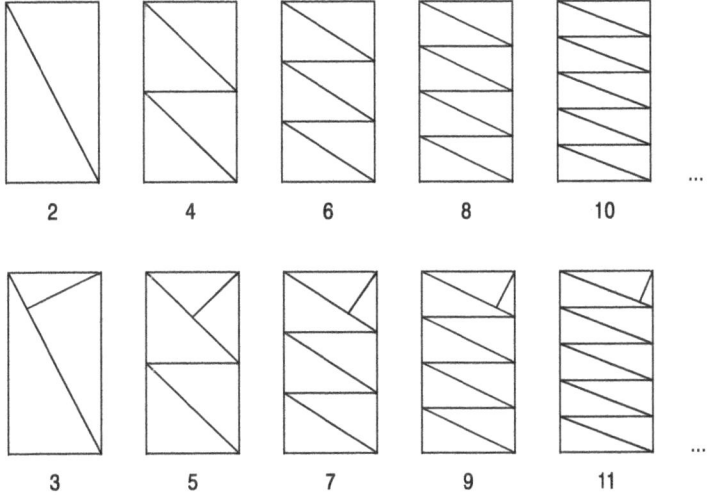

Quelle: Aufgabe: L. H. Longley-Cook, *New Math Puzzle Book*, New York 1970, S. 78. – Lösung: L. H. Longley-Cook, *New Math Puzzle Book*, New York 1970, S. 84–85; Helmut Postl in: Heinrich Hemme, *Die Sphinx*, Göttingen 1994, S. 78–79.

Erst beim letzten Wurf mit dem Würfel überschreitet die Gesamtpunktezahl sechs Augen. Nach dem vorletzten Wurf muss sie folglich 1, 2, 3, 4, 5 oder 6 betragen. Ist sie 6, so ist das Endergebnis 7, 8, 9, 10, 11 oder 12, wobei diese Zahlen alle gleich wahrscheinlich sind. Wenn die vorletzte Punktzahl 5 ist, muss das Endergebnis zwischen 7 und 11 liegen, wobei wieder die Wahrscheinlichkeiten alle gleich sind. Analoges gilt auch für die anderen Zwischenergebnisse. Ist das vorletzte Ergebnis schließlich 1, kann das Endergebnis nur 7 sein. Die 7 ist das einzige Endergebnis, das bei allen sechs vorletzten Punktzahlen möglich ist, darum ist die 7 auch der wahrscheinlichste Wert für das Endergebnis.

Übrigens sind die Wahrscheinlichkeiten für die verschiedenen vorletzten Summen der Augenzahlen durchaus unterschiedlich, aber das hat, wie man sich leicht überlegen kann, keinen Einfluss auf das Endergebnis. Die genauen Wahrscheinlichkeiten für die sechs möglichen Endergebnisse sind:

Endergebnis:	Wahrscheinlichkeit:
7	$\frac{70993}{279936} \approx 25{,}36\%$
8	$\frac{63217}{279936} \approx 22{,}58\%$
9	$\frac{54145}{279936} \approx 19{,}34\%$
10	$\frac{43561}{279936} \approx 15{,}56\%$
11	$\frac{31213}{279936} \approx 11{,}15\%$
12	$\frac{16807}{279936} \approx 6{,}00\%$

Das Ergebnis kann verallgemeinert werden: Wird mit einem Würfel solange geworfen, bis die Summe der erreichten Augen größer als n ist, wobei $n > 6$ gelten muss, so ist die wahrscheinlichste Gesamtaugenzahl immer $n + 1$.

Quelle: Aufgabe: C. C. Carter, *American Mathematical Monthly* 54, Mai 1947, S. 280. – Lösung: N. J. Fine, *American Mathematical Monthly* 55, Februar 1948, S. 98.

121 Fünf Würfel auf dem Schachbrett

Um die Lösung möglichst einfach zu machen, zeichnen wir auf jedes weiße Feld des Schachbretts eine senkrechte und auf jedes schwarze Feld eine waagerechte Linie. Auf die Seiten des Würfels werden auch Linien gezeichnet und zwar so, wie es die Skizze zeigt. Auf sich gegenüberliegenden Seiten sind die Linien gleich orientiert. Die Würfel liegen so auf dem Brett, dass sich die Linien auf ihren Unterseiten genau mit den Linien der Schachbrettfelder, auf denen sie liegen, decken und nicht kreuzen.

Man kann sich nun überlegen, dass diese Eigenschaft durch das Weiterbewegen der Würfel durch Vierteldrehungen nicht verletzt wird. Das bedeutet, unabhängig auf welchem Weg und mit wie vielen Schritten man einen Würfel bewegt, die Linien auf seinem Schachbrettfeld und auf seiner Unterseite kreuzen sich nie.

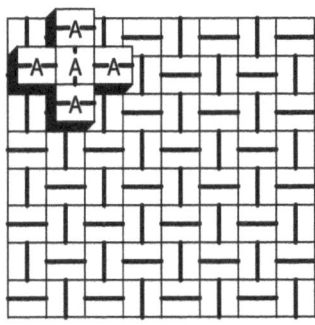

Bei unserer Aufgabe hat in der Ausgangsstellung der mittlere Würfel einen senkrechten Strich auf der Unter- und Oberseite, die anderen vier Würfel tragen horizontale Striche. Nur beim mittleren Würfel schneidet also der Strich das A entlang seiner Mittelachse. In der Endstellung müssen die Striche beim zweiten und vierten Würfel senkrecht und beim ersten, dritten und fünften waagerecht sein. Da nur beim vierten Würfel das A entlang seiner Mittelachse geschnitten wird, muss er der Mittelwürfel aus der Kreuzformation sein.

Quelle: Roland Sprague, *Unterhaltsame Mathematik*, Braunschweig 1961, S. 3–4. – Linierungsidee bei der Lösung: John W. Harris, *Journal of Recreational Mathematics* 7, Juli 1974, S. 220–221.

122 Der Satz des Pythagoras

Die Flächeninhalte eines Quadrates $F_\square$ und eines gleichseitigen Dreiecks $F_\triangle$ mit gleichen Seitenlängen a stehen in einem festen Verhältnis zueinander, das nicht von α abhängt.

$$F_\square = a^2$$

$$F_\triangle = \frac{1}{4}\sqrt{3}\, a^2$$

$$F_\square = \frac{4}{\sqrt{3}}\, F_\triangle$$

Setzt man dieses in den Satz des Pythagoras ein, erhält man:

$$F_{\square 3} = F_{\square 1} + F_{\square 2}$$

$$\frac{4}{\sqrt{3}}\, F_{\square 3} = \frac{4}{\sqrt{3}}\, F_{\square 1} + \frac{4}{\sqrt{3}}\, F_{\square 2}$$

Erste Lösungen

$$F_{\triangle 3} = F_{\triangle 1} + F_{\triangle 2}$$

Zeichnet man also bei einem rechtwinkligen Dreieck gleichseitige Dreiecke über die drei Seiten, so ist der Gesamtflächeninhalt der Kathetendreiecke gleich dem des Hypotenusendreiecks. Der gesuchte Winkel beträgt folglich, genau wie bei den Quadraten, 90°.

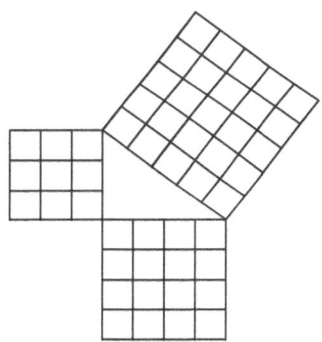

Sind die Seiten des rechtwinkligen Dreiecks ganzzahlig, kann man den Satz des Pythagoras mit Dreiecken, genauso schön wie mit Quadraten, einfach durch Abzählen der kleinen Unterdreiecke der aufgesetzten Flächen zeigen.

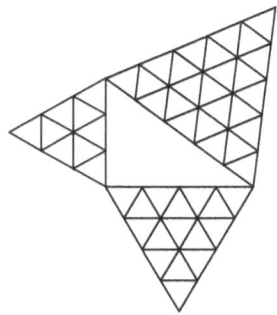

Es ist leicht einzusehen, dass man nicht nur Quadrate oder gleichseitige Dreiecke auf die Katheten und die Hypotenuse eines rechtwinkligen Dreiecks setzen darf: Jede beliebige Figur, zum Beispiel auch ein Halbkreis ist erlaubt. Natürlich müssen die drei Flächen ähnlich im mathematischen Sinne sein, das heißt, ihre Form muss gleich sein.

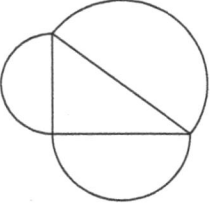

Quelle: Heinrich Hemme, *Die Sphinx*, Göttingen 1994, S. 29, 81–82.

123 Die Multiplikation

Der Bruch 100/8 hat den Wert 12,5, darum macht es keinen Unterschied, ob man eine Zahl mit 12,5 multipliziert, oder ob man sie zuerst durch 8 teilt und anschließend mit 100 multipliziert. Oft ist der zweite Weg einfacher. So auch in diesem Fall: Die Division durch 8 ist ausgesprochen simpel, da die Zahl so gewählt wurde, dass ihre einzelnen Ziffern oder Ziffernpaare Vielfache von 8 sind. Die anschließende Multiplikation mit 100 erreicht man durch Anhängen von zwei Nullen an das Ergebnis.

$$81624324048566472808896 \cdot 12,5$$
$$= 1020304050607080910111200$$

Quelle: Christopher Maslanka, *The Guardian Book of Puzzles*, London 1990, S. 47, 163, 184.

124 Das Dreieck im Dreieck

Wir zäumen das Pferd von hinten auf und beginnen mit dem inneren Dreieck. Jedes beliebige Dreieck kann so vervielfältigt werden, dass ein Muster entsteht, das die ganze Ebene, wie eine gefliese Badezimmerwand, dicht überdeckt. Dazu zieht man zu jeder Dreiecksseite eine Parallele, die durch die dieser Seite gegenüberliegenden Ecke läuft. Dieses Verfahren wiederholt man mit allen neu entstehenden Dreiecken. Die Ebene ist schließlich lückenlos mit lauter kongruenten Dreiecken überdeckt.

Jetzt zeichnet man um das ursprüngliche Dreieck das eigentliche Ausgangsdreieck der Aufgabe. Dazu erweitert man jede Seite des inneren Dreiecks – von außerhalb betrachtet nach rechts – auf die doppelte Länge. Die freien Enden der Strecken sind die Endpunkte des äußeren Dreiecks.

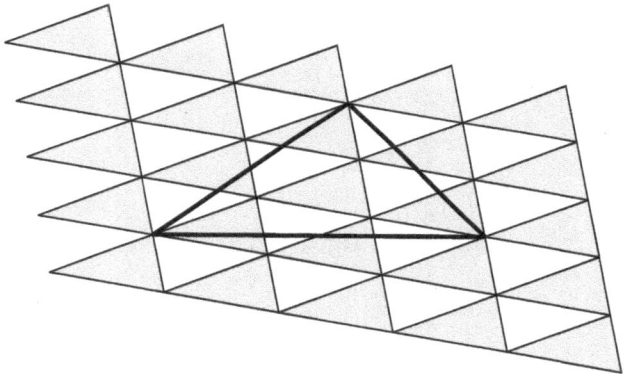

Dass das so erhaltene Dreieck alle Bedingungen der Aufgabe erfüllt, kann man leicht an der Abbildung überprüfen. Die drei Seiten des äußeren Dreiecks sind Diagonalen in Parallelogrammen, die aus jeweils vier kleinen Dreiecken bestehen. Da eine Diagonale ein Parallelogramm genau halbiert, kann man durch einfaches Abzählen feststellen, dass das äußere Dreieck aus sieben kleinen Dreiecken besteht. Die Flächen des inneren und äußeren Dreiecks stehen also, unabhängig von der Form des äußeren Dreiecks, immer im Verhältnis 1:7.

Quelle: Hugo Steinhaus, *Kalejdoskop matematyczny*, Polen 1938.

125 Reihen

Die Reihe ist aus den Anfangsbuchstaben der sechs Zahlen Eins, Zwei, Drei, Vier, Fünf und Sechs gebildet worden. Da die nächste Zahl Sieben ist, muss in der Reihe ein S folgen.

$$\frac{1}{2}, \ \frac{2}{3}, \ 1, \ \frac{8}{5}, \ \frac{8}{3}, \ \dots$$

Auch diese Reihe ist nach einer bestimmten Regel gebildet worden. Wie lautet sie, und welches ist das nächste Element der Reihe?

126 Bruchteile ganzer Zahlen

Da 1/4 von 20 im Dezimalsystem 5 ist, muss es sich um ein anderes Zahlensystem handeln. Wir nehmen an, die Basis dieses Systems sei b.

$$\frac{1_b}{4_b} \cdot 20_b = 6_b$$

Rechnet man diese Ausdrücke in das Dezimalsystem um, erhält man die Gleichung

$$\frac{1}{4}(2b + 0) = 6$$
$$b = 12.$$

Es handelt sich also um das Duodezimalsystem. Daraus folgt dann für $1_b/3_b$ von 10_b:

$$\frac{1_b}{3_b} \cdot 10_b = 4_b,$$

da die 10_b des Duodezimalsystems der 12 des Dezimalsystems entspricht.

Quelle: Charles W. Trigg, *Mathematics Magazine* 31, Januar 1958, S. 178.

127 Die acht Papierquadrate

Die Aufgabe lässt sich am einfachsten lösen, indem man die Papierquadrate nacheinander fortnimmt. Hat man das oberste Blatt, das die Nummer 1 bekommt, entfernt, ist nur ein einziges sinnvolles Bild des Papierstapels möglich.

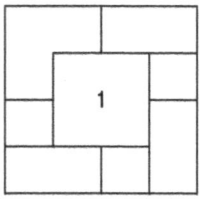

Jetzt ist es nicht mehr schwer, den gesamten Stapel durchzunummerieren. In der Lösungsskizze sind die acht Blätter der Deutlichkeit halber alle etwas auseinandergezogen worden.

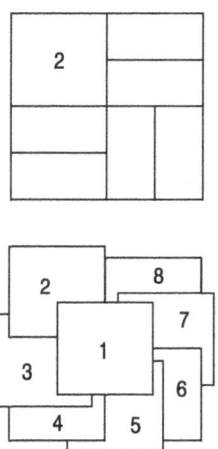

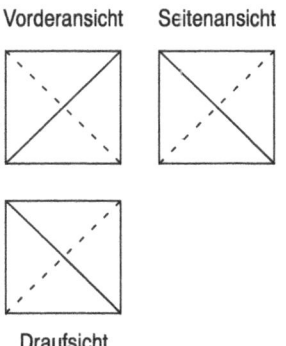

Quelle: Kobon Fujimura, *The Tokyo Puzzles*, New York 1978, S. 70, 154.

128 Dreitafelprojektionen

Es gibt tatsächlich Dreitafelprojektionen, aus denen man nicht eindeutig einen Körper rekonstruieren kann. Die beste mir bekannte Lösung sind die Projektionen eines vier- und eines sechsflächigen Körpers.

Vorderansicht   Seitenansicht

Draufsicht

Der vierflächige Körper ist ein reguläres Tetraeder. Seine Seitenflächen sind also gleiche gleichseitige Dreiecke. Das Tetraeder steht so auf einer seiner sechs Kanten, dass die gegenüberliegende Kante parallel zum Boden liegt. In der Skizze ist es der Deutlichkeit halber

---

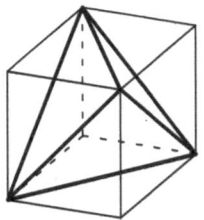 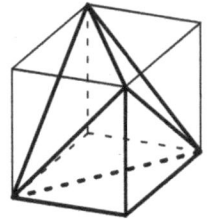

von einem Würfel umschlossen. Der sechsflächige Körper entsteht dadurch, dass man auf eine Seitenfläche des Tetraeders eine Würfelecke setzt. Anhand der Projektionen lässt sich nicht entscheiden, ob die Würfelecke auf dem Tetraeder sitzt oder nicht.

Quelle: Rolf Lindhorst, im vorliegenden Buch.

129 Palindrome

Man kann aus einer beliebigen ganzen Zahl ein Palindrom machen, indem man an ihr Ende noch einmal die gleiche Ziffernfolge hängt, nur in umgekehrter Reihenfolge. So kann man beispielsweise aus der 19 das Palindrom 1991 erzeugen. Auf diese Weise erhält man alle Palindrome mit einer geraden Stellenzahl. Das bedeutet, aus den $10^m - 1$ natürlichen Zahlen mit höchstens m Stellen werden $10^m - 1$ geradstellige Palindrome mit höchstens $2m$ Stellen. Man kann es auch umgekehrt formulieren: Es gibt genau $10^{[n/2]} - 1$ geradstellige Palindrome, die höchstens n Ziffern haben. Dabei bedeutet die eckige Klammer im Exponenten der 10, dass von $n/2$ nur der ganzzahlige Anteil genommen wird.

Ungeradstellige Palindrome erzeugt man auch, indem man aus geradstelligen eine der beiden Mittelziffern fortlässt. So wird beispielsweise aus dem vierstelligen Palindrom 1991 das dreistellige 191. Das bedeutet nun auch, dass es genauso viele Palindrome mit $2m$ Stellen gibt wie mit $2m - 1$ Stellen. Folglich existieren genau $10^{[(n+1)/2]} - 1$ ungeradstellige Palindrome mit höchstens n Ziffern.

Die Gesamtzahl N aller Palindrome mit höchstens n Stellen beträgt damit:

$$N = 10^{[n/2]} + 10^{[(n+1)/2]} - 2.$$

Können Sie beweisen, dass es unendlich viele Quadratzahlen gibt, die Palindrome sind?

130 Kluge und dumme Leute

Das Problem bei dieser Aufgabe ist, dass man sich die einzelnen Aussagen schlecht veranschaulichen kann. Offensichtlich besteht das Dorf aus acht Gruppen von Menschen:

1. kluge junge Männer
2. dumme junge Männer
3. kluge alte Männer
4. dumme alte Männer
5. kluge junge Frauen
6. dumme junge Frauen
7. kluge alte Frauen
8. dumme alte Frauen

Mit diesen Gruppen kann man folgende Rechnung machen:

alle Dorf- bewohner	=	alte Dorf- bewohner	+	junge Männer	+	junge Frauen
dumme Dorf- bewohner	=	dumme alte Männer	+	dumme Frauen	+	dumme junge Männer
Differenz = kluge Dorf- bewohner	=	a	+	b	+	c

Über die alten Dorfbewohner wurde in der Aufgabe nichts gesagt, deshalb wissen wir nur dass $a \geq 0$ ist. Da es mehr junge Männer als dumme Frauen und mehr junge Frauen als dumme junge Männer gibt, gilt, dass $b \geq 1$ und $c \geq 1$ ist. Das bedeutet, es leben mindestens zwei kluge Menschen in dem Dorf.

Quelle: Aufgabe: Anonymus, *Archimedes* 1, Dezember 1948, S. 15. – Lösung: Bender, *Archimedes* 1, April 1949, S. 13–14.

131 Das Spiel mit den Hüten

Der blinde Ratgeber stellte folgende Überlegung an: „Der erste Ratgeber sieht nicht zwei grüne Hüte. Er hätte sonst sofort gewusst, dass er einen roten Hut trägt, denn es sind ja nur zwei grüne Hüte im Spiel. Der zweite Ratgeber kann aus dem gleichen Grund auch keine zwei grünen Hüte sehen. Außerdem hat er natürlich gehört, dass der erste Ratgeber seine Hutfarbe nicht weiß, und er kann auch dessen Überlegungen nachvollziehen. Hätte er also bei mir einen grünen Hut entdeckt, hätte er gewusst, dass er selbst einen roten trägt. Da er aber behauptet, seine Hutfarbe nicht zu kennen, kann er bei mir keinen grünen Hut gesehen haben. Also muss mein Hut rot sein."

Quelle: Clark Kinnaird, *Encyclopedia of Puzzles and Pastimes*, New York 1946, S. 241–242.

132 Das rollende Tetraeder

Die Aufgabe ist unlösbar. Um dies auf einfache Weise sehen zu können, färben wir alle vier Seitenflächen des Tetraeders mit verschiedenen Farben, wie es die Abwicklung des Körpers zeigt.

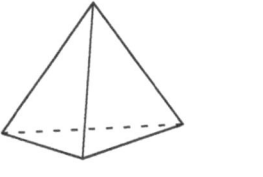 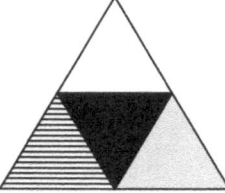

Auch das Dreiecksgitter wird mit den gleichen Farben gefärbt und zwar so, wie es in der Abbildung dargestellt ist. Wenn jetzt das Tetraeder mit seiner schwarzen Fläche auf dem schwarzen Startfeld liegt und die Farben der Tetraederseiten mit denen der jeweiligen

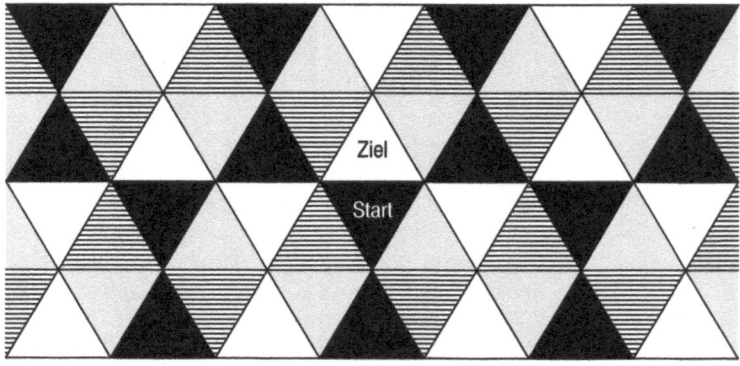

Nachbarfelder auf dem Gitter übereinstimmen, kann es durch Abrollen über seine Kanten immer nur mit einer Seitenfläche auf einem Feld des Dreiecksgitters zu liegen kommen, das die gleiche Farbe hat. Man kann dies leicht überprüfen. Das bedeutet natürlich auch, dass es auf dem weißen Zielfeld niemals mit seiner schwarzen Seite liegen kann.

Quelle: Heinrich Hemme, *Die* Sphinx, Göttingen 1994, S. 33, 89.

133 Eine Liste von Sätzen

Da jede der zehn Aussagen im Widerspruch zu den anderen neun steht, kann höchstens eine Aussage richtig sein. Angenommen, es wäre kein Satz richtig, so würde das bedeuten, dass die zehnte Aussage, nämlich, dass genau zehn Aussagen falsch sind, richtig wäre. Das ist aber ein Widerspruch. Folglich kann nur eine, und zwar die neunte Aussage richtig sein: „Genau neun Aussagen in dieser Liste sind falsch."

Die folgende Liste hat die gleiche Form wie die vorherige, außer dass in jedem Satz das Wort „genau" durch „mindestens" ersetzt wurde. Welche Sätze sind diesmal wahr und welche sind falsch?

1. Mindestens eine Aussage in dieser Liste ist falsch.
2. Mindestens zwei Aussagen in dieser Liste sind falsch.
3. Mindestens drei Aussagen in dieser Liste sind falsch.
4. Mindestens vier Aussagen in dieser Liste sind falsch.
5. Mindestens fünf Aussagen in dieser Liste sind falsch.
6. Mindestens sechs Aussagen in dieser Liste sind falsch.
7. Mindestens sieben Aussagen in dieser Liste sind falsch.
8. Mindestens acht Aussagen in dieser Liste sind falsch.
9. Mindestens neun Aussagen in dieser Liste sind falsch.
10. Mindestens zehn Aussagen in dieser Liste sind falsch.

134 Das Siebzehneck und der Kreis

Wenn wir annehmen, dass keine Seite des Siebzehnecks eine Tangente an den Kreis ist, so müssen alle Seiten den Umfang schneiden. Das bedeutet, dass die Eckpunkte des Siebzehnecks immer abwechselnd im Kreis und außerhalb davon liegen. Legen wir den ersten Eckpunkt außerhalb des Kreises, so muss auch der letzte außerhalb liegen, da die Anzahl der Ecken ungerade ist. Die letzte Seite des

Siebzehnecks, die Verbindung zwischen dem letzten und dem ersten Eckpunkt, kann also nicht den Kreisumfang genau einmal schneiden. Das ist jedoch ein Widerspruch zur Voraussetzung. Man kann die letzte Verbindung aber so ziehen, dass sie den Kreis tangiert. Dadurch werden die Bedingungen der Aufgabe erfüllt. Das bedeutet allerdings, es gibt immer mindestens eine Seite, die eine Tangente des Kreises ist.

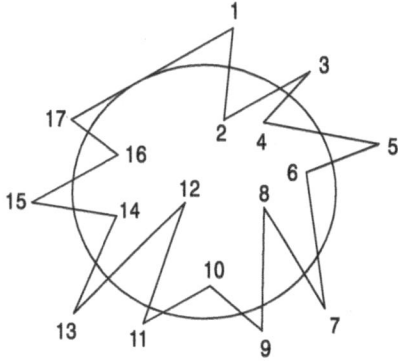

Quelle: Norman Schaumberger, *Mathematics Magazine* 59, Oktober 1986, S. 240, 248.

135 Ein Färbungsproblem

Die Vermutung, dass man mit 2^n Farben jede n-dimensionale Karte regulär färben kann, ist nur für $n = 0,1$ und 2 richtig.

Damit man auch jede, nur irgendwie denkbare dreidimensionale Karte regulär färben kann, braucht man unendlich viele Farben. Ich habe eine Karte angegeben, für die man fünf Farben benötigt, sie lässt sich jedoch leicht für jede beliebig hohe Farbenzahl erweitern.

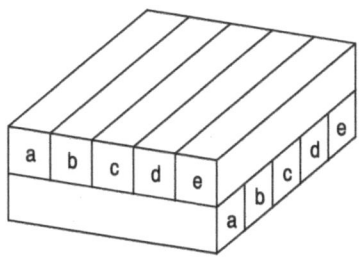

Die Karte besteht aus zwei Lagen von Stäben, wobei die Stäbe, die gleiche Buchstaben tragen, an ihren Berührungsflächen miteinander verleimt sind und deshalb jeweils ein Land bilden. Dadurch hat jedes Land mit jedem anderen Land eine gemeinsame Grenzfläche.

Quelle: Aufgabe: Heinrich Hemme, *Die Sphinx*, Göttingen 1994, S. 34–35. – Lösung: Heinrich Tietze, *Monatshefte für Mathematik und Physik* 16, 1905, S. 211.

136 Die fehlende Ziffer

Da 35! das Produkt aller Zahlen von 1 bis 35 ist, ist einer der Faktoren die 9. Darum muss 35! ein Vielfaches von 9 sein. Um festzustellen, ob eine Zahl durch 9 teilbar ist, bildet man den Neunerrest der Zahl. Nur wenn dieser eine 9 ist, kann die Zahl ein Vielfaches von 9 sein.

Für die Bestimmung des Neunerrests einer Zahl berechnet man ihre Quersumme. Sollte diese mehr als eine Stelle haben, wird auch von ihr die Quersumme gebildet. Dies setzt man solange fort, bis schließlich nur noch eine einzelne Ziffer übrig bleibt: der Neunerrest. Ein Beispiel soll das Verfahren verdeutlichen: Die Zahl 5186955 hat den Neunerrest 3, denn ihre Quersumme ist $5 + 1 + 8 + 6 + 9 + 5 + 5 = 39$, die Quersumme der Quersumme $3 + 9 = 12$ und schließlich davon die Quersumme $1 + 2 = 3$.

Der Neunerrest von 35! beträgt 3, wenn man die fehlende Ziffer nicht mitrechnet. Da der Neunerrest der vollständigen Zahl aber 9 sein muss, kann die fehlende Ziffer nur eine 6 sein.

Der Wert von 41! beträgt

33452526613163807108 17 ? 0620534407516651520000000000.

Auch hier ist eine Ziffer durch ein Fragezeichen ersetzt worden. Wie muss die fehlende Ziffer lauten?

137 Das Labyrinth

Da das Labyrinth aus einem einzigen geschlossenen Linienzug ohne Abzweigungen besteht, kann man es sich als langen, an den Enden zusammengeknüpften Faden vorstellen. Diese Fadenschlaufe lässt sich zu einem Kreis entzerren, ohne das der Faden aufgeschnitten werden muss oder dass es zu Überschneidungen kommt.

Das Labyrinth hat deshalb einen eindeutigen Innenraum und einen eindeutigen Außenraum. In der Zeichnung, die zur besseren Anschaulichkeit beispielhaft vervollständigt wurde, ist der Innenraum grau dargestellt.

Stellen wir uns nun vor, jemand möchte den Minotaurus befreien und bricht dazu von außen einen möglichst kurzen Weg durch die Mauern des Labyrinths bis zu dem Raum, wo sich das Ungeheuer aufhält. Nachdem der Befreier die erste Wand durchbrochen hat, ist er vom Außenraum in den Innenraum gelangt. Nach der zweiten Wand befindet er sich wieder im Außenraum, nach der dritten wieder im Innenraum. Jetzt ist es leicht zu erkennen, dass sich der Befreier, immer wenn er eine ungerade Anzahl von Wänden durchbrochen hat, im Innenraum ist, und immer wenn er eine gerade Anzahl Mauern durchbrochen hat, im Außenraum ist.

Nach diesen Überlegungen ist die Lösung des Problems nicht mehr schwer. Man zieht eine Gerade vom Minotaurus nach außen und zählt die Wände, die dabei gekreuzt werden. Die Anzahl ist ungerade. Das Ungeheuer befindet sich deshalb im Innenraum des Labyrinths und kann es folglich nicht verlassen.

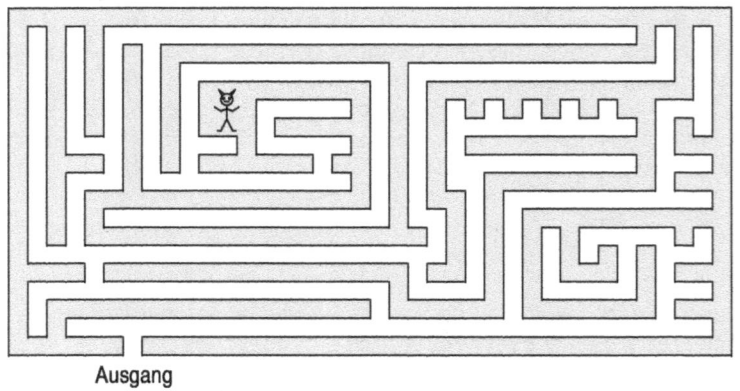

Ausgang

Linienzüge der Art dieses Labyrinths heißen übrigens Jordan-Kurven nach dem französischen Mathematiker Camille Jordan (1838–1922).

Quelle: Martin Gardner, *Mathematical Puzzles*, New York 1961, S. 79–81.

138 Zehnstellige Zahlen

Bezeichnen wir die Zahl 1234567890 mit a, kann man die Gleichung schreiben als

$$a^2 - (a-1)(a+1) = 1.$$

Multipliziert man diesen Ausdruck aus, so bleibt $1 = 1$ übrig. Die Rechnung in der Aufgabe ist also richtig.

Quelle: Aufgabe: Stephen Barr in: Martin Gardner, *Scientific American* 216, März 1967, S. 124. – Lösung: Stephen Barr in: Martin Gardner, *Scientific American* 216, April 1967, S. 119. – In geringfügig anderer Form findet sich die Aufgabe auch schon in: Stephan Barr, *A Micellany of Puzzles*, New York 1965, S. 48, 125.

139 Der Abstand der Primzahlen

Wenn die beiden Primzahlen auf dem Zahlenstrahl durch zehn Zahlen getrennt sind, muss eine der beiden Zahlen gerade und die andere ungerade sein. Nun sind aber, von der 2 abgesehen, alle Primzahlen ungerade. Da außerdem zwischen 2 und 13 nicht ausschließlich zusammengesetzte Zahlen stehen, gibt es kein Paar benachbarter Primzahlen, zwischen denen genau zehn Zahlen stehen, die alle keine Primzahlen sind.

Quelle: Aufgabe: Edwin M. McMillan in: Martin Gardner, *Scientific American* 216, März 1967, S. 124. – Lösung: Edwin M. McMillan in: Martin Gardner, *Scientific American* 216, April 1967, S. 119.

140 Das Centspiel

Wenn Alfred in jedem Fall gewinnen will, muss er bei seinem vorletzten Zug so viele Cent vom Tisch nehmen, dass sieben Münzen liegenbleiben. Jetzt spielt es keine Rolle, wie viele Cent Berta nimmt, es bleibt wenigstens ein Cent, aber höchstens bleiben sechs Cent zurück. Alfred kann also in seinem nächsten Zug alle Münzen vom Tisch nehmen, und Berta hat das Spiel verloren.

Wie kann Alfred es jedoch mit Sicherheit erreichen, dass nach seinem vorletzten Zug sieben Münzen auf dem Tisch bleiben? Er muss dafür sorgen, dass nach seinem drittletzten Zug vierzehn Münzen liegenbleiben. Nun kommt es nicht darauf an, wie viele Münzen Berta entfernt: Nach ihrem Zug liegen auf jeden Fall zwischen acht und dreizehn Münzen auf dem Tisch, und Alfred kann immer auf sieben Münzen kommen.

Die Garantie, dass nach seinem drittletzten Zug vierzehn Münzen auf dem Tisch liegen, erhält Alfred, wenn nach seinem viertletzten einundzwanzig Münzen übrigbleiben.

Das Verfahren läuft nun nach diesem Schema weiter. Alfred muss bei jedem Zug versuchen, auf ein Vielfaches von 7 zu gelangen. Da $14 \cdot 7 = 98$ ist, muss er bei seinem ersten Zug zwei Cent vom Tisch nehmen, um mit Sicherheit zu gewinnen. Selbst wenn Berta dieses Verfahren kennen würde, hätte sie keine Chance zu gewinnen, wenn sie als zweite beginnt.

Quelle: Claude Gaspar Bachet, *Problèmes plaisants et délectables*, Lyon 1624, S. 170.

141 Der Geburtstag

Die Erde ist in vierundzwanzig Zeitzonen eingeteilt, die streifenförmig vom Nordpol zum Südpol verlaufen. Da der Umfang der Erde 360 Längengraden entspricht, hat jede Zeitzone eine Breite von fünfzehn Längengraden. Die Grenzen der n-ten Zeitzone sind die Längengrade $n \cdot 15° - 7,5°$ und $n \cdot 15° + 7,5°$. Die wirklichen Zeitzonengrenzen halten sich jedoch nur grob an diese Längengrade und folgen in der Regel den Ländergrenzen.

Innerhalb einer Zone hat man überall die gleiche Uhrzeit. Angenommen, in der Zeitzone zwischen dem 157,5ten und dem 172,5ten Grad östlicher Länge ist es gerade Dienstag, 1.30 Uhr, dann ist es in der im Westen benachbarten Zone zwischen dem 142,5ten und dem 157,5ten östlichen Längengrad erst 0.30 Uhr und in der Zone zwischen dem 127,5ten und dem 142,5ten östlichen Längengrad sogar noch Montag, 23.30 Uhr. Mit jeder Zeitzone, die wir weiter nach Westen kommen, müssen wir die Uhr um jeweils eine Stunde zurückstellen, bis wir schließlich in der Zeitzone zwischen dem 172,5ten westlichen und dem 172,5ten östlichen Längengrad 2.30 haben. In dieser Zeitzone gibt es eine Besonderheit: Etwa entlang des 180sten Längengrads verläuft die Datumsgrenze. Überschreitet man sie von Westen nach Osten, muss man seinen Kalender um einen Tag vorstellen und gewinnt damit den bei der Umrundung der Erde stundenweise verlorenen Tag auf einen Schlag zurück.

Alfred, der an einem 5. November geboren wurde, hat die Wahrheit gesagt. Er hatte im letzten Jahr eine Schiffsreise von Amerika nach Japan gemacht. Das Schiff näherte sich am 4. November der Datumsgrenze und erreichte sie genau um Mitternacht. Dadurch gab es zwei Datumswechsel gleichzeitig: Einmal den gewöhnlichen mitternächtlichen Datumswechsel und dann noch den Tageswechsel durch das Überfahren der Datumsgrenze. Für Alfred folgte somit auf den 4. November direkt der 6. November, und sein Geburtstag fiel aus.

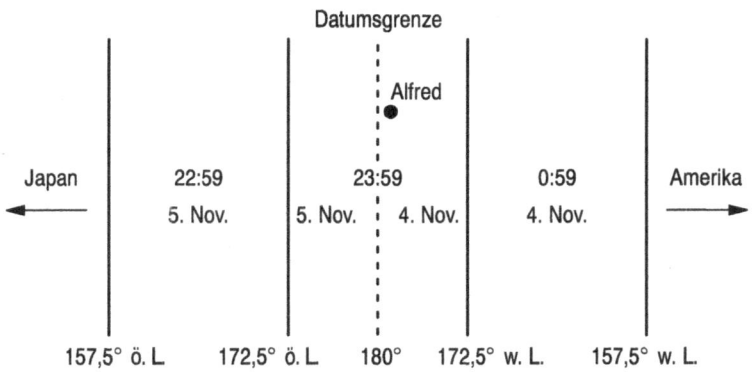

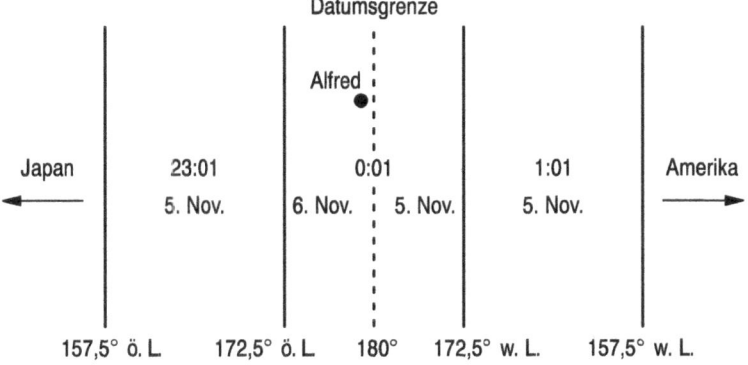

Quelle: Erwein Flachsel, *Hundertfünfzig Mathe-Rätsel*, Stuttgart 1982, S. 85.

142 Der Müller

Bezeichnen wir die Menge Korn, die der Bauer zur Mühle gebracht hat, mit x. Da der Müller als Lohn 1/10 von x zurückbehält, muss der Zentner Mehl, den der Bauer bekommt, 9/10 von x sein.

$$\frac{9}{10} x = 1 \text{ Zentner}$$

$$x = \frac{10}{9} \text{ Zentner}$$

Der Bauer hat also $\frac{10}{9}$ Zentner oder $1\frac{1}{9}$ Zentner Korn zur Mühle gebracht.

Quelle: Henry Ernest Dudeney, *Modern Puzzles and How to Solve Them*, London 1926, S. 29, 120.

143 Das Quadrat im Quadrat

Betrachtet man statt eines einzelnen Quadrates ein ganzes Netz von Quadraten und zeichnet in jedes die Linien für die Bildung des inneren Quadrates ein, sieht man die Lösung sofort. Das Netz der großen Quadrate ist mit einem Netz von kleinen Quadraten überzogen. Man erkennt, dass jede Seite eines großen Quadrates zwei kleine Quadrate auf die gleiche Weise zerschneidet. Deshalb sind die abgeschnittenen Ecken A der kleinen Quadrate genauso groß wie die dreieckigen Flächen B des großen Quadrates. Das große Quadrat hat somit die Fläche von fünf kleinen Quadraten.

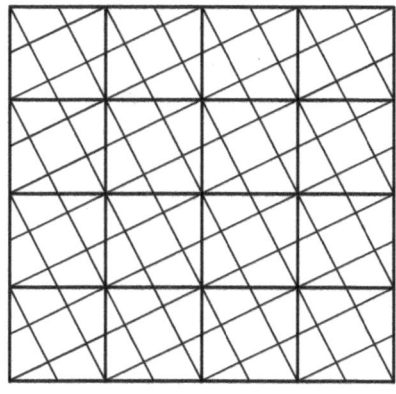

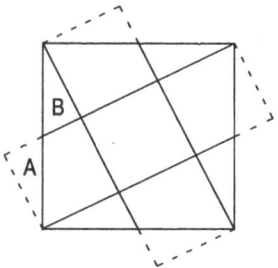

Quelle: Aufgabe: W. J. C. Miller, *Educational Times* 59, 1893, S. 51. – Lösung: Heinrich Hemme, *Die Sphinx*, Göttingen 1994, S. 97.

144 Hühnerpreise

Der erste Bauer hatte 30 Hühner zum Preis von einem halben Euro und der zweite Bauer 30 Hühner zum Preis von einem Drittel Euro pro Tier verkauft. Der Durchschnittspreis pro Huhn war also

$$\frac{1}{60}\left(30 \cdot \frac{1}{2} + 30 \cdot \frac{1}{3}\right) = \frac{5}{12} \approx 0{,}42 \text{ Euro.}$$

Hätte der dritte Bauer seine Hühner zum tatsächlichen Durchschnittspreis verkauft, hätte er am Abend auch 25 Euro in seiner Kasse gehabt. Stattdessen nahm er jedoch nur 2/5 = 0,4 Euro pro Huhn und erhielt somit nur 24 Euro für alle sechzig Hühner.

Wo liegt nun der eigentliche Denkfehler in der Aufgabe? Er liegt darin, dass man bei der Durchschnittsbildung nicht auf ein einzelnes Huhn zurückgegangen ist, sondern Paare und Trios von Hühnern betrachtet hat. Das Paar Hühner kostet beim ersten Bauern einen Euro und das Trio von Hühnern beim zweiten Bauern auch einen Euro. Jetzt stimmt es zwar, dass fünf Hühner zwei Euro kosten, wenn man ein Paar beim ersten Bauern und ein Trio beim zweiten Bauern kauft, trotzdem ist der Durchschnittspreis nicht 2/5 Euro pro Huhn, denn der erste Bauer kann 15 Paare verkaufen, der zweite Bauer aber nur 10 Trios. Die fünf zusätzlichen Paare der teuren Hühner treiben darum den Durchschnittspreis in die Höhe.

Quelle: Alexander Witting, *Zeitschrift für mathematischen und naturwissenschaftlichen Unterricht* 41, 1910, S. 50.

145 Die Ringfläche

Die Fläche des Ringes zwischen Umkreis und Inkreis ist interessanterweise für alle regelmäßigen n-Ecke, die eine Seitenlänge von einem Zentimeter haben, gleich. Betrachten wir einen Sektor des n-Ecks. Er besteht aus zwei gleichen rechtwinkligen Dreiecken, bei denen eine Kathete gleich dem Radius R des Inkreises ist, die zweite eine Länge von einem halben Zentimeter hat und die Hypotenuse gleich dem Umkreisradius R ist. Nach dem Satz des Pythagoras ist somit $R^2 - r^2 = 1/4$ cm^2. Da für die Ringfläche $F = \pi(R^2 - r^2)$ gilt, muss sie also einen Wert von $F = \pi/4$ cm$^2 \approx 0,785$ cm^2 haben.

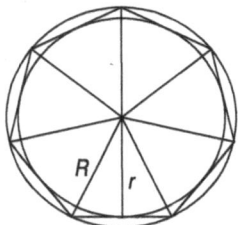

Quelle: Ken Rebman, *Mathematics Magazine* 64, Juni 1991, S. 198, 206.

146 Die zehn Reisenden

Der Fehler ist bei der Nummerierung der Reisenden passiert. Der zweite Reisende, der vorerst im ersten Raum untergebracht wurde, war außerdem als zehnter Reisender gezählt worden, was natürlich falsch ist. Der wirkliche zehnte Reisende wurde nicht berücksichtigt und bekam kein Zimmer.

Quelle: Anonymus, *Current Literature* 2, April 1889, S. 349.

147 Lügner, Ehrliche und Mixer

Um zu erfahren, zu welchem Stamm der Eingeborene gehört, fragt man ihn zweimal nacheinander „Bist du ein Mixer?". Gehört der Eingeborene zum Stamm der Ehrlichen, wird er beide Male mit „Nein!" antworten, ist er ein Lügner, wird er zweimal „Ja!" sagen, ist er jedoch wirklich ein Mixer, so wird er eine Frage mit „Ja!" und die andere mit „Nein!" beantworten.

Quelle: Aufgabe: Litton Industries (Hrsg.), *Electronic News* 468, 28. Dezember 1964. – Lösung: Litton Industries (Hrsg.), *Electronic News* 469, 4. Januar 1965.

148 Nullen und Einsen

Die Zahl 225 ist das Produkt aus 9 und 25. Jede Zahl, die sich sowohl durch 9 als auch durch 25 teilen lässt, ist also auch durch 225 teilbar.

Durch 9 ist eine Zahl dann teilbar, wenn ihre Quersumme ein Vielfaches von 9 ist. Folglich ist eine Zahl, die nur aus Nullen und Einsen besteht, gerade dann durch 9 teilbar, wenn sie 9, 18, 27, 36 oder allgemein $9n$ Einsen enthält. Die Anzahl der Nullen spielt keine Rolle, denn sie verändert die Quersumme nicht. Die kleinste durch 9 teilbare Zahl enthält somit neun Einsen.

Damit eine Zahl durch 25 teilbar ist, müssen ihre letzten Ziffern entweder 00, 25, 50 oder 75 sein. Bei unserem Problem können sie natürlich nur 00 sein. Folglich ist die kleinste durch 225 teilbare Zahl, die nur aus Nullen und Einsen besteht, $11111111100 = 225 \cdot 49382716$.

Aus genau dreißig Einsen und einer beliebigen Anzahl von Nullen soll eine Quadratzahl gebildet werden. Andere Ziffern sind nicht erlaubt.

Gibt es Lösungen, und wenn ja, wie lautet die kleinste Quadratzahl dieser Art?

149 Der Weg durch das Haus

Die Aufgabe ist unlösbar. Aus jedem Raum, in den man hineingeht, muss man auch wieder herauskommen. Da man dabei eine andere Tür benutzen soll, muss der Raum mindestens zwei Türen haben. Geht man mehrmals in einen Raum, braucht man weitere Paare von Eingangs- und Ausgangstüren. Folglich muss jeder Raum und auch der Garten, den man als sechsten Raum betrachten kann, eine gerade Anzahl von Türen aufweisen. Zwei Ausnahmen sind die beiden Räume, in denen man den Rundgang beginnt und beendet. Sie brauchen eine Eingangs- bzw. Ausgangstür weniger zu haben.

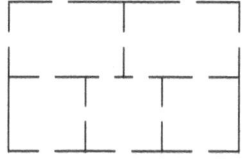

Das bedeutet also, das Problem ist höchstens dann lösbar, wenn maximal zwei Räume eine ungerade Türenzahl haben. Es weisen jedoch fünf Räume und der Garten eine ungerade Anzahl von Türen auf, darum ist der Rundgang unmöglich.

Quelle: Édouard Lucas, *Récréations Mathématiques*, Band 1, Paris 1882, S. 37.

150 Eine Zahlenreihe

Die erste Zahl der Reihe ist definitionsgemäß 1. Alle weiteren Zahlen leiten sich aus der jeweils vorherigen Zahl nach folgender Regel ab: Die Ausgangszahl wird in lauter Blöcke aufeinanderfolgender gleicher Ziffern zerlegt. So besteht zum Beispiel die fünfte Zahl der Reihe, 111 221, aus einem Block aus drei Einsen, dem ein Block aus zwei Zweien und ein Block aus einer Eins folgen. Aus jedem Block der Ausgangszahl wird ein Ziffernpaar der neuen Zahl gebildet, wobei die erste Ziffer des Paares jeweils die Anzahl der Ziffern im Block bezeichnet und die zweite Ziffer sagt, welche Ziffer den Block bildet. Die sechste Zahl der Reihe muss somit aus den drei Ziffernpaaren 31, 22 und 11 bestehen und lautet deshalb 312211.

Nun ist es nicht mehr schwer, die Zahlenreihe zu erweitern: Die neunte Zahl muss 31 131 211 131 221 sein.

In der wievielten Zahl dieser Reihe taucht zum ersten Mal die Ziffer 4 auf?

151 Das Sparbuch

Nur die zweite Rechnung, die Kontrollrechnung, ist sinnvoll. Alfred hat also kein Geld mehr auf dem Sparbuch.

Die Summe der Restbeträge muss keineswegs 100 Euro ergeben. Sie kann sehr groß oder klein sein. In der Aufgabe wurden die Zahlen absichtlich so gewählt, dass die Summe gerade 99 Euro ergibt, um das Problem verwirrender zu machen.

Stellen Sie sich vor, Sie hätten die hundert Euro als einzelne Euromünzen auf dem Konto. Bei den beiden Rechnungen darf jede Münze nur einmal gezählt werden. Dies ist bei der zweiten Rechnung auch der Fall: Jeder Euro wird beim Abheben addiert. Bei der ersten Rechnung werden die fünfzig Münzen, die zuerst abgehoben werden, gar nicht gezählt, während die anderen es mehrfach werden. Die zwei Euro, die zuletzt abgehoben werden, gehen sogar fünfmal in die Rechnung ein. Dies führt natürlich zu einem unsinnigen Ergebnis.

Quelle: Orville A. Sullivan, *Scripta Mathematica* 9, 1943, S. 115, 117.

152 Magische Quadrate

Man erhält auf sehr einfache Weise das magische Quadrat, das die geraden Zahlen von 2 bis 18 erhält, wenn man alle Zahlen im Loh Shu verdoppelt. Dadurch verdoppelt sich zwar auch die magische Konstante, aber alle anderen Eigenschaften bleiben erhalten.

12	2	16
14	10	6
4	18	8

Kann man auch ein magisches Quadrat dritter Ordnung mit den neun ungeraden Zahlen von 1 bis 17 bilden?

153 Die Verteilung des Erbes

Die Söhne haben keine Möglichkeit, das Grundstück, das sie von ihrem Vater ererbt haben, so in fünf Flächen zu teilen, dass jede Fläche mit jeder anderen Fläche ein Stück Grenze gemeinsam hat. Um dies zu beweisen, stellen wir uns vor, jeder Sohn würde auf seinem Teil ein Haus bauen. Danach sollen die fünf Häuser durch Wege, die sich nicht kreuzen dürfen, miteinander verbunden werden. Die Kreuzungsfreiheit erreicht man dadurch, dass man den Weg vom Haus A zum Haus B nur über die Grundstücke A und B laufen lässt. Somit schneidet der Weg natürlich die gemeinsame Grenze der beiden Grundstücke. Es ist klar, dass man, wenn sich das Grundstück nach der Vorschrift des Vaters teilen lässt, ein solches Wegenetz ohne Schwierigkeiten finden kann, und umgekehrt, wenn

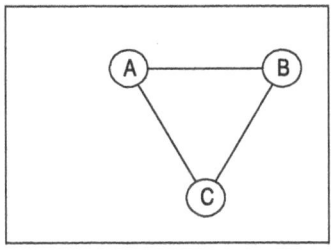

ein solches Wegenetz nicht existiert, auch eine vorschriftsmäßige Aufteilung des Erbes unmöglich ist. Wir haben das Problem also auf ein einfacheres reduziert.

Versuchen wir nun, das Wegenetz schrittweise aufzubauen. Wenn drei Söhne A, B und C ihre Häuser durch Wege miteinander verbinden, wird das Grundstück in zwei Teile zerschnitten. Der vierte Sohn D kann sein Haus entweder in den inneren oder in den äußeren Bereich setzen. In beiden Fällen ist das Grundstück jetzt in vier Teile zerlegt. Will nun der fünfte Sohn sein Haus bauen, muss er es in eine der vier Flächen setzen, und in jedem Fall kann er zu einem der vier anderen Häuser keinen Weg anlegen, ohne die anderen Wege zu kreuzen. In dem Beispiel kann das Haus D nicht erreicht werden.

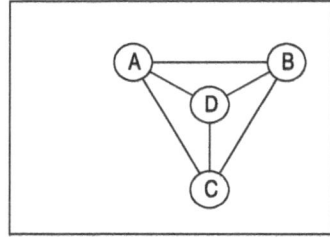 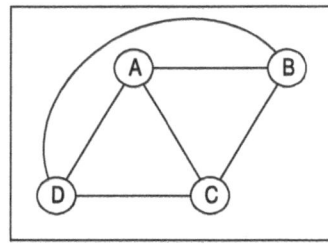

Dies bedeutet nun auch, dass das Erbe der fünf Söhne nicht so in fünf Teile zerlegt werden kann, dass jedes Teil mit jedem anderen ein Stück Grenze gemeinsam hat.

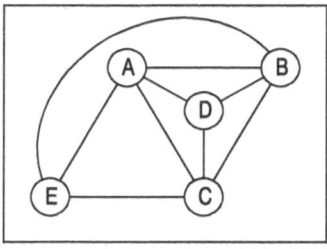

Quelle: Aufgabe: A. F. Moebius in einer Vorlesung im Jahre 1840 nach: R. Baltzer, *Leipziger Berichte, Math.-phys. Classe* 37, 1885, S. 1. – Lösung: Walter Lietzmann, *Anschauliche Topologie*, München 1955, S. 128–130.

154 Das Differenzendreieck

In der obersten Kreisreihe des Dreiecks sind die Zahlen von 1 bis n verteilt. Das bedeutet, die maximale Differenz von Zahlen aus benachbarten Kreisen kann höchstens $n-1$ sein, und die minimale Differenz muss mindestens 1 betragen. Somit liegen also die Zahlen in der zweiten Reihe zwischen 1 und $n-1$. Ab der dritten Reihe können auch Nullen auftauchen, da in der zweiten Reihe und in jeder weiteren Reihe die auftretenden Zahlen nicht alle verschieden sein müssen. Die größte Zahl, die in allen Reihen ab der dritten stehen kann, ist somit $n-2$.

Das bedeutet nun, die Zahl z in der untersten Reihe des Dreiecks kann maximal folgenden Wert haben:

$$z = \begin{cases} 1 & \text{für} \quad n = 1, 2 \\ n-2 & \text{für} \quad n \geq 3 \end{cases}$$

Dass dieser Maximalwert auch erreicht werden kann, zeigt die Skizze am Beispiel $n = 5$. Es lässt sich leicht für jeden beliebigen anderen Wert von n verallgemeinern: Die oberste Zeile des Dreiecks muss dann lauten $n, 1, 2, 3, \ldots, n-1$.

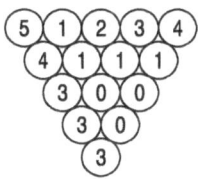

155 Sich schneidende Kreise

Man verbindet bei jedem Kreis den Mittelpunkt mit den drei Schnittpunkten seines Umfangs mit den Umfängen der anderen Kreise. Dadurch erhält man neun Strecken, die alle eine Einheit lang sind und die drei Rhomben bilden. Nun zeichnet man von A aus eine Parallele zu $\overline{XB}$, von B aus eine Parallele zu $\overline{YC}$ und von C aus eine Parallele zu $\overline{ZA}$. Dadurch erhält man drei weitere Rhomben. Weil einander gegenüberliegende Seiten in einem Parallelogramm gleich groß sind, müssen die gestrichelten Linien alle die Länge 1 haben. Also bildet ihr gemeinsamer Schnittpunkt N den

Mittelpunkt eines Einheitskreises, auf dessen Umfang die Punkte A, B und C liegen.

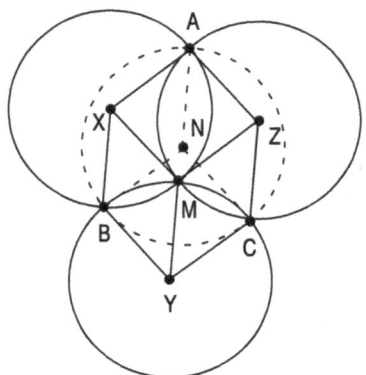

Quelle: Aufgabe: Roger A. Johnson, *American Mathematical Monthly* 23, 1916, S. 161–162. – Lösung: Frank Bernhard in: Ross Honsberger, *Mathematical Gems II*, Washington 1976.

156 Die Streichholzschaufel

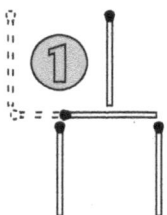

Dieses so simpel aussehende Problem fällt vielen, auch hochintelligenten Menschen sehr schwer. Trotzdem ist es ohne irgendwelche faulen Tricks lösbar.

Quelle: Aufgabe: Anonymus, *Das große Reader's Digest Jugendbuch 7*, Stuttgart 1966, S. 22, 197.

157 Durch 12 teilbare Zahlen

Die größte Zahl, deren Ziffern alle verschieden sind, besteht aus den in absteigender Reihenfolge geordneten zehn Ziffern.

Sie ist jedoch nicht ohne Rest durch 12 teilbar.

Weil $3 \cdot 4 = 12$ ist, kann eine Zahl durch 12 geteilt werden, wenn sie sowohl durch 3 als auch durch 4 teilbar ist. Eine Zahl ist durch 3 teilbar, wenn ihre Quersumme durch 3 teilbar ist. Da die Summe der zehn Ziffern 45 beträgt und 45 ein Vielfaches von 3 ist, muss jede Zahl, die aus ihnen gebildet wird, durch 3 teilbar sein.

Durch 4 ist eine Zahl teilbar, wenn die Zahl, die von ihren letzten beiden Ziffern gebildet wird, ein Vielfaches von 4 ist. Da die Zahl aus den beiden letzten Stellen von 9 876 543 210, nämlich 10, nicht durch 4 teilbar ist, müssen wir am Ende der Zahl, wo der Einfluss auf ihre Größe am geringsten ist, einige Ziffern umstellen. Es reicht, wenn die letzten drei Ziffern anders geordnet werden. Die größte durch 12 teilbare Zahl ist folglich

$$9876543120 = 12 \cdot 823045260.$$

Quelle: Anonymus, *The Mathematics Teacher* 82, September 1989, S. 442, 444.

158 Eine Aufgabe zum Kopfrechnen

Der letzte Multiplikand ist eine Null, folglich ist das gesamte Produkt gleich Null.

Quelle: Henry Ernest Dudeney, *Puzzles and Curious Problems*, London 1932, S. 44, 145.

159 Die Halbierung

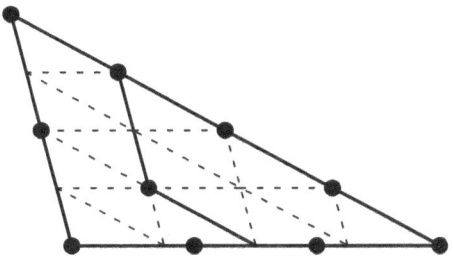

Die beiden Streichhölzer können so gelegt werden, wie es die Skizze zeigt. Durch Abzählen der Dreiecke kann man sich leicht von der

Richtigkeit der Lösung überzeugen. Dies ist jedoch nicht die einzige Lösung, es gibt noch unendlich viele weitere.

Quelle: Aufgabe: Nobuyuki Yoshigahara, *Journal of Recreational Mathematics* 10, Januar 1977, S. 52. – Lösung: Dag Jonsson, *Journal of Recreational Mathematics* 11, Januar 1978, S. 65.

160 Ein unvollständiges Produkt

Die Quersumme Q einer Zahl n ist die Summe ihrer Ziffern. Bildet man von der Quersumme auch wieder die Quersumme und davon auch wieder die Quersumme und so fort, bis man schließlich zu einer einzelnen Ziffer kommt, so nennt man diese den Neunerrest W der Zahl n. Für 3 141 592 653 beispielsweise erhält man den Neunerrest 3.

$$n = 3141592653$$
$$Q(n) = 3 + 1 + 4 + 5 + 9 + 2 + 6 + 5 + 3 = 39$$
$$Q(Q(n)) = 3 + 9 = 12$$
$$Q(Q(Q(n))) = 1 + 2 = 3 = W(n)$$

Mit den Neunerresten kann man eine einfache Kontrollrechnung für alle vier Grundrechenarten machen, die früher vielen bekannt war, aber heute im Zeitalter der Taschenrechner und Heimcomputer weitgehend in Vergessenheit geraten ist.

Ist zum Beispiel bei einer Multiplikation von n und m das Produkt gleich p, so gilt für die Neunerreste, dass auch

$$W(W(n) \cdot W(m)) = W(p)$$

ist.

Dieser schöne Satz hilft uns, unsere Aufgabe schnell und einfach zu lösen. Die Neunerreste der beiden Faktoren sind $W(314592653)$ = 3 und $W(2718281828)$ = 2. Ihr Produkt muss also den Neunerrest 6 haben. Lässt man im Produkt die Stelle mit dem Fragezeichen fort, so hat es den Neunerrest 5. Nur wenn man nun für das Fragezeichen eine 1 einfügt, wird der Neunerrest zu einer 6. Die gesuchte Stelle ist deshalb eine 1.

Quelle: Geoffrey Mott-Smith, *Mathematical Puzzles for Beginners and Enthusiasts*, 1946, S. 70, 186–187.

161 Ungerade Zahlen und Quadratzahlen

Ein Quadrat, das aus n^2 kleinen Quadraten zusammengesetzt ist, kann man schrittweise aus einem einzelnen kleinen Quadrat aufbauen, indem man nacheinander Winkelhaken aus 3, 5, 7 usw. bis $2n - 1$ kleinen Quadraten hinzufügt. Die Skizze verdeutlicht für das Beispiel $1 + 3 + 5 + 7 + 9 + 11 = 36 = 6^2$, wie das gemeint ist: Um das einzelne kleine weiße Quadrat in der rechten unteren Ecke des großen Quadrates sind winkelhakenförmig drei schraffierte Quadrate in der vorletzten Spalte und in der vorletzten Reihe gelegt. Darauf folgen die fünf weißen Quadrate in der drittletzten Spalte und der drittletzten Zeile und danach die Winkel aus sieben schraffierten, neun weißen und elf schraffierten Quadraten.

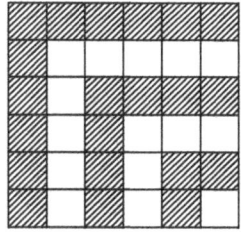

Quelle: Pythagoras von Samos, 571/570–497/496 v. Chr.

162 Quadratzerlegungen

Ein Quadrat kann in jede beliebige Anzahl von Unterquadraten zerlegt werden, außer in zwei, drei und fünf. Das Unterteilungsverfahren kann man an den Zeichnungen leicht erkennen, und es kann beliebig weit fortgesetzt werden.

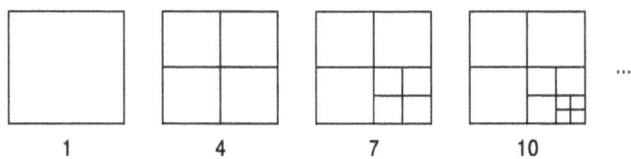

1   4   7   10

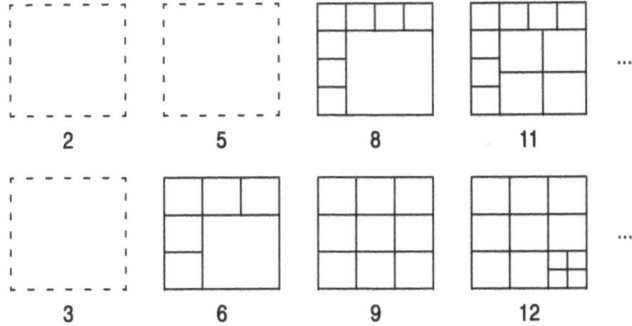

Im zweiten Teil dieser Aufgabe soll das Problem für gleichseitige Dreiecke anstelle von Quadraten gelöst werden: Ein gleichseitiges Dreieck soll vollständig in n gleichseitige Unterdreiecke zerlegt werden. Für welche Werte von n ist dies möglich?

163 Die zerstörten Schachfelder

Die Felder eines Schachbretts werden von achtzehn Geraden – neun senkrechten und neun waagerechten – begrenzt. Jede Gerade kann mit dem Schnitt nur einen Punkt gemeinsam haben. Wir erhalten also höchstens achtzehn mögliche Schnittpunkte. Zwei Punkte müssen wir allerdings wieder abziehen, da die vier Randgeraden maximal zwei Schnittpunkte liefern.

Die sechzehn Schnittpunkte teilen unsere Gerade in fünfzehn Abschnitte ein, von denen jeder ausschließlich durch das Innere eines

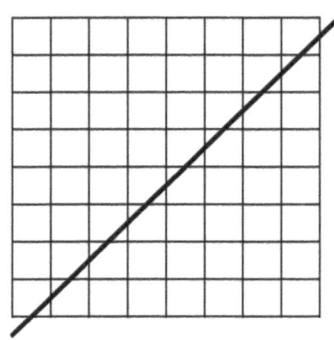

Feldes läuft. Folglich kann ein gerader Schnitt durch das Schachbrett nicht mehr als fünfzehn Felder zerstören. Der Schnitt kann wie in der Abbildung gezeigt ausgeführt werden.

Quelle: Evgeni Jakovlevič Gik, *Schach und Mathematik*, Moskau/Leipzig 1986, S. 18–19; russische Originalausgabe: Moskau 1983.

164 Ein Primzahlenproblem

Die unendliche Reihe enthält keine Primzahlen, denn alle Zahlen sind entweder durch 2, 3 oder 5 teilbar.

Alle geraden Zahlen scheiden aus, denn außer 2 gibt es keine weiteren geraden Primzahlen. Die Zahlen, die auf 5 enden, sind auch durch 5 teilbar und somit keine Primzahlen. Es bleiben noch die Zahlen, die auf 1, 3, 7 oder 9 enden, zu untersuchen übrig.

Die vier kleinsten dieser Zahlen sind 9, 987, 9 876 543 und 987 654 321. Ihre Quersummen betragen 9, 24, 42 und 45. Da sie durch 3 teilbar sind, sind es die Zahlen selbst auch, und folglich können sie keine Primzahlen sein. Alle weiteren Zahlen die auf 1, 3, 7 oder 9 enden, entstehen dadurch, dass man den Zahlen 9, 987, 9 876 543 und 987 654 321 die Ziffernfolge 987 654 321 ein- oder mehrfach voranstellt. Dadurch bleibt aber die Quersumme weiterhin durch 3 teilbar, und man erhält keine Primzahlen.

Quelle: Aufgabe: Litton Industries (Hrsg.), *Aviation Week*, 2. Oktober 1961. – Lösung: Litton Industries (Hrsg.), *Aviation Week*, 9. Oktober 1961.

165 Ein Gerüst aus Würfeln

Wir bezeichnen die acht Spielwürfel an den Ecken des Würfelgerüsts als Eckwürfel und die zwölf dazwischensitzenden als Kantenwürfel.

Bei einem gewöhnlichen Spielwürfel ist die Summe der Augenzahlen auf zwei sich gegenüberliegenden Flächen immer 7. Für unsere Aufgabe bedeutet das, dass bei jedem der zwölf Kantenwürfel, bei denen jeweils zwei sich gegenüberliegende Seiten verleimt sind, immer 7 Augen verdeckt sind. Jeder Kantenwürfel deckt auch an zwei Eckwürfeln jeweils eine Fläche ab. Da nur Flächen mit gleichen Augenzahlen aufeinander geleimt wurden, müssen diese beiden Eckwürfelflächen zusammen auch 7 Augen haben. Weil zwanzig Würfel insgesamt $20 \cdot (1 + 2 + 3 + 4 + 5 + 6)$ = 420 Augen haben, und 48 Flächen mit insgesamt $48 \cdot 7/2 = 168$

Augen abgedeckt sind, ist die Summe der sichtbaren Augen 420 – 168 = 252.

Quelle: Aufgabe: Heinrich Hemme, *Bild der Wissenschaft* 27, Dezember 1990, S. 168. – Lösung: Heinrich Hemme, *Bild der Wissenschaft* 28, März 1991, S. 145.

166 Ein seltsamer Würfel

Wenn man im Gedanken den Würfel in der dritten Abbildung dreht, dass die schräg schraffierte und die schwarze Seite so liegen wie in der zweiten Abbildung, dann ist die obere Seite gerade schraffiert. In der zweiten Abbildung ist die obere Würfelfläche jedoch grau. Diesen Widerspruch kann man nur auflösen, wenn man annimmt, dass es entweder zwei schwarze oder zwei schräg schraffierte Flächen gibt. Gäbe es zwei schräg schraffierte Seiten, würden auch in der zweiten und dritten Abbildung an die schwarze Fläche zwei schräg schraffierte Flächen, eine graue und eine gerade schraffierte Fläche grenzen. Das ist jedoch nicht möglich, da nach der ersten Abbildung eine der vier an die schwarze Fläche grenzenden Seiten weiß ist. Folglich kommt nicht die schräg schraffierte, sondern die schwarze Seite doppelt vor. Der Rest ist jetzt einfach. Die Zeichnung zeigt eine Abwicklung des Würfels. Die untere Seite des Würfels ist also schwarz.

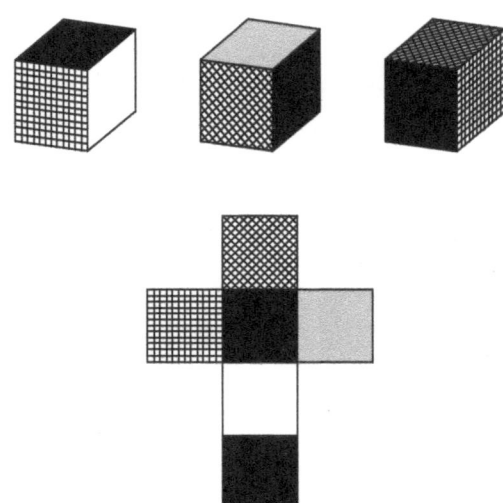

Quelle: Aaron Friedland, *Puzzles in Math and Logic*, New York 1970, S. 11, 45.

167 Der Kegelklub

Es gibt sechs Männer in dem Kegelklub, die jünger als Herr Adler sind. Die dazugehörigen sechs Ehefrauen müssen älter als Frau Adler sein, damit das Gesamtalter dieser Ehepaare größer als das des Ehepaares Adler sein kann. In der zweiten Liste stehen also mindestens vierzehn Namen. Auf der anderen Seite muss es zu jedem Mann, der älter als Herr Nagler ist, eine Frau geben, die jünger als Frau Nagler ist, damit das Gesamtalter dieser Ehepaare kleiner als das des Ehepaares Nagler sein kann. Da aber nur sechs Frauen jünger als Frau Nagler sind, kann es auch höchstens sechs Männer geben, die älter als Herr Nagler sind. Die erste Liste enthält also höchstens vierzehn Namen. Da natürlich die erste und die zweite Liste gleich lang sind, muss der Kegelklub aus genau vierzehn Ehepaaren bestehen.

Dass es auch tatsächlich solche Altersverteilungen geben kann, zeigt das folgende Beispiel.

Liste 1		Liste 2		Liste 3	
Familie	Alter des Mannes	Familie	Alter der Frau	Familie	Gesamtalter
Gruhlke	32	Hacke	18	Adler	38 + 31 = 69
Feldt	33	Imke	20	Brechtel	37 + 33 = 70
Eilts	34	Johnen	22	Cramer	36 + 35 = 71
Derks	35	Kruse	24	Derks	35 + 37 = 72
Cramer	36	Lemp	26	Eilts	34 + 39 = 73
Bechtel	37	Menzler	28	Feldt	33 + 41 = 74
Adler	38	Nagler	30	Gruhlke	32 + 43 = 75
Nagler	52	Adler	31	Hacke	58 + 18 = 76
Menzler	53	Bechtel	33	Imke	57 + 20 = 77
Lemp	54	Cramer	35	Johnen	56 + 22 = 78
Kruse	55	Derks	37	Kruse	55 + 24 = 79
Johnen	56	Eilts	39	Lemp	54 + 26 = 80
Imke	57	Feldt	41	Menzler	53 + 28 = 81
Hacke	58	Gruhlke	43	Nagler	52 + 30 = 82

Quelle: Fernsehsendung „Kopf um Kopf", Westdeutscher Rundfunk, 18.3.1983.

168 Unfaire Würfel

Es scheint, als seien die Bedingungen der Aufgabe unmöglich zu erfüllen. Wie soll der, der als zweiter einen Würfel wählt, bessere

Chancen haben können, als derjenige, der als erster wählt? Wenn es einen „besten" Würfel gäbe, würde er doch schon von Hinz gewählt werden, und Kunz könnte ihn gar nicht mehr nehmen. Und dennoch ist das Problem lösbar.

Eine Möglichkeit dazu wären die vier Würfel A, B, C und D.

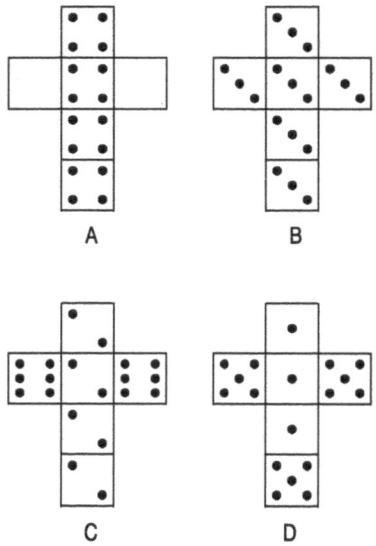

Angenommen, Hinz würde sich für den Würfel A entscheiden, dann nähme Kunz den Würfel D. In der Abbildung sind in dem Diagramm oben links für alle 36 möglichen Wurfkombinationen die jeweiligen Sieger aufgelistet. Man sieht leicht, dass in 24 von 36 Fällen Kunz gewinnen würde und nur in 12 von 36 Fällen Hinz. Die Wahrscheinlichkeiten zu gewinnen, betragen für die beiden Würfel folglich:

$$P(A) = \frac{12}{36} = \frac{1}{3}$$

$$P(D) = \frac{24}{36} = \frac{2}{3}$$

Kunz' Chancen Sieger zu werden, sind also doppelt so groß wie Hinz'.

1. Spieler (Würfel A / D)

2. Spieler \						
	D	D	A	A	A	A
	D	D	A	A	A	A
	D	D	A	A	A	A
	D	D	D	D	D	D
	D	D	D	D	D	D
	D	D	D	D	D	D

1. Spieler (Würfel B / A)

2. Spieler \						
	B	B	B	B	B	B
	B	B	B	B	B	B
	A	A	A	A	A	A
	A	A	A	A	A	A
	A	A	A	A	A	A
	A	A	A	A	A	A

Nun müsste Hinz ja nicht den Würfel A nehmen, sondern könnte sich stattdessen für den Würfel B entscheiden. Kunz würde dann den Würfel A nehmen. Aber auch in diesem Fall wäre Kunz' Chance zu gewinnen, wie man an dem Diagramm oben rechts erkennen kann, doppelt so groß wie Hinz'.

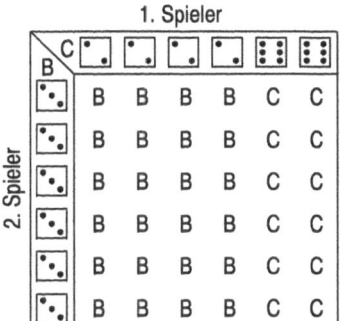

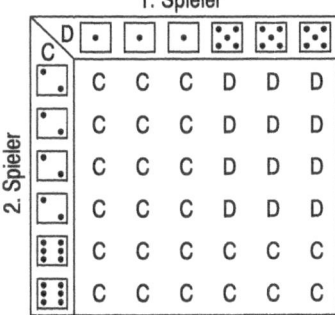

$$P(\text{B}) = \frac{12}{36} = \frac{1}{3}$$

$$P(\text{A}) = \frac{24}{36} = \frac{2}{3}$$

Hinz könnte natürlich auch den Würfel C nehmen. Kunz würde sich dann für den Würfel B entscheiden und hätte wiederum eine höhere Chance zu gewinnen als Hinz.

$$P(C) = \frac{12}{36} = \frac{1}{3}$$

$$P(B) = \frac{24}{36} = \frac{2}{3}$$

Schließlich bliebe Hinz noch der Würfel D übrig. Doch Kunz nähme dann den Würfel C und hätte auch dann die höhere Chance zu gewinnen.

$$P(D) = \frac{12}{36} = \frac{1}{3}$$

$$P(C) = \frac{24}{36} = \frac{2}{3}$$

So unglaublich es auch erscheint: Ganz egal, welchen Würfel Hinz auch wählt, Kunz' Chance zu gewinnen, ist immer doppelt so groß wie Hinz'.

Diese vier Würfel sind nicht die einzigen, die ein solch seltsames Verhalten zeigen. Es gibt noch eine ganze Reihe weiterer Sätze. Zwei Beispiele sind:

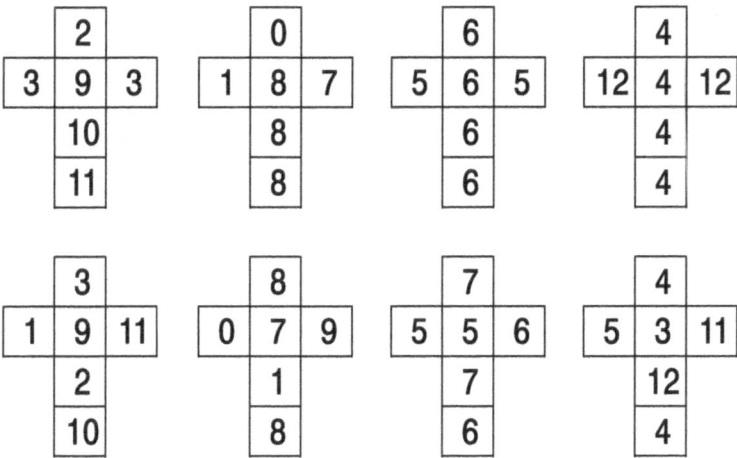

Auch Sätze aus nur drei Würfeln mit diesen Eigenschaften sind möglich.

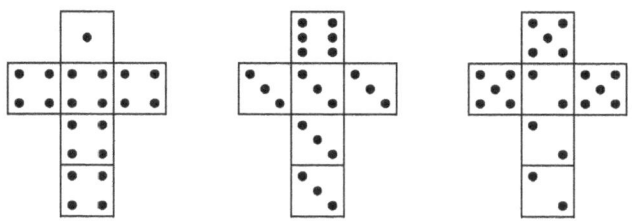

Quelle: Alle drei Sätze aus vier Würfeln: Bradley Efron in: Martin Gardner, *Scientific American* 223, Dezember 1970, S. 110. – Satz aus drei Würfeln: Ivars Peterson, Internet, www.maa.org/mathland/mathtrek_04_15_02.html, 15. April 2002.

169 Die mathematischen Löcher

Es gibt viele solcher Körper. Die einfachste Form, die auch gleichzeitig die mit dem größtmöglichen Volumen ist, erhält man, indem man einen geraden Kreiszylinder nimmt, der die Höhe und den Durchmesser d hat, und davon dann durch zwei ebene Schnitte zwei gleiche Stücke so entfernt, wie es die Zeichnung dargestellt ist. Die beiden Schnitte beginnen an einem Durchmesser der oberen Grundfläche des Zylinders und enden an den beiden Endpunkten eines Durchmessers der unteren Grundfläche, der quer zum oberen Durchmesser steht. Nun ist die Kontur in der Draufsicht ein Kreis, in der Seitenansicht ein gleichschenkliges Dreieck und in der Vorderansicht ein Quadrat.

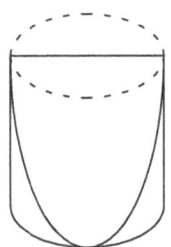 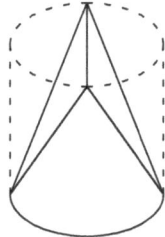

Alle Querschnitte des Körpers parallel zur Grundfläche sind Kreise, bei denen gleiche zwei Kreisabschnitte mit parallelen Sehnen fehlen. In den beiden Grenzfällen sind diese Kreisabschnitte null (unten) oder Halbkreise (oben).

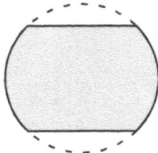

Auch der konvexe Körper mit dem kleinstmöglichen Volumen hat die Höhe d.

Die Querschnittsflächen parallel zum Boden sind Ellipsen, deren lange Achsen immer d lang sind. Die kurzen Achsen nehmen jedoch stetig mit zunehmender Höhe ab. Am Boden hat die kurze Achse die Länge d. Das heißt, die Grundfläche ist ein Kreis vom Durchmesser d. Bei der obersten Ellipse ist die kurze Achse auf die Länge 0 geschrumpft und folglich zur Strecke entartet.

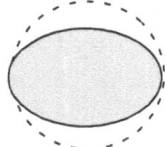

Der größtmögliche Körper, der durch die mathematischen Löcher passt, hat ein Volumen von

$$V_{\mathrm{max}} = \left(\frac{\pi}{4} - \frac{1}{3}\right)d^3 \approx 0{,}452\, d^3 \, .$$

Wie groß ist Volumen des konvexen Körpers mit dem kleinsten Inhalt?

170 Das Fußballturnier

Die Mannschaft auf dem ersten Platz kann maximal 14 Punkte erreicht haben, nämlich dann, wenn sie alle Spiele gegen ihre sieben Gegner gewonnen hat. Die zweitplatzierte Mannschaft kann dann höchstens noch 12 Punkte bekommen haben, denn das Spiel gegen die erstplatzierte muss sie verloren haben. Er ist auch nicht möglich, dass das Spiel der besten Mannschaft gegen die zweitbeste unentschieden ausgegangen ist, denn dann hätten beide 13 Punkte erhalten, was laut Voraussetzung unmöglich ist.

Die vier schlechtesten Mannschaften hätten ihre niedrigstmögliche Gesamtpunktzahl erreicht, wenn sie jedes Spiel gegen die vier besten Mannschaften verloren hätten. Diese Gesamtpunktzahl beträgt $0 + 2 + 4 + 6 = 12$ Punkte. Wie die einzelnen Spiele der vier schlechtesten Mannschaften untereinander ausgegangen sind, spielt keine Rolle. Diese Ergebnisse beeinflussen die Gesamtpunktzahl nicht.

Die Gesamtpunktzahl der vier schlechtesten Mannschaften soll gleich der Punktzahl der zweitbesten Mannschaft sein. Da die minimale Gesamtpunktzahl der vier schlechtesten Mannschaften gleich der maximalen Punktzahl der Zweitbesten ist, muss die Gesamtpunktzahl der vier Letztplatzierten tatsächlich 12 und die Punktzahl der Zweitplatzierten tatsächlich 12 sein. Folglich haben die vier schlechtesten Mannschaften jedes Spiel gegen die vier besten verloren und somit auch der Fünftbeste das Spiel gegen den Drittbesten.

Quelle: Rompi (Pseudonym von Volker Wagner),
Internet, www.knobelforum.de, 17. Februar 2004.

171 Buchstabengruppen

Ersetzt man die Großbuchstaben durch Kleinbuchstaben, sieht man sofort, nach welchem Kriterium sie aufgeteilt worden sind. In der ersten Gruppe stehen alle Buchstaben, die weder eine Unter- noch eine Oberlänge besitzen. Die zweite Gruppe enthält die Buchstaben mit Unterlängen und die dritte die mit Oberlängen.

1. a, c, e, i, m, n, o, r, s, u, v, w, z
2. g, j, p, q, y
3. b, d, f, h, k, l, t

Das X bzw. das x gehört also in die erste Gruppe.

Quelle: Aufgabe: CUS (Pseudonym), *Süddeutsche Zeitung Magazin*, 22. August 1997, S. 37. – Lösung: CUS (Pseudonym), *Süddeutsche Zeitung Magazin*, 1997.

172 Zahlenquadrat aus Rom

Die längste römische Zahl, die kein M enthält, ist DCCCLXXXVIII und zwölf Zeichen lang. Alle längeren Zahlen beginnen mit einem M. Darum enthalten ab $n = 13$ die erste Zeile und die erste Spalte des

Rasters ausschließlich M und stellen somit zwei gleiche Zahlen dar. Folglich kann es keine Lösungen des Problems für $n > 12$ geben.

Für $n = 12$ gibt es allerdings Lösungen. Die Abbildung zeigt ein Beispiel.

M	M	M	M	M	M	M	M	M	M	M	M
M	M	M	M	M	M	M	M	M	M	M	C
M	M	M	M	M	M	M	M	M	M	C	C
M	M	M	M	M	M	M	M	M	C	C	C
M	M	M	M	M	M	M	M	C	C	C	L
M	M	M	M	M	M	M	C	C	C	L	X
M	M	M	M	M	D	C	C	C	L	X	X
M	M	M	M	D	C	C	C	L	X	X	X
M	M	M	D	C	C	C	L	X	X	X	V
M	M	D	C	C	C	L	X	X	X	V	I
M	D	C	C	C	L	X	X	X	V	I	I
D	C	C	C	L	X	X	X	V	I	I	I

Quelle: Aufgabe: Heinrich Hemme, Internet, www.knobelforum.de, 24. Juli 2010. – Helmut Postl, im vorliegenden Buch.

173 Die Suche nach des besten Ehefrau

Wenn Max aus n Heiratskandidatinnen mit größtmöglicher Wahrscheinlichkeit die beste Frau finden will, sollte er sich die beste der ersten s Kandidatinnen merken, aber auf keinen Fall eine davon heiraten. Nennen wir diese beste der ersten s Kandidatinnen einmal X. Nachdem Max sich die ersten s Kandidatinnen angesehen hat, heiratet er ab $(s + 1)$-ten Kandidatin die erste, die besser ist als X. Sollte er mit dieser Methode unter den ersten $n - 1$ Kandidatinnen keine Frau gefunden haben, heiratet er die letzte Kandidatin.

Um dieses Verfahren besser zu verstehen und um zu berechnen, wie groß s sein muss, beginnen wir zunächst einmal mit kleinen Werten von n.

Angenommen, Max zieht $n = 3$ Kandidatinnen in Betracht. Diese drei Frauen haben nach Max' Kriterien die Ränge 1, 2 und 3, wobei

3 dem höchsten Rang entspricht. Natürlich kann Max die vollständige Rangfolge erst im Nachhinein festlegen, wenn er alle drei Frauen gesehen hat.

Insgesamt gibt es sechs gleich wahrscheinliche Möglichkeiten, in welcher Reihenfolge Max die Frauen kennenlernen kann:

1. 1 2 3
2. 1 3 2
3. 2 1 3
4. 2 3 1
5. 3 1 2
6. 3 2 1

Wenn Max bei seiner Wahl die erste Frau überspringt, also $s = 1$ gilt, und er nur die zweite und die dritte Frau in Betracht zieht, ist die beste Frau X der ersten s Kandidatinnen natürlich trivialerweise die erste Frau.

Im ersten und zweiten Fall hat X den Rang 1. In beiden Fällen hat bereits die zweite Frau einen höheren Rand als X und würde darum von Max geheiratet werden. Aber nur im zweiten Fall bekommt er auch tatsächlich die beste Frau.

Im dritten Fall hat X der Rang 2. Da die zweite Frau nur den Rang 1 hat, wird sie von Max verschmäht. Erst die dritte Frau hat einen höheren Rang als X und wird deshalb von Max geheiratet. Da sie den Rang 3 hat, ist sie auch die beste Frau.

Auch im vierten Fall hat X den Rang 2. Diesmal hat aber bereits die zweite Frau einen höheren Rang und wird darum von Max geheiratet. Da sie den Rang 3 hat, ist sie auch die beste Frau.

Im fünften und sechsten Fall hat X den Rang 3. Dieser kann nicht von den beiden anderen Frauen übertroffen werden, darum heiratet Max jeweils die dritte Frau, obwohl sie seinen Anforderungen keineswegs entspricht.

Insgesamt hat würde Max mit seinem Verfahren in drei von sechs Fällen und somit mit einer Wahrscheinlichkeit von 1/2 die bestmögliche Ehefrau bekommen. Hätte er sie rein zufällig ausgewählt, betrüge die Wahrscheinlichkeit dafür nur 1/3.

Erhöhen wird nur n um 1. Zieht Max $n = 4$ Frauen in Betracht, gibt es bei diesem Verfahren zwei Varianten: Entweder überspringt er $s = 1$ oder $s = 2$ Frauen.

Betrachten wir zunächst einmal die erste Variante. Insgesamt gibt es vierundzwanzig verschiedene Reihenfolgen, in der die vier Frauen Max begegnen können.

1 2 3 4	2 1 3 4	♥ 3 1 2 4	4 1 2 3
1 2 4 3	♥ 2 1 4 3	♥ 3 1 4 2	4 1 3 2
1 3 2 4	2 3 1 4	♥ 3 2 1 4	4 2 1 3
1 3 4 2	2 3 4 1	♥ 3 2 4 1	4 2 3 1
♥ 1 4 2 3	♥ 2 4 1 3	♥ 3 4 1 2	4 3 1 2
♥ 1 4 3 2	♥ 2 4 3 1	♥ 3 4 2 1	4 3 2 1

Die grau unterlegten Felder zeigen die Frauen an, die Max heiraten würde. Steht ein Herz vor den Zahlen, heiratet er auch tatsächlich die beste der vier Frauen. Man sieht nun leicht, dass er mit diesem Verfahren in elf von vierundzwanzig Fällen und damit mit einer Wahrscheinlichkeit von $11/24 \approx 45{,}8\%$ die bestmögliche Frau bekommt.

Betrachten wir nun die zweite Variante, bei der Max die ersten beiden Frauen überspringt. Nun bekommt er nur in zehn von vierundzwanzig Fällen und damit mit einer Wahrscheinlichkeit von $5/12 \approx 41{,}7\%$ die bestmögliche Frau. Folglich ist die erste Variante dieses Verfahrens die bessere.

1 2 3 4	2 1 3 4	♥ 3 1 2 4	4 1 2 3
♥ 1 2 4 3	♥ 2 1 4 3	♥ 3 1 4 2	4 1 3 2
♥ 1 3 2 4	♥ 2 3 1 4	♥ 3 2 1 4	4 2 1 3
♥ 1 3 4 2	♥ 2 3 4 1	♥ 3 2 4 1	4 2 3 1
1 4 2 3	2 4 1 3	3 4 1 2	4 3 1 2
1 4 3 2	2 4 3 1	3 4 2 1	4 3 2 1

Versuchen wir jetzt einmal, das Problem nicht durch Ausprobieren, sondern durch Rechnen zu lösen.

Damit Max bei der i-ten Kandidatin die bestmögliche Frau bekommt, müssen drei Bedingungen erfüllt sein.

1. Es muss $s < i \leq n$ gelten, denn die ersten s Kandidatinnen zieht Max überhaupt nicht in Betracht.

2. Die beste Frau muss genau an der i-ten Stelle stehen. Dafür ist die Wahrscheinlichkeit bei n Kandidatinnen gerade $1/n$.

3. Auf den Plätzen $s + 1$ bis $i - 1$ darf keine Frau stehen, die besser ist als X, denn sonst würde diese von Max geheiratet werden. Anders ausgedrückt: Die beste Frau der ersten $i - 1$ Kandidatinnen muss bereits unter den ersten s Kandidatinnen sein. Die Wahrscheinlichkeit hierfür ist $s/(i - 1)$.

Fasst man die drei Bedingungen zusammen, heißt das: Die Wahrscheinlichkeit, dass Max die i-te Kandidatin heiratet und dass diese auch die beste Frau ist, beträgt

$$P_i = \frac{1}{n} \cdot \frac{s}{i - 1}.$$

Da es Max natürlich egal sein kann, an der wievielten Stelle die beste Frau steht, solange er sie nur heiraten wird, muss man für die Gesamtwahrscheinlichkeit die Wahrscheinlichkeiten für alle Plätze von $s + 1$ bis n addieren.

$$P(n,s) = P_{s+1} + P_{s+2} + \ldots + P_n = \sum_{i=s+1}^{n} P_i$$

Setzt man in diese Gleichung den Ausdruck für i ein, erhält man:

$$P(n,s) = \frac{s}{n \cdot s} + \frac{s}{n(s + 1)} + \ldots + \frac{s}{n(n - 1)} = \sum_{i=s+1}^{n} \frac{s}{n(i - 1)}$$

$$P(n,s) = \frac{s}{n}\left(\frac{1}{s} + \frac{1}{s + 1} + \ldots + \frac{1}{n - 1}\right) = \frac{s}{n}\sum_{i=s+1}^{n}\frac{1}{i - 1} = \frac{s}{n}\sum_{i=s}^{n-1}\frac{1}{i}$$

Für jede Anzahl n von Kandidatinnen gibt es eine Zahl s von zu überspringenden Frauen, bei der die Wahrscheinlichkeit am größten wird, die beste Frau zu heiraten. Für einige Werte von n sind diese optimalen Größen von s und die dazugehörigen Wahrscheinlichkeiten in der Tabelle aufgelistet. Als Vergleichswert findet man in der letzten Spalte die Wahrscheinlichkeit, die beste Frau zu heiraten, wenn Max statt das optimale Verfahrens zu nehmen, einfach den Zufall entscheiden lässt.

n	s	$P(n, s)$	P_{Zufall}
1	0	1,000	1,000
2	1	0,500	0,500
3	1	0,500	0,333
4	1	0,458	0,250
5	2	0,433	0,200
10	3	0,399	0,100
20	7	0,384	0,050
50	18	0,374	0,020
100	37	0,371	0,001
∞	n/e	$1/e \approx 0,368$	0,000

Wendet Max das beschriebene Verfahren an, wird er mit einer Wahrscheinlichkeit von etwas mehr als 38% die beste der zwanzig Frauen heiraten. Lässt er hingegen den Zufall entscheiden, bekommt er sie nur mit fünfprozentiger Wahrscheinlichkeit.

Man kann beweisen, dass für sehr große Kandidatinnenzahlen n, die Wahrscheinlichkeit, mit dieser Methode die beste Frau zu finden, gegen $1/e \approx 36,8\%$ konvergiert. Dabei muss man die ersten n/e Kandidatinnen überspringen.

Quelle: Frederick Mosteller, *Fifty Challenging Problems in Probability with Solutions*, Reading 1965, S. 12, 73–77.

174 Straßenbahn kreuzt Fahrbahn

Es ist überhaupt kein Problem, „dies" ohne „r" zu buchstabieren: d, i, e, s.

Quelle: zimmi (Pseudonym) (Aufgabe) und Wanderdüne (Pseudonym) (Lösung), Internet, www.busfreaks.de/strohrum/showthread.php?id=2313, 18. Februar 2003.

175 Ein Rechteck aus Quadraten

Alleine um die beiden größten Quadrate mit den Seitenlängen 10 und 11 in einem Rechteck unterzubringen, muss dessen kurze Seite mindestens 11 und dessen lange mindestens 21 Einheiten lang sein.

Die elf Quadrate haben eine Gesamtfläche von $1^2 + 2^2 + \ldots + 11^2$ = 506 Quadrateinheiten. Nur zwei Rechtecke, die diese Fläche haben, erfüllen die Seitenlängenbedingungen: das 23×22- und das 46×11-Rechteck. In beiden Rechtecke lassen sich aber, wie man leicht überprüfen kann, nicht alle elf Quadrate unterbringen.

Die nächstgrößeren Rechtecke, die die beiden Seitenlängenbedingungen erfüllen, sind 39×13=507, 30×17=510, 34×15=510, 32×16 =512 und 27×19=513. Durch systematisches Probieren stellt man schnell fest, dass die elf Quadrate in keines der Rechtecke der Flächen 507 bis 512 passen. Erst das 513 Quadrateinheiten große Rechteck kann sie alle aufnehmen. Dabei bleiben sieben Quadrateinheiten unbedeckt.

Es gibt mehrere Möglichkeiten, wie die elf Quadrate in dem Rechteck angeordnet werden können. Die Skizze zeigt eine davon.

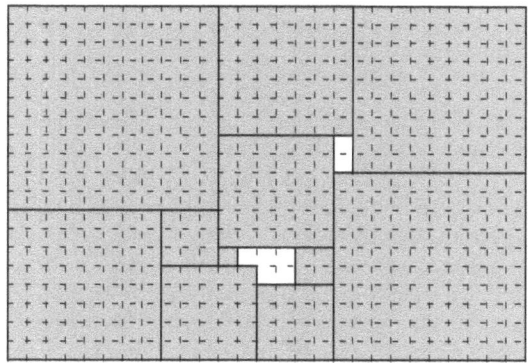

Quelle: Aufgabe: Stephen Ainley, *New Scientist* 82, 14. Juni 1979. – Lösung: Stephen Ainley, *New Scientist* 82, 21. Juni 1979.

176 Wie geht es weiter?

Es handelt sich um die Folge der natürlichen Zahlen, deren deutsche Zahlwörter nicht den Buchstaben e enthalten.

Fünf, acht, zwölf, zwanzig, fünfundzwanzig, achtundzwanzig, fünfzig, fünfundfünfzig, achtzig, fünfundachtzig, achtundachtzig, hundert, hundertfünf, ...

Die Folge geht also so weiter:

5, 8, 12, 20, 25, 28, 50, 55, 85, 88, 100, 105, ...

Quelle: Nobuyuki Yoshigahara, *Puzzles 101*, Natick 2004, S. 3, 68 (Japanische Originalausgabe: *Chocho Nanmon Suri Pazuru*, Tokio 2002).

177 Das Achteck

Alle Ecken des Achtecks sind Schnittpunkte der Karorasterlinien. Darum können die Seiten des Achtecks entweder nur mit Rasterlinien zusammenfallen oder sie können die Hypotenusen von rechtwinkligen Dreiecken sein, deren Ecken Rasterschnittpunkte und deren Katheten Rasterlinien sind.

Der zweite Fall ist nur dann möglich, wenn nach dem Satz des Pythagoras

$$a^2 + b^2 = c^2$$

gilt, wobei c eine der Achteckseiten von 1 bis 8 ist und a und b die ganzzahligen Katheten sind. Es lässt sich leicht überprüfen, dass diese Gleichung nur für $c = 5$ eine ganzzahlige Lösung hat.

$$3^2 + 4^2 = 5^2$$

Folglich fallen alle Seiten des Achtecks mit Rasterlinien zusammen, nur die Seite der Länge 5 kann auch schräg verlaufen.

Das Achteck hat den Umfang $1 + 2 + \ldots + 8 = 36$. Das Rechteck, mit dem kleinsten Flächeninhalt, dessen vier Ecken alle auf Rasterpunkten liegen, ist ein schmaler Streifen, der Länge 17 und der Breite 1. Sein Inhalt beträgt somit 17. Der Inhalt der Streifen ändert sich nicht, wenn er ein- oder mehrfach abknickt, sofern seine Breite nur immer 1 beträgt. Ein Achteck vom Umfang 36, dessen Ecken alle mit Rasterpunkten zusammenfallen, kann keinen kleineren Inhalt haben als dieser Streifen.

Nun berücksichtigen wir noch, dass es eine schräg verlaufende Seite der Länge 5 geben kann. Die Figur mit dem kleinstmöglichen Flächeninhalt, bei der alle Ecken auf Rasterpunkten liegen und die eine Seite die Länge 5 hat, ist das skizzierte Siebeneck. Es hat einen Umfang von 12 und einen Inhalt von 3.

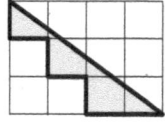

Setzt man an diese Figur einen schmalen Streifen der Größe 12×1, vergrößert sich sein Umfang auf 36 und sein Inhalt auf 15. Fügt man dabei von den beiden Figuren je eine Seite der Länge 1 aneinander, bleiben immer noch vier Seiten der Länge 1 übrig.

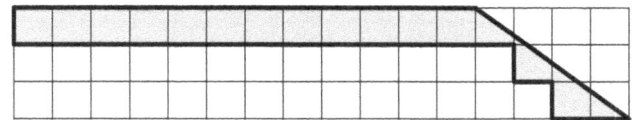

Das gesuchte Achteck darf aber nur eine Seite der Länge 1 besitzen. Also muss sein Flächeninhalt mindestens 16 sein. Für diesen Wert lässt sich auch tatsächlich eine Lösung finden.

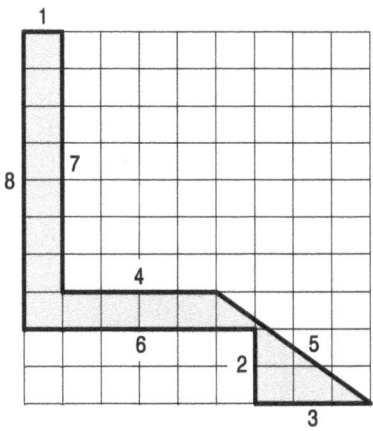

Auch im zweiten Teil dieser Aufgabe liegt vor Ihnen ein Bogen kariertes Papier mit der Karogröße 1×1. Zeichnen Sie darauf wieder ein Achteck, dessen Ecken alle mit den Quadratecken des Blattes zusammenfallen und dessen Seiten die Längen 1, 2, 3, 4, 5, 6, 7 und 8 haben, wenn auch nicht unbedingt in dieser Reihenfolge. Wie groß ist der größtmögliche Flächeninhalt des Achtecks? Auch diesmal braucht Achteck nicht konvex zu sein, aber es darf nicht überschlagen oder so entartet sein, dass Seiten aufeinander fallen.

178 Der Weg zum Waldrand

Eine sehr naheliegende Möglichkeit ist, dass Knatterton $a = 10$ km in eine beliebige Richtung geradeaus geht. Dann biegt er um 90° ab und läuft auf einem Kreisumfang, der einen Radius a und seiner

Startpunkt als Mittelpunkt hat. Dieser Kreis hat den Waldrand als Tangente. Knatterton erreicht den Waldrand also spätestens, wenn er den Kreis ganz umrundet und eine Strecke von $a + 2\pi a \approx 72{,}83$ km zurückgelegt hat.

Es gibt aber noch einen deutlich kürzeren Weg. Knatterton muss dazu erst einmal die Strecke $2\sqrt{3}\,a/3$ in eine beliebige Richtung gehen, anschließend um 120° abbiegen und die Strecke $\sqrt{3}\,a/3$ zurücklegen. Danach läuft einen Kreisbogen ab, der den Radius a, seinen Startpunkt als Mittelpunkt und einen Öffnungswinkel von 210° hat. Am Ende des Kreisbogens geht er, ohne seine Richtung zu ändern, noch eine Strecke a geradeaus weiter. Im ungünstigsten Fall muss Nick Knatterton also

$$s = \frac{2}{3}\sqrt{3}\,a + \frac{1}{3}\sqrt{3}\,a + \frac{210°}{360°}\,2\pi a + a$$

$$s = \left(\sqrt{3} + 1 + \frac{7}{6}\pi\right)a$$

$$s \approx 63{,}97 \text{ km}$$

durch den Wald marschieren.

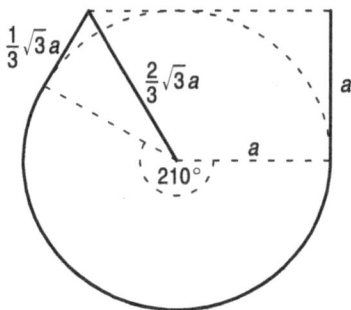

Aus der Zeichnung ist leicht zu ersehen, dass dieser Weg Nick Knatterton mit Sicherheit an den Waldrand führt. Es ist allerdings noch nicht bewiesen, dass dies tatsächlich der kürzestmögliche Weg ist.

Quelle: Chris Cole, Internet,
www.faqs.org/faqs/puzzles/archive/geometry/part1/, 17. August 1993.

179 Die Flucht über den Rhein

Nachdem der Posten nach einer Brückenkontrolle gerade eben wieder in sein Wachhäuschen verschwunden war, schlich sich der Mann daran vorbei, betrat die Brücke und ging in Richtung Schweiz. Einige Sekunden bevor drei Minuten verstrichen waren, wendete er und ging wieder in Richtung Deutschland. Als der Posten aus dem Wachhäuschen kam und den Mann entdeckte, glaubte er, dieser komme aus der Schweiz, und weil der Mann keinen Passierschein vorweisen konnte, schickte er ihn – zurück, wie er glaubte – in die Schweiz.

Quelle: Firesword1978 (Pseudonym), Internet, www.videogameszone.de/m, forum/Allgemeines-VGZ-2004/Hall-of-Fame-3021/Playx-des-Raetsels-Loesung-Hier-beisst-du-dir-die-Zaehne-aus-2722437,26/, 9. Februar 2006.

180 Uhrzeiten in den USA

In den USA fallen die Zeitzonengrenzen nur teilweise mit den Staatsgrenzen zusammen. So hat zwar der größte Teil des Ostküstenstaats Florida die Eastern Standard Time, aber ein kleiner Teil im Westen die Central Standard Time. Auch der Westküstenstaat Oregon fällt in zwei Zeitzonen: Der weitaus größte Teil hat die Pacific Standard Time, ein kleiner Teil im Osten hingegen die Mountain Standard Time. Dieser Ostteils Oregons und der Westen Floridas haben also normalerweise zwei Stunden Zeitunterschied.

In fast allen Staaten und Regionen der USA wird am zweiten Sonntag des März um 2.00 Uhr nachts die Uhr um eine Stunde von Standardzeit auf Sommerzeit *(daylight saving time, DST)* vorgestellt. Am ersten Sonntag im November um 2.00 Uhr nachts wird die Uhr dann wieder um eine Stunde auf Standardzeit zurückgestellt, so dass es die Stunde zwischen 1.00 Uhr und 2.00 Uhr zweimal gibt.

Wenn nun Oliver am ersten Sonntag des Novembers in der zweiten Stunde, die zwischen 1.00 und 2.00 nachts verstreicht, also nach der Umstellung auf Standardzeit, William anruft, gilt im Osten Oregons noch die Sommerzeit. Bei William verstreicht darum gerade die erste Stunde von 1.00 Uhr bis 2.00 Uhr. Folglich ist es bei beiden Männer gleich spät.

Quelle: Chris Cole,
Internet, http://rec-puzzles.org/index.php/Time%20Zone, 30. Juni 2005.

181 Geradlinig zerstörbare Hexominos

Nur bei acht der 35 Hexominos sind alle sechs Quadrate durch einen einzigen geraden Schnitt zerstörbar.

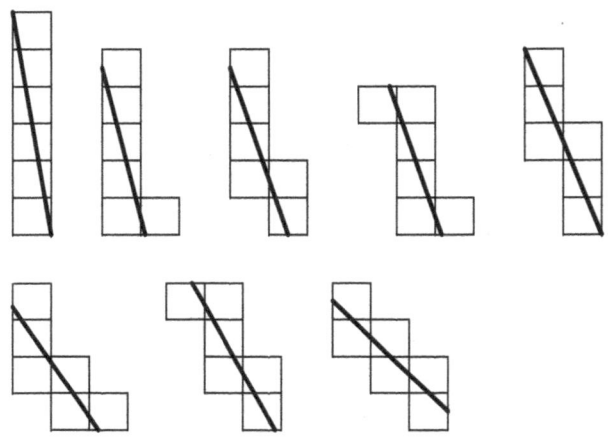

Quelle: Eric Friedman, Internet,
www2.stetson.edu/~efriedma/mathmagic/0301.html, März 2001.

182 Der Weg zur Arbeit

Wenn die vier U-Bahnstationen in der Reihenfolge *Amsterdamer Platz* (A) – *Blauberg* (B) – *Centrum* (C) – *Düsseldorfer Straße* (D) auf der Strecke lägen, betrüge die Fahrtzeit zwischen den beiden Endstationen (15 + 5 + 10) Minuten = 30 Minuten. Da aber in der Aufgabe gesagt worden ist, dass Herr Müller für seinen Weg zur Arbeit deutlich weniger als eine halbe Stunde unterwegs ist, kann dies nicht die richtige Reihenfolge der Stationen sein.

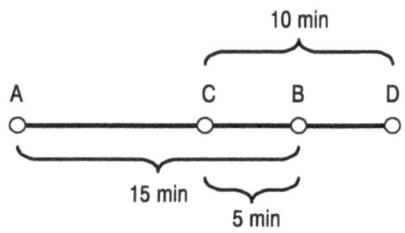

Bei der einzigen anderen Möglichkeit haben die vier Stationen die Reihenfolge A-B-C-D. Anhand der Skizze kann man nun leicht ablesen, das die Fahrt von einer Endstation zur anderen nur 20 Minuten dauert.

Quelle: Nintendo, *Professor Layton und die verlorene Zukunft, Bonusrätsel* 158, Oktober 2009.

183 Die Zeiger der Küchenuhr

Zunächst einmal wandeln wir die beiden Uhrzeiten, die jeweils in Stunden und Minuten angegeben sind, vollständig in Stunden um.

$$2 \text{ h } 25 \text{ m} = \left(2 + \frac{25}{60}\right) \text{h}$$

$$3 \text{ h } 35 \text{ m} = \left(3 + \frac{35}{60}\right) \text{h}$$

Der Minutenzeiger einer Uhr legt pro Minute einen Winkel von $360°/60 = 6°$ zurück und der Stundenzeiger pro Stunde einen Winkel von $360°/12 = 30°$. Um 2.25 Uhr schließen somit der Minuten- und der Stundenzeiger mit der 12-Uhr-Stellung die Winkel

$$\varphi_m = 25 \cdot 6°$$
$$\varphi_h = \left(2 + \frac{25}{60}\right) \cdot 30°$$

ein. Der Winkel zwischen den beiden Zeigern hat somit die Größe

$$\Delta\varphi = \varphi_m - \varphi_h$$
$$\Delta\varphi = 25 \cdot 6° - \left(2 + \frac{25}{60}\right) \cdot 30°$$
$$\Delta\varphi = 77{,}5° \ .$$

Mit dem gleichen Verfahren kann man den Winkel berechnen, den die beiden Zeiger um 3.25 Uhr einschließen.

$$\Delta\psi = \psi_m - \psi_h$$
$$\Delta\psi = 35 \cdot 6° - \left(3 + \frac{35}{60}\right) \cdot 30°$$
$$\Delta\psi = 102{,}5°$$

Da $77,5° + 102,5° = 180°$ ist, gilt

$$\Delta\psi = 180° - \Delta\varphi.$$

Über den Kosinussatz sind die Minutenzeigerlänge m, die Stundenzeigerlänge h und die von den Zeigern eingeschlossenen Winkel mit den Abständen der Zeigerspitzen verknüpft.

$$161^2 = m^2 + h^2 - 2mh\cos\Delta\varphi$$
$$199^2 = m^2 + h^2 - 2mh\cos(180° - \Delta\varphi)$$

Den Kosinusterm der zweiten Gleichung kann man vereinfachen.

$$\cos(180° - \Delta\varphi) = -\cos\Delta\varphi$$

Dadurch erhält die zweite Gleichung die Form

$$199^2 = m^2 + h^2 + 2mh\cos\Delta\varphi.$$

Addiert man die zweite zur ersten Gleichung, bekommt man:

$$161^2 + 199^2 = 2(m^2 + h^2)$$
$$m^2 + h^2 = 32761$$

Um 9.00 Uhr stehen der Stunden- und der Minutenzeiger senkrecht zueinander. Der Abstand x ihrer Spitzen beträgt deshalb nach dem Satz des Pythagoras

$$x = \sqrt{m^2 + h^2}$$
$$x = \sqrt{32761}$$
$$x = 181$$

Die Zeigerspitzen haben also um 9.00 Uhr einen Abstand von genau 181 mm.

Quelle: Aufgabe: Brian Barwell, *Journal of Recreational Mathematics* 34, Nr. 4, 2005–2006, S. 300. (Dieses Heft erschien jedoch erst 2008.) – Lösung: Henry Ibstedt, *Journal of Recreational Mathematics* 35, Nr. 4, 2006, S. 351. (Dieses Heft erschien jedoch erst 2010.)

184 Prometheus, Adonis und ich

Wenn sich das Produkt Π, das ich Prometheus genannt habe, nur auf eine einzige Weise in drei unterschiedliche ganze Faktoren a, b und c aus dem Bereich von 1 bis 8 zerlegen lässt, weiß er, wie die drei Zahlen heißen. Da er aber sagt, er würde a, b und c nicht kennen, scheiden für Π alle Zahlen aus, die sich auf diese Weise eindeutig zerlegen lassen. Dadurch bleiben von den insgesamt 56 möglichen verschiedenen Zahlentripeln nur noch 26 übrig, die hier geordnet nach der Größe Π aufgelistet sind.

a b c	Σ	Π	a b c	Σ	Π	a b c	Σ	Π	a b c	Σ	Π
1 3 4	8	12	2 4 5	11	40	2 4 7	13	56	3 4 8	15	96
1 2 6	9	12	1 5 8	14	40	1 7 8	16	56	2 6 8	16	96
2 3 4	9	24	2 3 7	12	42	3 4 5	12	60	4 5 6	15	120
1 4 6	11	24	1 6 7	14	42	2 5 6	13	60	3 5 8	16	120
1 3 8	12	24	2 4 6	12	48	3 4 7	14	84	4 6 7	17	168
2 3 5	10	30	2 3 8	13	48	2 6 7	15	84	3 7 8	18	168
1 5 6	12	30	1 6 8	15	48						

Auch Adonis kann diese Liste von 26 Zahlentripeln aufstellen. Wenn die Summe meiner drei Zahlen nur ein einziges Mal als Tripelsumme Σ in der Liste auftaucht, weiß er, welche Wert a, b und c haben. Dies ist natürlich auch Prometheus klar. Wenn ich beispielsweise Prometheus das Produkt 12 genannt hätte, wüsste er, dass Adonis Summe den Wert 8 oder 9 hätte. Wäre die Summe 8, wüsste Adonis eindeutig, dass die Zahlen 1, 3 und 4 sind. Aber wenn Adonis' Summe 9 wäre, gäbe es zwei Möglichkeiten für Zahlen, nämlich 1, 2, 6 und 2, 3, 4. Folglich weiß Prometheus bei dem Produkt 12 nicht, ob Adonis die drei Zahlen bestimmen kann oder nicht und müsste meine zweite Frage mit „nein" beantworten. Darum ist Prometheus Produkt nicht 12.

Aus dem gleichen Grund scheidet als Produkt auch die Zahl 30 aus. Außerdem ist das Produkt 168 nicht möglich, da dann Adonis auf jeden Fall die drei Zahlen kennt, denn die Summen 17 und 18 kommen nur jeweils einmal vor.

Somit verkürzt sich die Liste auf zwanzig Tripel.

a b c	Σ	Π	a b c	Σ	Π	a b c	Σ	Π	a b c	Σ	Π
2 3 4	9	24	2 3 7	12	42	2 4 7	13	56	2 6 7	15	84
1 4 6	11	24	1 6 7	14	42	1 7 8	16	56	3 4 8	15	96
1 3 8	12	24	2 4 6	12	48	3 4 5	12	60	2 6 8	16	96
2 4 5	11	40	2 3 8	13	48	2 5 6	13	60	4 5 6	15	120
1 5 8	14	40	1 6 8	15	48	3 4 7	14	84	3 5 8	16	120

Da Adonis anschließend sagt, er kenne die drei Zahlen, darf sein Summand in der obigen Liste nur ein einziges Mal auftreten. Dies ist nur bei $\Sigma = 9$ der Fall. Also lauten die drei Zahlen 2, 3 und 4.

Quelle: Aufgabe: Susan Denham (Pseudonym von Victor Bryant), *New Scientist*, 30. Januar 2010, S. 24. – Susan Denham, *New Scientist*, 13. März 2010, S. 26.

185 Die Zahl der Kalender

Ein Jahr kann mit jedem der sieben Wochentage beginnen, und es kann ein Schaltjahr oder ein Gemeinjahr sein. Somit gibt es vierzehn Kalender, die sich durch Wochentagsverteilung und Jahreslänge unterscheiden. Betrachtet man nun auch noch Feiertage, die immer auf das gleiche Datum fallen, wie beispielsweise Weihnachten, oder die, die an ein festes Datum gekoppelt sind, wie zum Beispiel der 1. Advent, so kommen dadurch keine neuen Kalender hinzu.

Anders ist es aber bei den beweglichen Feiertagen, die feste Abstände zu Ostern haben. Das Osterfest ist immer ein Sonntag und fällt frühestens auf den 22. März und spätestens auf den 25. April. Dieses Intervall von 35 Tagen enthält immer fünf Sonntage. Berücksichtigt man also auch die beweglichen Feiertage, gibt es insgesamt $14 \cdot 5 = 70$ unterschiedliche Kalender.

Quelle: Aufgabe: Heinrich Hemme, *Magazin* (Wochenendbeilage der Aachener Zeitung und der Aachener Nachrichten), Nr. 64, 16. März 2013, S. 8. – Lösung: Heinrich Hemme, *Magazin*, Nr. 70, 23. März 2013, S. 8.

186 Der König auf dem Schachbrettchen

Mit seinem ersten Zug erreicht der König jeweils einer Wahrscheinlichkeit von 1/3 eines der drei Felder a2, b1 und b2.

Vom Feld a2 aus kann er fünf verschiedene Felder erreichen, von denen eines das Feld a3 ist. Die Wahrscheinlichkeit von a2 aus a3 zu erreichen ist somit 1/5.

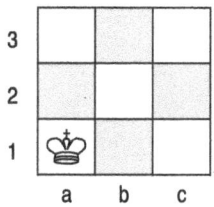

Steht der König auf dem Feld b2, kann er auf acht Felder, darunter auch auf a3, ziehen. Die Wahrscheinlichkeit von dort aus a3 zu erreichen, ist also 1/8.

Von b2 aus kann der König das Feld a3 mit einem Zug gar nicht erreichen.

Somit beträgt die Wahrscheinlichkeit, dass der König vom Feld a1 aus das Feld a3 in zwei Zügen erreicht

$$P = \frac{1}{3}\left(\frac{1}{5} + \frac{1}{8} + 0\right) = \frac{13}{120} \approx 10,83\ \% \ .$$

Quelle: Schriftliches Abitur im Leistungsfach Mathematik, Aufgabe C/e, Thüringen, 23. April 2010.

187 Das gevierteilte Dreieck

Bevor wir die eigentliche Aufgabe lösen, betrachten wir zunächst einmal die folgende Figur.

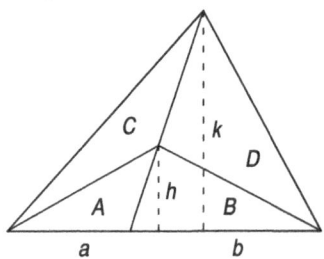

Die beiden kleinen Dreiecke mit den Flächen A und B haben die Grundseiten a und b und die gemeinsame Höhe h. Ihre Inhalte betragen somit $A = ah/2$ und $B = bh/2$. Auch die beiden großen Dreiecke mit den Flächen $A + C$ und $B + D$ haben die Grundseiten a und b. Ihre gemeinsame Höhe ist k. Folglich betragen ihre Inhalte $A + C = ak/2$ und $B + D = bk/2$. Daraus ergibt sich für die Flächenverhältnisse

$$\frac{A + C}{A} = \frac{ak/2}{ah/2} = \frac{k}{h}$$

und

$$\frac{B + D}{B} = \frac{bk/2}{bh/2} = \frac{k}{h}.$$

Diese beiden Flächenverhältnisse sind also gleich.

$$\frac{A + C}{A} = \frac{B + D}{B}$$

Damit gilt auch

$$\frac{C}{A} = \frac{D}{B}.$$

Dies wenden wir jetzt auf unser eigentliches Problem an.

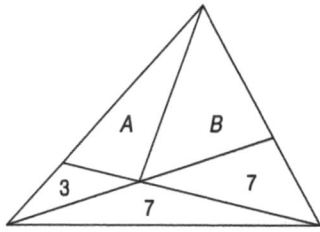

Mit einer zusätzlichen Linie teilen wir das Viereck in zwei Dreiecke, die die Flächeninhalte A und B haben. Jetzt gilt:

$$\frac{A}{B + 7} = \frac{3}{7}$$

$$\frac{B}{A + 3} = \frac{7}{7}$$

Löst man dieses Gleichungssystem auf, erhält man $A = 7{,}5$ und $B = 10{,}5$. Das Viereck hat somit eine Fläche von $A + B = 18$.

Quelle: Nobuyuki Yoshigahara, *Puzzles 101*, Natick 2004, S. 11, 74 (Japanische Originalausgabe: *Chocho Nanmon Suri Pazuru*, Tokio 2002).

188 Das Wegasystem

Der Planet Alpha benötigt für einen Umlauf um die Wega die Zeit T_1. Die Umlaufzeiten von Beta und Gamma sind T_2 und T_3. Die Winkelgeschwindigkeiten der drei Planeten sind also $360°/T_1$, $360°/T_2$ und $360°/T_3$. Am einfachsten lässt sich das Problem lösen, wenn man annimmt, dass der Planet Gamma stillsteht und dafür die beiden anderen Planeten sich um $360°/T_3$ langsamer drehen. Das heißt, die Winkelgeschwindigkeiten von Alpha und Beta sind

$$\omega_1 = \frac{360°}{T_1} - \frac{360°}{T_3} = 360°\left(\frac{1}{T_1} - \frac{1}{T_3}\right)$$

und

$$\omega_2 = \frac{360°}{T_2} - \frac{360°}{T_3} = 360°\left(\frac{1}{T_2} - \frac{1}{T_3}\right).$$

Wenn Alpha einen Winkel von $180°$ zurückgelegt hat, steht die Wega genau zwischen Alpha und Gamma und wenn Alpha $360°$ zurückgelegt hat, Alpha genau zwischen der Wega und Gamma. Das bedeutet, immer wenn Alpha ein ganzzahliges Vielfaches von $180°$ zurückgelegt hat, stehen Alpha, Gamma und die Wega in einer Linie. Die Zeiten t, zu denen dies der Fall ist, sind also:

$$\omega_1 t_1 = n \cdot 180°$$

$$360°\left(\frac{1}{T_1} - \frac{1}{T_3}\right)t_1 = n \cdot 180°$$

$$2\left(\frac{T_3 - T_1}{T_3 T_1}\right)t_1 = n$$

$$t_1 = \frac{n}{2} \cdot \frac{T_3 T_1}{T_3 - T_1}$$

Ganz dem entsprechend liegen Beta, Gamma und die Wega nach der Zeit t_2 auf einer Linie, wobei m die Halbrunden zählt.

$$t_2 = \frac{m}{2} \cdot \frac{T_3 T_2}{T_3 - T_2}$$

Immer wenn $t_1 = t_2$ ist, liegen alle vier Himmelskörper auf einer Linie.

$$\frac{n}{2} \cdot \frac{T_3 T_1}{T_3 - T_1} = \frac{m}{2} \cdot \frac{T_3 T_2}{T_3 - T_2}$$

$$n \cdot \frac{T_1}{T_3 - T_1} = m \cdot \frac{T_2}{T_3 - T_2}$$

Setzt man in diese Gleichung die Umlaufzeiten aus der Aufgabe ein, wird daraus

$$n \cdot \frac{2 \,\text{Jahre}}{17 \,\text{Jahre} - 2 \,\text{Jahre}} = m \cdot \frac{5 \,\text{Jahre}}{17 \,\text{Jahre} - 5 \,\text{Jahre}}$$

$$n \cdot \frac{2}{15} = m \cdot \frac{5}{12}$$

$$8n = 25m$$

Die kleinsten Zahlen, die diese Gleichung erfüllen, sind $m = 25$ und $n = 8$. Setzt man sie in die Gleichung für t_1 oder t_2 ein, ergibt sich, dass die Himmelskörper erstmals 28⅓ Erdenjahre nach der Landung der Enterprise wieder alle in einer Reihe stehen.

Quelle: Aufgabe: Heinrich Hemme, *Bild der Wissenschaft* 48, August 2011, S. 104.
– Lösung: Heinrich Hemme, *Bild der Wissenschaft* 48, November 2011, S. 17.

189 Ein berühmtes Zwölfeck

Das berühmte Zwölfeck ist das Kreuz der Schweizer Fahne. Die vier Arme des Kreuzes sind nicht, wie man es oft fälschlicherweise sieht, genauso lang wie breit, sondern Länge und Breite stehen im Verhältnis 7:6.

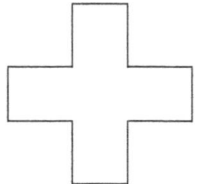

Quelle: Aufgabe: Heinrich Hemme, Internet, www.knobelforum.de, 2. Mai 2011. – Lösung: Heinrich Hemme, *Magazin* (Wochenendbeilage der Aachener Zeitung und der Aachener Nachrichten), Nr. 118, 21. Mai 2011, S. 2.

190 Adventskranzkerzen

Wenn an jedem Adventssonntag die Kerzen eine Zeit t lang brennen, ergibt dies für alle Adventssonntage und alle Kerzen zusammengezählt eine Gesamtbrennzeit von $t + 2t + 3t + 4t = 10t$. Beträgt die Brenndauer einer einzelnen Kerze T, gilt für den Adventskranz die Gleichung

$$10t = 4T.$$

Die Kerzen müssen folglich an jedem Adventssonntag die Zeit $t = (2/5)T$ brennen. Haben alle Kerzen zweimal gebrannt, sind sie jeweils zu $t = 4/5$ verbraucht und müssen deshalb alle wenigstens noch ein drittes Mal angezündet werden. Folglich benötigt man mindestens $3 \cdot 4 = 12$ Streichhölzer.

Insgesamt braucht man somit mindestens zwölf Streichhölzer. Dass aber auch zwölf Streichhölzer tatsächlich ausreichen, zeigt die Tabelle, in der die Brenndauern einer möglichen Lösung ausgelistet sind.

	1. Kerze	2. Kerze	3. Kerze	4. Kerze
1. Advent	$(2/5)T$			
2. Advent	$(1/5)T$	$(1/5)T$	$(1/5)T$	$(1/5)T$
3. Advent		$(2/5)T$	$(2/5)T$	$(2/5)T$
4. Advent	$(2/5)T$	$(2/5)T$	$(2/5)T$	$(2/5)T$

Quelle: Aufgabe: Mathe-Treff, Internet, www.bezreg-duesseldorf.nrw.de/ lerntreffs/mathe/pages/knobel/2001/archivos.html, November/Dezember 2001. – Lösung: Mathe-Treff, Internet, www.bezreg-duesseldorf.nrw.de/lerntreffs/mathe/pages/knobel/2001/ l24_os.html, November/Dezember 2001.

191 Heim- und Auswärtsspiele

Angenommen, die Mannschaft A spielt am ersten, dritten, fünften und allen anderen ungeraden Spieltagen zu Hause und an den geraden Spieltagen auswärts, und bei der Mannschaft B ist es genau umgekehrt. Treffen diese beiden Mannschaften aufeinander, kann es nur für die eine Mannschaft ein Heimspiel und für die andere ein Auswärtsspiel sein. Eine dritte Mannschaft C, die auch immer abwechselnd zu Hause und auswärts spielt, trifft irgendwann in der Hinrunde auf die Mannschaften A und B. Hat sie die Saison mit einem Heimspiel begonnen, müssten bei dem Treffen mit A beide Mannschaften zu Hause oder beide auswärts spielen, und hat sie die Saison mit einem Auswärtsspiel begonnen, müssten bei einem Treffen mit B beide Mannschaften zu Hause oder auswärts spielen. Beide Fälle sind aber unmöglich. Darum können höchstens zwei Mannschaften immer abwechselnd zu Hause und auswärts spielen.

Quelle: re787 (Pseudonym von Reinhard Heuermann), Internet, www.knobelforum.de, 23. Mai 2011.

192 Der Professor auf der Rolltreppe

Die Zahl der Stufen, die bei der stillstehenden Rolltreppe sichtbar sind, nennen wir n, und die Zeit, die der Professor für das Herabsteigen einer Stufe benötigt, wählen wir als Zeiteinheit.

Wenn der Professor auf der sich abwärts bewegenden Rolltreppe abwärts geht und dabei 50 Stufen betritt, geraten am unteren Ende $n - 50$ Stufen in 50 Zeiteinheiten außer Sicht. Pro Zeiteinheit verschwinden also $(n - 50)/50$ Stufen im Boden.

Während der Professor die Rolltreppe wieder hinaufrennt, tritt er auf 125 Stufen und benötigt dafür, weil er jetzt fünfmal so schnell ist, $125/5 = 25$ Zeiteinheiten. Während dieser Zeit geraten $125 - n$ Stufen am unteren Ende der Treppe außer Sicht, also $(125 - n)/25$ pro Zeiteinheit.

Da die Rolltreppe eine konstante Geschwindigkeit hat, gilt für jede Zeiteinheit:

$$\frac{n - 50}{50} = \frac{125 - n}{25}$$
$$n = 100$$

Man sieht also hundert Stufen, wenn die Rolltreppe stehen bleibt.

Quelle: Aufgabe: Martin Gardner, *Scientific American* 200, Mai 1959, S. 166. – Lösung: Martin Gardner, *Scientific American* 200, Juni 1959, S. 166.

193 Der größte gemeinsame Teiler

Aus vier unterschiedlichen Ziffern a, b, c und d lassen sich $4! = 24$ verschiedenen vierstellige Zahlen bilden. In diesen 24 Zahlen kommt die Ziffer a jeweils sechsmal auf der Einer-, auf der Zehner-, auf der

Hunderter- und auf der Tausenderstelle vor. Zur Summe S der 24 Zahlen trägt sie folglich

$$6(a + 10a + 100a + 1000a) = 6666a$$

bei. Die Ziffern b, c und d liefern einen entsprechenden Beitrag. Damit wird S zu

$$S = 6666(a + b + c + d).$$

Der Faktor $a + b + c + d$ kann jeden beliebigen Wert von 10 bis 30 annehmen, darunter auch die Primzahlen 11, 13, 17, 19, 23 und 29. Der größte gemeinsame Teiler dieses Faktors ist also 1. Folglich ist der größte gemeinsame Teiler aller möglichen Werte von S die Zahl 6666.

Quelle: Mathcounts, National Team #5, 1994 in: Patrick Vennebush und Terrel Trotter jun., *The All-Time Greatest Mathcounts Problems*, Alexandria 1999, S. 27, 68.

194 Verschachtelte Quadrate

Wegen der Symmetrie sind die vier rechtwinkligen Dreiecke, die das mittlere Quadrat aus dem äußeren Quadrat ausschneidet, alle völlig gleich. Damit ergibt sich sofort, dass das äußere Quadrat die Seitenlänge 7 hat.

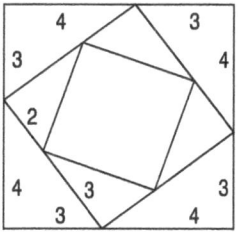

Mit dem Satz des Pythagoras erhält man für das mittlere Quadrat die Seitenlänge 5, und eine weitere Anwendung dieses Satzes ergibt für das kleine Quadrat die Seitenlänge $\sqrt{13}$.

Die Flächen des kleinsten und die des größten Quadrats stehen folglich im Verhältnis 13:49.

Quelle: Mathcounts, State Sprint #26, 1995 in: Patrick Vennebush und Terrel Trotter jun., *The All-Time Greatest Mathcounts Problems*, Alexandria 1999, S. 10, 48.

Die erste Zahl der Folge ist eine Eins. Alle weiteren Zahlen beschreiben jeweils ihre Vorgängerinnen. Dazu wird in aufsteigender Reihenfolge angegeben, aus wie vielen Einsen bis Neunen die Vorgängerzahl besteht.

Die erste Zahl enthält einmal die Eins (1×1). Deshalb lautet die zweite Zahl 11. Diese wiederum enthält zweimal die Eins (2×1), und somit ist die dritte Zahl 21. 21 enthält einmal die Eins und einmal die Zwei (1×1, 1×2), woraus sich 1112 ergibt.

Mit diesem Verfahren erhält man folgende Zahlen:

1

11

21

1112

3112

211213

312213

212223

114213

31121314

41122314

31221324

21322314

21322314

⋮

Die dreizehnte Zahl ist 21322314. Sie besteht aus 2×1, 3×2, 2×3 und 1×4. Folglich lauten auch die vierzehnte und alle weiteren Zahlen der Folge 21322314.

Quelle: Victor Bronstein und Aviezri S. Fraenkel, *American Mathematical Monthly* 101, Juni–Juli 1994, S. 560–563.

196 Die Zerlegung

Die Aufgabe lässt sich ohne jeden Trick lösen.

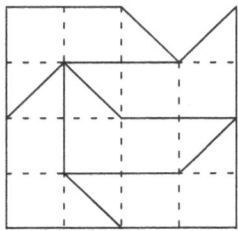

Bei der unten stehenden Figur sind alle fünf Linien gleich lang, und die untere Linie schließt mit der linken sowie der rechten rechte Winkel ein.

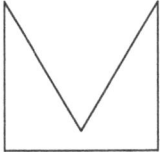

Zerlegen Sie die Figur in fünf deckungsgleiche Teile.

197 Einundzwanzig Streichhölzer

Nimmt man von den einundzwanzig Streichhölzern neun fort, bleiben natürlich nicht elf, sondern zwölf Hölzer übrig. Die zwölf Hölzer bilden jedoch das Zahlwort ELF.

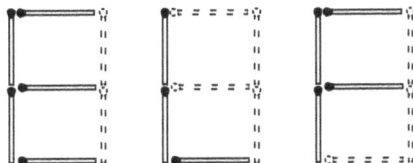

Es gibt aber auch noch eine andere Lösung, bei der durch das Entfernen von neun Streichhölzern die Ziffernfolge 1011 entsteht. 1011 kann man als Dualzahl deuten, die im Dezimalsystem den Wert 11 hat.

Quelle: Aufgabe und 1. Lösung: Gilbert Obermair, *Streichholz-Spielereien*, München 1975, S. 15, 140. – Obermair stellt die Aufgabe etwas anders. Er verlangt, dass durch das Entfernen von neun Hölzern ein Zahlwort entstehen soll. – 2. Lösung: Stephan Beckhäuser-Hoffmann, im vorliegenden Buch.

198 Die Quadratur des Kreises

Da die Seiten des Quadrates ABCD eine Länge von $2r$ haben, muss die Halbdiagonale

$$AM = r\sqrt{2}$$

lang sein. Folglich gilt

$$AE = r\sqrt{2} - r = \left(\sqrt{2} - 1\right)r$$

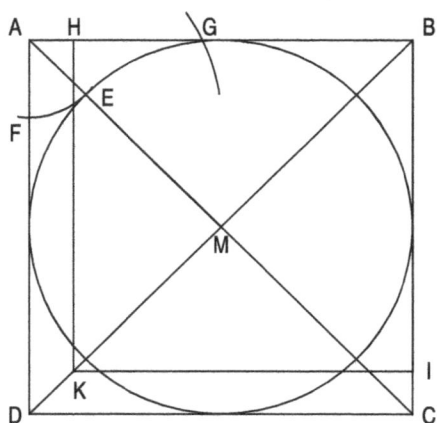

Die Strecken AF und AE und die Strecke FG und der Radius sind jeweils gleich lang.

$$AF = \left(\sqrt{2} - 1\right) r$$

$$FG = r$$

Nun kann man mit dem Satz des Pythagoras die Länge der Strecke AG berechnen.

$$AG = \sqrt{FG^2 - AF^2}$$

$$AG = \sqrt{r^2 - \left(\sqrt{2} - 1\right)^2 r^2}$$

$$AG = \sqrt{2\sqrt{2} - 2}\ r$$

Die Seitenlänge des Quadrates HBIK ist um ein Viertel von AG kürzer als die Seitenlänge des Quadrates ABCD.

$$HB = AB - \frac{AG}{4}$$

$$HB = 2r - \frac{1}{4}\sqrt{2\sqrt{2} - 2}\ r$$

$$HB = \left(2 - \frac{1}{4}\sqrt{2\sqrt{2} - 2}\right) r$$

Dieses Quadrat soll den Flächeninhalt πr^2 haben.

$$\pi r^2 = HB^2$$

$$\pi r^2 = \left(2 - \frac{1}{4}\sqrt{2\sqrt{2} - 2}\right)^2 r^2$$

$$\pi = \left(2 - \frac{1}{4}\sqrt{2\sqrt{2} - 2}\right)^2$$

$$\pi = 3{,}141596975...$$

Diese Zahl ist ein sehr guter Näherungswert der Kreiszahl

$$\pi = 3{,}141592654...$$

und weicht nur um knapp 0,00014 Prozent von ihr ab.

Quelle: Eduard Gregori in: Georg Innerebner, *Der Scherl* 21, 1947, S. 329–331.

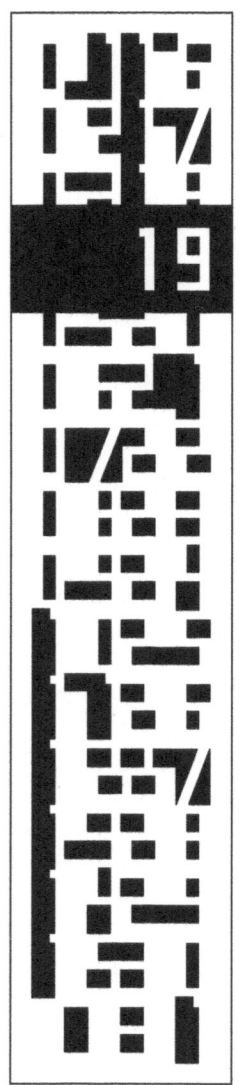

Erste Lösungen

199 Was ist das?

Der Gegenstand ist ein immerwährender Kalender. Auf dem recht-eckigen Täfelchen, das man an die Wand hängen kann, sind in zwei Spalten die Tageszahlen von 01 bis 15 und von 16 bis 31 in weißer Schrift auf schwarzem Untergrund dargestellt. Das fehlende Teil ist eine aufgesteckte und verschiebbare schwarze Blende mit zwei Schlitzen, die genau die Größe der Ziffern haben. Die Blende wird so von Tag zu Tag auf dem Täfelchen verschoben, dass man durch die Schlitze immer die aktuelle Tageszahl sehen kann. Wenn man nach dem 15. eines Monats auf den 16. umstellen möchte, muss man die Blende von dem Täfelchen herabziehen und um 180 Grad ge-dreht wieder aufstecken, damit man die Zahlen der zweiten Spalte sichtbar machen kann.

Quelle: Diese Kalender kann man kaufen. Erfinder und Hersteller sind mir nicht bekannt. – Kalender als Rätsel: Aufgabe: Heinrich Hemme, *Magazin* (Wochenendbeilage der Aachener Zeitung und der Aachener Nachrichten), Nr. 6, 7. Januar 2012, S. 2. – Lösung: Heinrich Hemme, *Magazin*, Nr. 12, 14. Janu-ar 2012, S. 2.

200 Das Schachbrettdreieck

Zeichnet man auf ein Schachbrett ein Rechteck, dessen Ecken alle auf Ecken der Schachfelder liegen, so hat genauso viele schwarze wie weiße Felder, wenn mindestens eine der Seiten des Rechtecks geradzahlig ist. Wenn aber beide Seiten des Rechtecks ungeradzah-lig sind, hat es von einer Farbe ein Feld mehr als von der anderen Farbe.

Das untere, linke Feld eines Schachbretts ist schwarz. Setzt man ein Rechteck mit den Seitenlängen 97531 und 13579 in die linke un-tere Ecke des Schachbretts, hat es ein schwarzes Feld mehr als weiße Felder. Schneidet man dieses Rechteck entlang einer Diagonalen von oben links nach unten recht durch, entstehen zwei Dreiecke, von de-nen das linke das Dreieck aus der Aufgabe ist. Beide Dreiecke sind gleich groß und auch völlig gleichartig gemustert. Somit ist die Grö-ße der schwarzen Fläche bei beiden Dreiecken um ein halbes Feld höher als die der weißen Fläche.

In der Skizze ist ein Rechteck der Größe 7×9 auf einem gewöhn-lichen Schachbrett zu sehen, das sich aber genauso verhält wie das große Dreieck auf dem Riesenschachbrett.

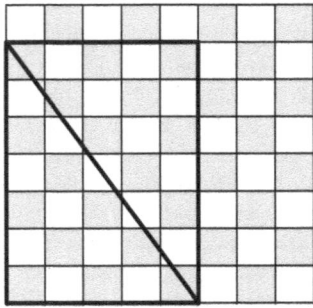

Quelle: Aufgabe: Keith Austin, *New Scientist* 167, 26. August 2000, S. 49. – Lösung: Keith Austin, *New Scientist* 168, 7. Oktober 2000, S. 53.

201 Summe und Produkt

Angenommen, P würde sagen „Du kannst unmöglich wissen, wie meine Zahl lautet." und S darauf erwidern „Da täuschst du dich. Deine Zahl ist 136." S kann seine Summe aber nur dann eindeutig in zwei Summanden zerlegen, wenn sie 2 oder 3 beträgt. Er hätte also nicht die Zahl 136, sondern 1 oder 2 nennen müssen. Folglich ist der erste Sprecher S und der zweite P.

P kann sein Produkt p nur dann eindeutig in zwei Faktoren zerlegen, wenn es eine Primzahl ist. Die beiden Faktoren wären dann 1 und p und die Summe betrüge $s = p + 1$. Da aber S behauptet, P könne auf gar keinen Fall seine Zahl kennen, kann s keine um 1 erhöhte Primzahl sein.

P kann als Logiker natürlich die Überlegungen von S nachvollziehen und weiß darum, dass s keine um 1 erhöhte Primzahl ist. Wenn er nun alle Zerlegungen seines Produktes in zwei Faktoren betrachtet und nur in einem einzigen Fall ist die Summe dieser beiden Faktoren nicht um 1 größer als eine Primzahl, dann muss dies die gesuchte Summe s von S sein.

Aus der Aufgabe wissen wir, dass $s = 136$ ist. Somit sind die beiden Zahlen, die sich der Professor ausgedacht hat eines der Paare (1, 135), (2, 134), (3, 133), ... und (68, 68). Das Produkt p von P kann somit nur eine der Zahlen 135, 268, 399, ... und 4624 sein. Jede diese Zahlen lässt sich auf unterschiedlich viele Weisen zwei Faktoren zerlegen. Zwei Faktorenpaare sind jedoch bei jeder diese Zahlen dabei: (1, p) und (p_1, p_2), wobei $p_1 + p_2 = 136$ ist. In beiden

Fällen ist die Summe nicht um 1 größer als eine Primzahl. Darum kann keine dieser Zahlen das Produkt p von P sein.

Es gibt jedoch eine Ausnahme: Wenn es sich bei $(1, p)$ und (p_1, p_2) um das gleiche Zahlenpaar handelt, wird als aus den zwei Fällen nur ein einziger Fall. Die beiden Faktoren können dann nur 1 und 135 sein und p muss den Wert 135 haben.

Die Zahl 135 kann auf vier verschiedene Weisen in zwei Faktoren zerlegt werden: $1 \cdot 135$, $3 \cdot 45$, $9 \cdot 24$ und $5 \cdot 27$. Sie führen zu den Summen 136, 48, 24 und 32. Nur 135 ist nicht um 1 größer als eine Primzahl. Also sind die beiden Zahlen, die sich der Logikprofessor ausgedacht hat, 1 und 135.

Quelle: Anonymus, *Mediterranean Mathematics Olympiad*, Aufgabe 1, 2005.

202 Burpsige Zahlen

Ein Burps ist eine Silbe. Die kleinste zweisilbige Zahl ist 7 = sie-ben. Die größte einsilbigen Zahl ist 12 = zwölf und die größte zweisilbige 1000 = tau-send. Die Differenz $1000 - 12 = 988$ = neun-hun-dert-acht-und-acht-zig hat sieben Silben.

Quelle: Aufgabe: Heinz-Willi Wyes, *Magazin* (Wochenendbeilage der Aachener Zeitung und der Aachener Nachrichten), Nr. 100, 28. April 2012, S. 2. – Lösung: Heinz-Willi Weyes, *Magazin*, Nr. 105, 5. Mai 2012, S. 2.

203 Tante Gerdas Traummann

Wenn Tante Gerda die Temperatur in Grad Celsius und ihr amerikanischer Traummann sie in Grad Fahrenheit gemessen haben, können sie beide recht gehabt haben.

Mit der Gleichung

$$T_F = \frac{9}{5} T_C + 32$$

lässt sich eine Celsiustemperatur T_C in eine Fahrenheittemperatur T_F umrechnen.

Wenn Tante Gerdas negative Celsiustemperatur den Wert $-T$ hat, so hat ihr Traummann eine positive Fahrenheittemperatur vom Wert T gemessen. Die wird in die Umrechnungsgleichung eingesetzt.

$$T = -\frac{9}{5}\,T + 32$$
$$T = 11\tfrac{3}{7}$$

Tante Gerda hat also an dem Morgen auf der Ostsee eine Temperatur von $-11\tfrac{3}{7}$ °C und der Amerikaner von $+11\tfrac{3}{7}$ °F gemessen.

Quelle: Aufgabe: Heinrich Hemme, *Magazin* (Wochenendbeilage der Aachener Zeitung und der Aachener Nachrichten), Nr. 144, 23. Juni 2012, S. 2. – Lösung: Heinrich Hemme, *Magazin*, Nr. 150, 30. Juni 2012, S. 2.

Zweite Lösungen

3 Sockenprobleme

Da das Paar nicht eine bestimmte Farbe haben muss, reicht es aus, drei Socken aus dem Korb zu nehmen.

Sind Sie etwa zu einem anderen Ergebnis gekommen?

Quelle: 1. Aufgabe: Martin Gardner, *Scientific American* 196, Februar 1957, S. 154. – 1. Lösung: Martin Gardner, *Scientific American* 196, März 1957, S. 166. – 2. Teil: Orville A. Sullivan, *Scripta Mathematica* 9, 1943, S. 116, 118.

4 Die Teilung des Kuchens

So unglaublich es auch klingt: Alfred und Berta können sich immer, bis auf eine sehr selten eintretende Extremsituation, den Kuchen so teilen, dass beide der Ansicht sind, mehr als die Hälfte erhalten zu haben.

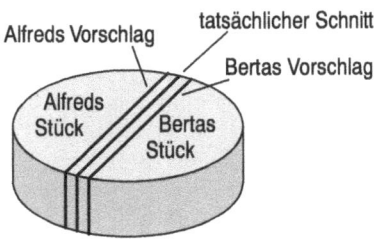

Bei dem Verfahren machen beide Kinder einen Vorschlag für einen Schnitt, der den Kuchen ihrer Meinung nach in zwei genau gleich große Hälften teilt. Die Schnitte müssen ungefähr parallel zu einer vorgegebenen Linie, zum Beispiel einer Kante des Kuchens, verlaufen, denn sie dürfen sich nicht schneiden. Jetzt wird der Kuchen irgendwo zwischen den beiden vorgeschlagenen Schnitten zerteilt, und jedes Kind kann das Stück bekommen, von dem es meint, dass es größer ist als die Hälfte. Nur in dem Grenzfall, dass beide die gleiche Schnittlinie vorschlagen, erhält jedes nur ein Stück, das seiner Meinung nach genau die Hälfte des Kuchens ist.

Gerade als Alfred und Berta anfangen wollen, den Kuchen zu teilen, kommt noch der Nachbarjunge Carl dazu. Die beiden überlegen sich, den Kuchen jetzt durch drei zu teilen.

Gibt es ein Verfahren, den Kuchen so zu teilen, dass sich jedes der drei Kinder sicher ist, das größte Stück bekommen zu haben?

Es reicht also nicht aus, ein Verfahren zu finden, mit dem man den Kuchen so teilen kann, dass jedes Kind mindestens ein Drittel bekommt, denn dann könnte noch folgende Situation auftreten: Alfreds Stück beträgt seiner Meinung nach 35% des Kuchens, er glaubt also mehr als ein Drittel bekommen zu haben. Trotzdem ist er unzufrieden, da er meint, dass die restlichen 65% so verteilt sind, dass Berta 40% und Carl 25% erhalten hat. Berta hat seiner Ansicht nach ein größeres Stück Kuchen als er.

Wie müssen die Kinder teilen, so dass jedes sicher ist, das größte Stück bekommen zu haben?

5   Die Schnecke und die Fahnenstange

Auf dem Hinweg ist die Schnecke tagsüber aktiv gekrochen und hat sich nachts ausgeruht. Während der ganzen Zeit ist die Schnecke permanent – tags und nachts – auf ihrer Schleimspur nach unten gerutscht. Über Tag ist dieses Herabrutschen durch das Hinaufkriechen überlagert gewesen, so dass insgesamt eine Bewegung nach oben entstanden ist. Nachtsüber hat jedoch die aktive Bewegung der Schnecke gefehlt, so dass sie insgesamt herabgerutscht ist.

Wie groß ist die Eigenbewegung der Schnecke bei Hinaufkriechen gewesen? Sie ist pro Nacht und damit auch pro Tag 3,50 m herabgerutscht. Da sie insgesamt am Tag 5,25 m an Höhe gewonnen hat, ist sie durch ihre Eigenbewegung 5,25 m + 3,50 m = 8,75 m hinaufgekrochen.

Auf dem Rückweg wirken das Kriechen und das Rutschen in die gleiche Richtung. Die Schnecke schafft deshalb pro Tag eine Strecke von 8,75 m + 3,50 m = 12,25 m. Nachts rutscht sie, wie schon auf dem Hinweg, 3,50 m nach unten.

Da sie den Rückweg am Abend beginnt, rutscht sie in der ersten Nacht 3,50 m herunter. Am folgenden Tag legt sie weitere 12,25 m zurück, so dass sie am Abend insgesamt 15,75 m geschafft hat. Die restlichen 1,75 m bis zum Boden rutscht sie dann in der folgenden halben Nacht herab.

Insgesamt ist sie auf dem Rückweg also anderthalb Nächte und einen Tag unterwegs.

Quelle: 1. Teil: Anonymus, *Columbia-Algorismus* (Codice antichissimo di Algorismo, X511, A13), italienisches Manuskript, das seit 1902 in Besitz der Columbia-Universität in New York ist, Problem Nr. 67, Blatt 33, ca. 1370. – 2. Teil: Wolfgang Schneider in: Heinrich Hemme, *Mathematik zum Frühstück*, 2. Aufl., Göttingen 2003, S. 109–110.

20 Das Zersägen eines Schachbretts

Wenn man ein Bruchstück eines Schachbretts in zwei Teile zersägt, hat sich die Gesamtzahl der Bruchstücke um eins erhöht. Am Anfang, bevor das Brett zersägt war, gab es ein Teil, zum Schluss sind es vierundsechzig Teile. Folglich muss der Tischler dreiundsechzigmal sägen, um das Schachbrett vollständig zu zerlegen.

Quelle: Evgeni Jakovlevič Gik, *Schach und Mathematik*, Moskau/Leipzig 1986, S. 17–18 (russische Originalausgabe: Moskau 1983).

29 Inecke und Umecke

Der Trick bei der Lösung dieses Problems ist der gleiche wie bei den Quadraten aus dem ersten Teil der Aufgabe.

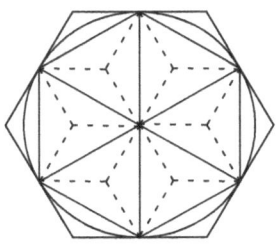

Das innere Sechseck kann um 30 Grad gedreht werden, ohne dass sich sein Flächeninhalt verändert. Jetzt verbindet man den Kreismittelpunkt mit den Ecken des inneren Sechsecks. Dadurch entstehen sechs gleichseitige Dreiecke. In jedem dieser Dreiecke zieht man Linien von den Ecken zu ihren Mittelpunkten. Die gesamte Fläche der Figur ist nun in lauter kongruente gleichschenklige Dreiecke unterteilt.

Das große Sechseck wird von 24 und das kleine von 18 dieser Dreiecke bedeckt. Das Verhältnis ihrer Flächen beträgt also 24:18 oder 4:3.

Quelle: 1. Teil: Claude Birtwistle, *Mathematical Puzzles and Perplexities*, London 1971, S. 79, 177, 191. – 2. Teil: Charles W. Trigg, *Mathematics Magazine* 35, März 1962, S. 70.

34 Widerstände

Wenn man die Schaltung etwas anders zeichnet, fällt einem die Lösung sofort ins Auge. Alle drei Widerstände sind mit ihrem a-Ende direkt mit dem Punkt A und mit ihrem b-Ende direkt mit B verbunden. Es handelt sich also um eine einfache Parallelschaltung von drei Widerständen. Da die einzelnen Widerstände alle ein Ohm betragen, ist der Gesamtwiderstand somit ein Drittel Ohm.

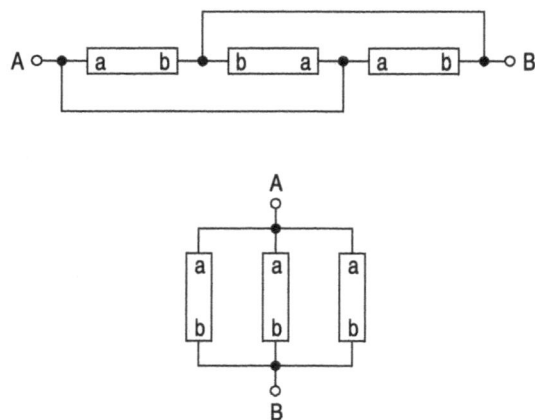

Quelle: 1. Teil: E. E. Brooks und A. W. Poyser, *Magnetism and Electricity*, London 1920, S. 277–279. – 2. Teil: Marie Berrondo, *Récréations mathématiques*, Paris 1982.

38 Diagonalen

Drei in einem Punkt senkrecht aufeinanderstehende Geraden haben in der Mathematik, aber auch in den Naturwissenschaften und in der Technik ein große Bedeutung: Sie bilden das kartesische Koordinatensystem mit seiner x-, y- und z-Achse.

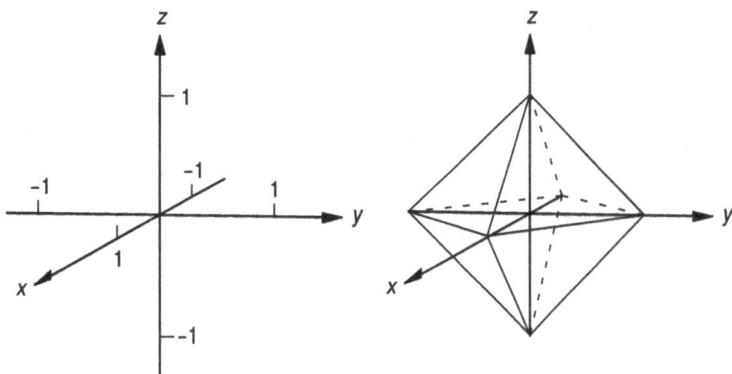

Verbindet man die sechs Punkte auf den drei Koordinatenachsen $x = +1$, $x = -1$, $y = +1$, $y = -1$, $z = +1$ und $z = -1$ miteinander, erhält man das Skelett eines regulären Oktaeders. Die drei Diagonalen des Körpers werden von den Achsenabschnitten, die alle eine Länge von zwei Einheiten haben und natürlich senkrecht aufeinanderstehen, gebildet. Das regelmäßige Oktaeder ist folglich ein Körper, der die gewünschten Eigenschaften aufweist.

Er ist jedoch nicht die einzige Lösung. Es lassen sich noch leicht unregelmäßige Oktaeder konstruieren, deren Diagonalen zwar gleich lang sind und die rechtwinklig aufeinanderstehen, aber die sich nicht gegenseitig im Schnittpunkt halbieren.

Quelle: Heinrich Hemme, *Mathematik zum Frühstück*, Göttingen 1990, S. 73, 112–113.

40 Reihen

Die Reihe besteht aus den alphabetisch geordneten Buchstaben, die in Blockschrift nur aus geraden Linien bestehen. Die Buchstaben, die Bögen enthalten, wie B, C oder D, sind ausgelassen worden.

Die restlichen Buchstaben dieser Reihe sind folglich N, T, V, W, X, Y und Z.

Quelle: 1. Teil: Anonymus, *Mathematics Magazine* 34, Januar–Februar 1961, S. 184. – 2. Teil: James F. Fixx, *Solve it!*, London 1978. S. 44, 87.

53 Tetrominos

Wir färben das 10×10-Schachbrett nicht so, wie es bei einem gewöhnlichen Spiel der Fall ist, sondern so, dass sich immer zwei weiße und zwei schwarze Diagonalen abwechseln. Damit lässt sich der Unlösbarkeitbeweis sehr elegant führen.

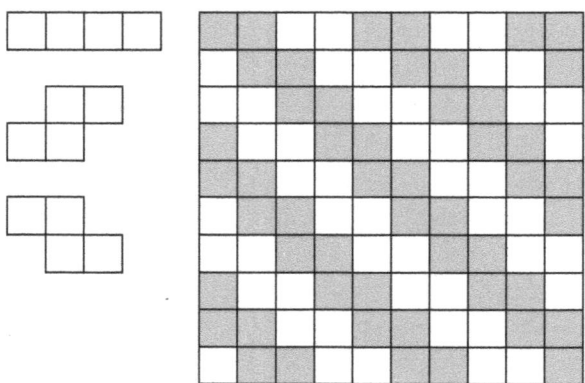

Legen wir ein gerades Tetromino auf das Spielbrett, deckt es immer zwei schwarze und zwei weiße Felder ab. Das Treppentetromino hingegen liegt entweder auch auf zwei schwarzen und zwei weißen Feldern oder es liegt ausschließlich auf weißen oder schwarzen Feldern. In allen Fällen aber bedecken die Tetrominos eine gerade Zahl weißer und eine gerade Zahl schwarzer Felder. Da es aber 51 schwarze und 49 weiße Felder gibt, also beides ungerade Anzahlen, existiert keine Lösung.

Quelle: 1. Teil: Solomon W. Golomb in: Martin Gardner, *Scientific American* 203, November 1960, S. 192. – 2. Teil: Solomon W. Golomb, *American Mathematical Monthly* 61, Dezember 1954, S. 679.

Betrachten wir einmal die beiden Länder A und B einer Kreiskarte. Ihre gemeinsame Grenze ist ein Bogen, der zu dem Kreis X gehört. Das ganze Land B liegt innerhalb und das ganze Land A außerhalb von X.

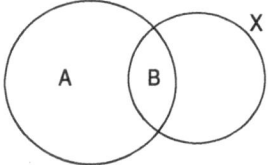

Es ist einleuchtend, dass das immer so sein muss: Sind zwei benachbarte Länder durch den Bogen eines Kreises getrennt, so liegt ein Land vollständig innerhalb und das andere Land vollständig außerhalb dieses Kreises. Alle anderen Länder der Karte umschließen entweder beide Länder gemeinsam oder keines von beiden. Dabei bedeutet das Umschließen eines Landes durch einen Kreis nicht unbedingt, dass ein Teil des Bogens mit der Landesgrenze zusammenfällt, sondern dass der Kreis es auch weit außen umfassen kann.

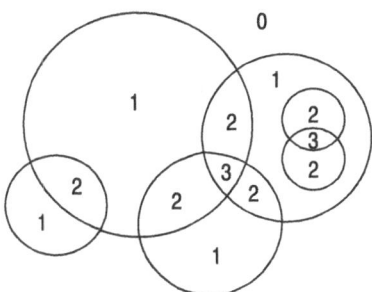

Daraus folgt, dass die Anzahl der zwei benachbarte Länder umfassenden Kreise genau um 1 differiert. Schreibt man nun in jedes Land einer Karte die Anzahl der Kreise, die es umschließen, so stoßen an ein Land mit einer geraden Zahl nur Länder mit ungeraden Zahlen und umgekehrt, an ein Land mit einer ungeraden Zahl nur Länder mit geraden Zahlen. Färben wir jetzt alle Länder mit einer geraden

Zahl weiß und alle mit einer ungeraden schwarz, so ist die Kreiskarte regulär gefärbt.

Im Gegensatz zur Kreiskarte entsteht die Geradenkarte nicht aus willkürlich angeordneten Kreisen, sondern aus einer beliebigen Zahl von Geraden. Die Linien dürfen völlig frei gezogen werden, sie müssen nur an den Rändern der Karte beginnen und enden. Die sich schneidenden Geraden teilen die Karte in Länder auf.

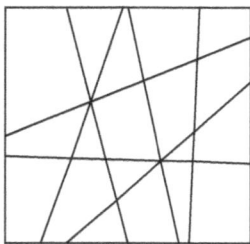

Versuchen Sie zu beweisen, dass sich diese Karte immer mit nur zwei Farben regulär färben lässt.

60 Primzahlen

Wir werden den Beweis indirekt führen, indem wir annehmen, es gäbe nur eine begrenzte Anzahl Primzahlen und deshalb auch eine größte Primzahl, und diese Annahme zu einem Widerspruch führen.

Angenommen, die größte Primzahl wäre p. Betrachten wir jetzt das um 1 erhöhte Produkt q aller Primzahlen.

$$q = 2 \cdot 3 \cdot 5 \cdot 7 \cdot 11 \ldots \cdot p + 1$$

Diese Zahl q kann durch keine der Primzahlen 2, 3, 5, ... oder p teilbar sein, da immer ein Rest von 1 bliebe. Darum muss q entweder selbst eine Primzahl oder das Produkt mehrerer Primzahlen sein, die alle größer als p sind. In beiden Fällen kann p nicht die größte Primzahl sein. Folglich gibt es keine größte Primzahl, und die Anzahl der Primzahlen ist unendlich.

Quelle: 1. Teil: John D. Baum, *Mathematics Magazine* 39, Mai 1966, S. 160, 196. – 2. Teil: Euklid, *Elemente*, Buch IX, Proposition 20, ca. 300 v. Chr.

Die Flächen des regulären Oktaeders können wie die Felder eines Schachbretts immer abwechselnd schwarz und weiß gefärbt werden. Dadurch stößt jedes weiße Dreieck nur an schwarze Dreiecke und jedes schwarze Dreieck nur an weiße. Durch diese Färbung erhält das Oktaeder vier schwarze und vier weiße Flächen.

Diese Eigenschaft müssen auch die Oktaedernetze haben. Färben wir die Dreiecke der zwölf Netze so, dass nie zwei gleichfarbige Flächen aneinanderstoßen, finden wir, dass alle Netze, außer dem zehnten, vier schwarze und vier weiße Dreiecke enthalten. Das zehnte Netz kann nur mit drei schwarzen und fünf weißen oder mit fünf schwarzen und drei weißen Feldern schachbrettartig gefärbt werden. Es kann somit kein Oktaedernetz sein.

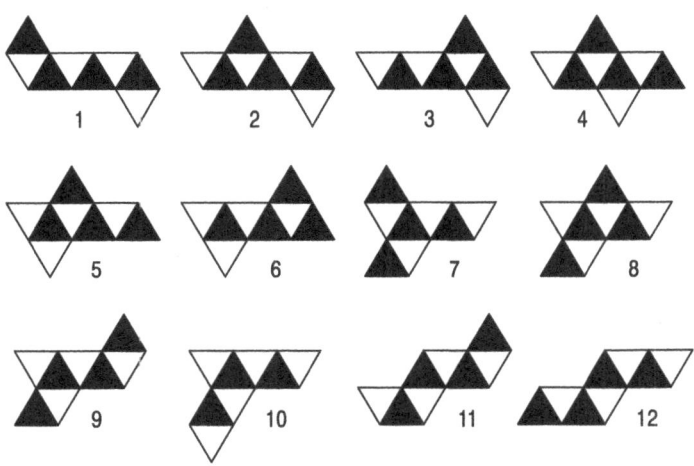

Auf einem unendlich ausgedehnten Dreiecksgitter liegt auf einem Feld ein reguläres Oktaeder, dessen Seitenflächen genauso groß sind, wie die Dreiecke des Gitters. Das Oktaeder liegt so auf dem Gitter, dass es ein Feld genau abdeckt. Die nach oben zeigende Fläche des Körpers ist mit einem Kreuz markiert.

Ihre Aufgabe ist nun, das Oktaeder vom Startfeld auf das direkt davorliegende Zielfeld zu bringen. Auch auf dem Zielfeld muss die markierte Fläche nach oben zeigen.

Um das Oktaeder von einem Feld auf ein Nachbarfeld zu bringen, wird es über eine Kante abgerollt. Das Oktaeder darf also nicht geschoben werden. Nach dem Abrollen zeigt natürlich eine andere Seitenfläche nach oben. Wie viele Schritte braucht man mindestens, um das Oktaeder vom Start- zum Zielfeld zu bringen?

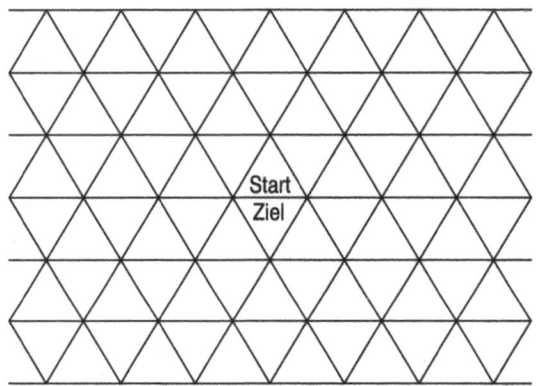

66 Polygone

Die Lösungsidee ist die gleiche wie beim ersten Teil dieser Aufgabe. Das gestauchte gleichseitige Sechseck kann in vier gleichschenklige, rechtwinklige Dreiecke und in zwei Rechtecke zerlegt werden. Aus diesen Figuren kann man ein regelmäßiges Achteck zusammensetzen, das die gleiche Seitenlänge hat wie das Sechseck.

$$A_8 = 8A_3 + 4A_4 = 2(4A_3 + 2A_4) = 2A_6 = 20 \text{ cm}^2$$

Das regelmäßige Achteck ist folglich doppelt so groß wie das gestauchte Sechseck. Es hat also einen Flächeninhalt von zwanzig Quadratzentimetern.

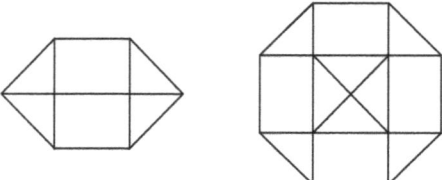

Quelle: 1. Teil und 2. Aufgabe: Heinrich Hemme, *Mathematik zum Frühstück*, Göttingen 1990, 1. Aufl., S. 73, 96–97. – 2. Lösung: Helmut Postl in: Heinrich Hemme, *Mathematik zum Frühstück*, 2. Aufl., Göttingen 2003, S. 116.

68 Tetraeder und Oktaeder

Wir nehmen zunächst einmal an, der Raum sei dicht mit lauter gleichen Würfeln gefüllt. Jetzt ziehen wir an den beiden Ecken A und B und verzerren das gesamte Würfelgitter. Aus den Würfeln werden Parallelepipede, die aber natürlich immer noch den Raum füllen.

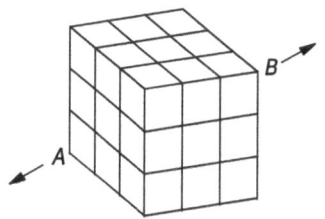

Betrachten wir nun einen einzelnen Würfel. Durch den Zug an den Ecken A und B werden aus den quadratischen Seitenflächen Rhomben.

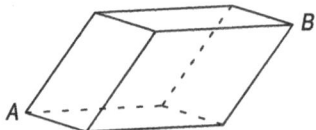

Die Verzerrung wird gerade so gewählt, dass die kurze Diagonale eines Rhombus genauso lang ist wie ihre Kanten. Die Rhomben bestehen dann aus zwei gleichseitigen Dreiecken.

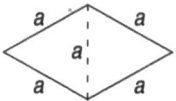

Diesen so verzerrten Würfel kann man sich aus einem regulären Oktaeder und zwei regulären Tetraedern zusammengesetzt denken. Damit ist bewiesen, dass man mit regulären Tetraedern und Oktaedern den Raum dicht füllen kann. Gleichzeitig ist der Beweis eine Anleitung, wie die Körper dazu aneinandergelegt werden müssen.

Quelle: Charles W. Trigg, *Mathematical Quickies*, New York 1967, S. 32, 127–129.

81 Wahrscheinlichkeit beim Würfeln

Das Problem ist unlösbar. Mit jedem Würfel kann man sechs verschiedene Zahlen werfen, bei zwei Würfeln ergibt dies insgesamt 36 Kombinationen. Die Summe der Augen soll von zwei bis zwölf reichen, das heißt, es gibt elf verschiedene Augenzahlen. Wenn die Wahrscheinlichkeiten mit einem Wurf eine bestimmte Augenzahl zu erreichen, für jede dieser elf Zahlen gleich sein sollen, müssen sich die 36 verschiedenen Kombinationen gleichmäßig auf die elf Augenzahlen verteilen. Dies ist jedoch unmöglich, da 36 nicht durch 11 teilbar ist.

Quelle: 1. Teil: George Sicherman in: Martin Gardner, *Scientific American* 238, Februar 1978, S. 19. – Sicherman verlangte, dass die Würfel positive Augenzahlen tragen sollten. Deshalb gab es als Lösung nur die beiden Sicherman-Würfel. Die Erweiterung, dass es auch augenlose Würfelseiten geben darf, stammt von Heinrich Hemme. – 2. Teil: Heinrich Hemme, *Mathematik zum Frühstück*, Göttingen 1990, S. 109, 120.

95 Quadratzahlen

Da die Zahl 15 763 530 163 289 auf 9 endet, also auf eine für Quadratzahlen mögliche Ziffer, müssen wir einen anderen Test ausprobieren. Wir werden diesen neuen Test, bevor wir ihn anwenden, zunächst einmal herleiten.

Teilt man eine beliebige ganze Zahl N durch 9, so erhält man den Quotienten n und den Divisionsrest R, der die Werte 0, 1, 2, 3, 4, 5, 6, 7 oder 8 haben kann.

$$N = 9n + R$$

Jetzt betrachten wir das Quadrat dieser Zahl.

$$N^2 = (9n + R)^2 = 81n^2 + 18nR + R^2$$

                                             Zweite Lösungen

Die beiden Ausdrücke $81n^2 = 9 \cdot 9n^2$ und $18nR = 9 \cdot 2nR$ sind Vielfache von 9, die man deshalb zu

$$9m = 9(9n^2 + 2R)$$

zusammenfassen kann. Damit wird aus N^2

$$N^2 = 9m + R^2$$

Das Quadrat des Restes kann folgende Werte annehmen:

R	0	1	2	3	4	5	6	7	8
R^2	0	1	4	9	16	25	36	49	64
R'	0	1	4	0	7	7	0	4	1

Teilen wir nun auch noch R^2 durch 9, so erhalten den Divisionsrest R', der nur die Werte 0, 1, 4 oder 7 haben kann.

$$R^2 = 9p + R'$$

Fasst man $m + p$ zu q zusammen, ergibt sich für N^2 der Ausdruck

$$N^2 = 9q + R'.$$

Der Divisionsrest bei der Teilung einer Quadratzahl durch 9 kann also nur 0, 1, 4 oder 7 betragen.

Wie stellt man nun am einfachsten fest, wie groß dieser Rest ist? Man bildet die Quersumme von N^2 und teilt diese durch 9. Die Divisionsreste sind dann bei N^2 und bei ihrer Quersumme gleich.

Wenden wir dies nun auf unser konkretes Problem an. Die Quersumme von 15 763 530 163 289 beträgt 59, der Rest der Division durch 9 ist also 5. Die Zahl kann somit keine Quadratzahl sein.

Quelle: 1. Teil: Anonymus in: Heinrich Hemme, *Die Sphinx*, Göttingen 1994, S. 18, 114–115. – 2. Teil: Joseph Degrazia, *Math is Fun*, New York 1948, S. 95, 147–148.

97 Kalenderblätter

Wenn der 18. eines Monats ein Sonntag wäre, müssten auch der 4., 11. und 25. Sonntage sein. Der Monat hätte also insgesamt vier Sonntage. Da alle Studenten, außer Frieda, dieses Kalenderblatt sehen, wüssten dies auch alle. Nun kann man, wie im ersten Teil der Aufgabe begründet, aus dem „nein" der ersten vier Studenten schließen, dass diese höchstens drei Sonntage, zwei Sonntage, einen Sonntag bzw. keinen Sonntag gesehen haben. Das widerspricht jedoch der Annahme, dass das letzte Blatt, der 18., ein Sonntag sei. Folglich muss das letzte Kalenderblatt zu einem Wochentag gehören, und da sich auch Frieda dies überlegen kann, muss ihre Antwort „ja" lauten.

Die Antwort „ja" des fünften Studenten bedeutet übrigens, dass es sich um einen Monat mit gerade vier Sonntagen handeln muss, was sich natürlich jeder Student, der nur ein einziges Kalenderblatt sieht, überlegen kann.

Quelle: Roland Sprague, *Unterhaltsame Mathematik*, Braunschweig 1961, S. 7–8, 27–28.

102 Fakultäten

Der Wert von 10! beträgt 3 628 800 und endet auf zwei Nullen. Da alle höheren Fakultäten Vielfache von 10! sind, müssen auch sie mindestens mit zwei Nullen enden. Dies bedeutet nun, dass nur die Zahlen von 1! bis 9! einen Beitrag zur letzten und vorletzten Ziffer von S liefern.

$$1! + 2! + 3! + 4! + 5! + 6! + 7! + 8! + 9!$$
$$= 1 + 2 + 6 + 24 + \ldots 20 + \ldots 20 + \ldots 40 + \ldots 20 + \ldots 80 = \ldots 13$$

Die vorletzte Ziffer von S ist also eine 1.

Quelle: 1. Teil: David L. Silverman, *Journal of Recreational Mathematics* 3, Juli 1970, S. 174–175. – 2. Teil: Anonymus, *The Mathematics Teacher* 82, April 1989, S. 267, 269.

105 Acht gleichseitige Dreiecke

Die n Geraden werden in drei Gruppen A, B und C eingeteilt. Alle A-Geraden liegen parallel zur unteren Seite des Blattes, alle B-Geraden verlaufen von links unten nach rechts oben und alle C-Geraden von rechts unten nach links oben. Die B- und die C-Geraden schließen mit den A-Geraden Winkel von 60° ein. Die Geraden sollen so gezogen sein, dass niemals drei Geraden durch einen Punkt laufen.

Nun bildet jedes Trio aus einer A-Geraden, einer B-Geraden und einer C-Geraden ein gleichseitiges Dreieck. Wenn in den Gruppen A,

B und C die Anzahlen der Geraden a, b und c sind, dann können genau $N = a \cdot b \cdot c$ gleichseitige Dreiecke geformt werden. Es bleibt also die Frage, wie man die n Geraden auf die drei Gruppen verteilen muss, damit $N = a \cdot b \cdot c$ möglichst groß wird. Sie ist jedoch leicht zu beantworten:

n	a	b	c	N
$3k$	k	k	k	k^3
$3k + 1$	$k + 1$	k	k	$(k+1)\,k^2$
$3k + 2$	$k + 1$	$k + 1$	k	$(k+1)^2\,k$

Dabei soll k eine ganze Zahl sein.

Quelle: 1. Aufgabe: Martin Gardner, *Scientific American* 220, April 1969, S. 126. − 1. Lösung: Davidsternlösung: Martin Gardner, *Scientific American* 220, Mai 1969, S. 124; Lösungsvarianten: Gary Rieveschl und Harry Kemmerer in: Martin Gardner, *Scientific American* 221, August 1969, S. 121. − 2. Teil: Helmut Postl in: Heinrich Hemme, *Die Sphinx*, Göttingen 1994, S. 68, 116.

108 Die Maximierung

Das Volumen einer Pyramide ist ein Drittel des Produktes aus ihrer Grundfläche G und ihrer Höhe h.

$$V = \tfrac{1}{3}Gh$$

Da es keine Rolle spielt, welche Fläche man als ihrer Grundfläche betrachtet, können wir die Pyramide auch kippen und die Fläche, die die Katheten von einem Zentimeter und von zwei Zentimetern Länge hat, als Grundfläche nehmen. Jetzt ist es leicht, die Grundfläche

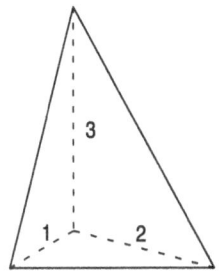

und die Höhe unabhängig voneinander zu maximieren. Die dreieckige Grundfläche ist am größten, wenn der Winkel zwischen der ein
Zentimeter und der zwei Zentimeter langen Kante 90° beträgt. Ihre
Fläche fasst dann $G = \frac{1}{2} \cdot 1 \cdot 2$ cm^2 = 1 cm^2. Die Höhe der Pyramide
ist maximal, wenn die drei Zentimeter lange Kante senkrecht auf der
Grundfläche steht. In dem Fall sind diese Kante und die Höhe identisch, also gilt $h = 3$ cm. Das größtmögliche Volumen der Pyramide
beträgt somit $V = \frac{1}{3} \cdot 1 \cdot 3$ cm^3 = 1 cm^3.

Quelle: 1. Aufgabe: C. F. und N. R. White, *Journal of Recreational Mathematics* 9, Januar 1976, S. 25. – 1. Lösung: Sidney Kravitz, *Journal of Recreational
Mathematics* 10, April 1977, S. 73. – Der Beweis für das größte Dreieck bei ge-
gebenen Schenkeln stammt aus: Litton Industries (Hrsg.), *Electronic News* 686,
16. Dezember 1968 und *Electronic News* 687, 23. Dezember 1968. – 2. Teil:
Heinrich Hemme, *Die Sphinx*, Göttingen 1994, S. 71, 117.

115 Polyeder mit dreieckigen Flächen

Es gibt tatsächlich zu jedem geradzahligen $n > 2$ einen n-Fläch-
ner, dessen Seiten alle dreieckig sind. Ein Beispiel für $n = 4$ ist
das reguläre Tetraeder, dessen Seiten alle gleiche gleichseitige
Dreiecke sind.

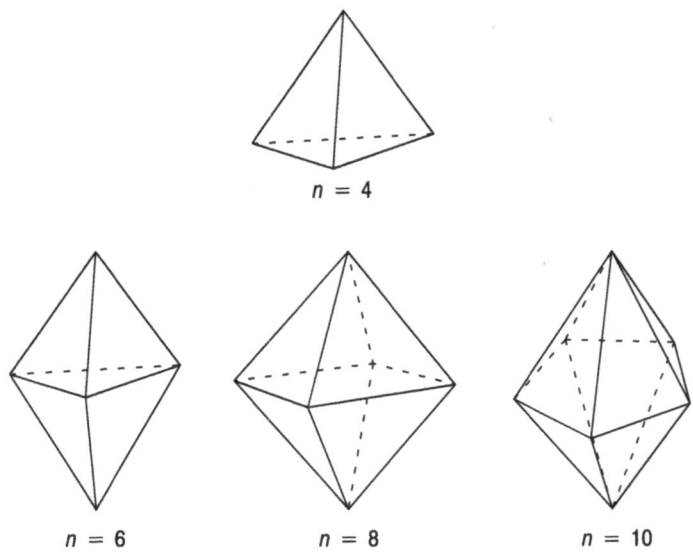

$n = 4$

$n = 6$ $n = 8$ $n = 10$

     Zweite Lösungen

Für alle größeren Werte von n lassen sich Doppelpyramiden finden. Man geht dabei von einem regelmäßigen $n/2$-Eck aus und legt von dort aus gleichschenklige Dreiecke zu zwei Punkten, die oberhalb und unterhalb des Mittelpunktes des $n/2$-Ecks liegen.

Quelle: 1. Teil: Helmut Postl in: Heinrich Hemme, *Die Sphinx*, Göttingen 1994, S. 25, 74.– 2. Teil: Heinrich Hemme, *Die Sphinx*, Göttingen 1994, S. 74, 117–118.

125 Reihen

Das n-te Element der Reihe ist $\frac{2^n-1}{n+1}$. Die Zahlen lauten also

$$\frac{2^0}{2}, \frac{2^1}{3}, \frac{2^2}{4}, \frac{2^3}{5}, \frac{2^4}{6}, \ldots$$

Multipliziert man die Zähler aus und kürzt die Brüche soweit es möglich ist, erhält man die Zahlenreihe aus der Aufgabe. Das nächste Element dieser Reihe muss folglich $\frac{2^5}{7} = \frac{32}{7}$ sein.

Quelle: 1. Aufgabe: Litton Industries (Hrsg.), *Aviation Week*, 10. Juni 1963. – 1. Lösung: Litton Industries (Hrsg.), *Aviation Week*, 17. Juni 1963. – 2. Teil: John McLoughlin, *The Mathematics Teacher* 82, März 1989, S. 189, 191.

129 Palindrome

Es gibt beliebig viele Zahlen, die aus je einer 1 am Anfang und am Ende der Zahl und lauter Nullen in der Mitte bestehen. Das Quadrat einer solchen Zahl mit n Nullen berechnet sich zu

$$(\underbrace{10\ldots01}_{n \text{ Nullen}})^2 = (10^{n+1}+1)^2 = 10^{2(n+1)} + 2 \cdot 10^{n+1} + 1 = 1\underbrace{0\ldots0}_{n \text{ Nullen}}2\underbrace{0\ldots0}_{n \text{ Nullen}}1.$$

Eine solche Quadratzahl ist also, unabhängig von dem Wert von n, immer ein Palindrom.

Gibt es auch unendlich viele Kubikzahlen, vierte Potenzen, fünfte Potenzen usw., die Palindrome sind?

133 Eine Liste von Sätzen

Wenn der n-te Satz wahr und der $(n + 1)$-te falsch ist, so bedeutet dies logischerweise, dass auch alle Sätze, die vor dem n-ten Satz stehen, wahr sind und alle Sätze, die nach dem $(n + 1)$-ten Satz stehen, falsch sind. Die Liste besteht also aus n wahren und $10 - n$ falschen Sätzen. Da aber der n-te Satz sagt, dass mindestens n Sätze falsch sein sollen, kann nur $n = 5$ gelten. In der Liste sind folglich die ersten fünf Sätze wahr und die letzten fünf falsch.

Quelle: 1. Aufgabe: David L. Silverman, *Journal of Recreational Mathematics* 2, Januar 1969, S. 29. – 1. Lösung: Underwood Dudley, *Journal of Recreational Mathematics* 2, Oktober 1969, S. 231. – 2. Teil: Alan Brown in: Martin Gardner, *Knotted Doughnuts and Other Mathematical Entertainments*, New York 1986, S. 79.

136 Die fehlende Ziffer

Berechnen wir den Neunerrest der Zahl ohne die fehlende Ziffer, erhalten wir den Wert 9. Das bedeutet, die fehlende Ziffer muss, damit der Neunerrest eine 9 bleibt, entweder eine 0 oder eine 9 sein. Man hat jedoch keine Chance, mit diesem Test zu entscheiden, welche der beiden Ziffern die richtige ist. Es gibt aber noch eine andere Möglichkeit.

Eine Zahl ist genau dann durch 11 teilbar, wenn ihr Elferrest 0 ist. Der Elferrest wird wie ein Neunerrest berechnet, nur dass man dabei statt der Quersumme die alternierende Quersumme nimmt. Bei dieser Quersumme werden die Ziffern der Zahl nicht einfach nur zusammengezählt, sondern immer abwechselnd addiert und subtrahiert.

Betrachten wir ein Beispiel: Die Zahl 1 358 024 679 hat die alternierende Quersumme $1 - 3 + 5 - 8 + 0 - 2 + 4 - 6 + 7 - 9 = -11$. Das Vorzeichen braucht nicht beachtet zu werden. Die alternierende Quersumme von 11 ist $1 - 1 = 0$. Dies ist auch der Elferrest. Die Zahl 1 358 024 679 ist also durch 11 teilbar.

Da 11 einer der Faktoren von 41! ist, muss der Elferrest von 41! den Wert 0 haben. Berechnen wir nun den Elferrest von der Zahl, ohne die fehlende Ziffer zu berücksichtigen, erhalten wir auch schon eine 0. Das bedeutet, die fehlende Ziffer kann nur eine 0 sein.

Quelle: 1. Aufgabe: Martin Gardner, *Scientific American* 217, August 1967, S. 106. – 1. Lösung: Martin Gardner, *Scientific American* 217, September 1967, S. 275–276. – 2. Teil: Martin Gardner, *Mathematic Magic Show*, New York 1977.

148 Nullen und Einsen

Weil eine Quadratzahl das Produkt aus zwei gleichen Zahlen ist, treten alle ihre Primfaktoren mindestens zweimal auf. So ist beispielsweise die Primfaktorenzerlegung von 36 das Produkt $2 \cdot 2 \cdot 3 \cdot 3$, denn $(2 \cdot 3) \cdot (2 \cdot 3) = 6 \cdot 6 = 6^2 = 36$.

Eine Zahl ist durch 3 teilbar, wenn ihre Quersumme durch 3 teilbar ist und durch 9 teilbar, wenn ihre Quersumme durch 9 teilbar ist. Unsere Zahl, deren Ziffern dreißig Einsen und sonst nur Nullen sind, hat die Quersumme 30. Sie ist folglich zwar durch 3, aber nicht durch $3 \cdot 3 = 9$ teilbar. Das heißt, sie kann keine Quadratzahl sein.

Quelle: 1. Teil: Martin Gardner, *Scientific American* 199, Juli 1958, S. 104. – 2. Teil: E. B. Dynkin, S. A. Molchanov, A. L. Rozental und A. K. Tolpygo, *Mathematical Problems: An Anthology*, New York 1967, S. 7, 30.

150 Eine Zahlenreihe

Wenn in einer Zahl z_n eine Vier oder eine noch höhere Ziffer auftaucht, muss die davorstehende Zahl z_{n-1} mindestens vier aufeinanderfolgende gleiche Ziffern enthalten, das heißt entweder wenigstens vier Einsen, vier Zweien oder vier Dreien. Nehmen wir einmal an, es wären vier Einsen. Für die Zweien und Dreien ist die Überlegung entsprechend. Die Zahl z_{n-1} hat folglich die Form $...x1111y...$ Falls die Zahl mit 1111 beginnt oder endet, verschwindet x beziehungsweise y. Wie können diese Einsen entstanden sein? Dazu gibt es zwei Möglichkeiten. Entweder folgte in der Zahl z_{n-1} auf einmal eine Eins noch einmal eine Eins, was jedoch als zweimal eine Eins geschrieben würde und deshalb ausscheidet. Oder in der Zahl z_{n-2} folgt auf x-mal die Eins, einmal die Eins und einmal das y. Aber auch dies ist unmöglich, da dann geschrieben würde: Auf $(x + 1)$-mal die Eins folgt einmal das y.

Somit kann in der Zahlenreihe niemals eine Vier oder eine noch höhere Ziffer auftauchen. Alle Zahlen bestehen nur aus Einsen, Zweien und Dreien.

Quelle: Mario Hilgemeier, *Bild der Wissenschaft* 23, Dezember 1986, S. 194, 196.

152 Magische Quadrate

Zieht man in dem magischen Quadrat mit den neun ersten geraden Zahlen von jedem Element 1 ab, so bekommt man die gesuchte Lösung. Die magischen Eigenschaften bleiben erhalten, während die magische Konstante sich um 3 verringert und zu 27 wird.

11	1	15
13	9	5
3	17	7

Quelle: Martin Gardner, *Riddles of the Sphinx and Other Mathematical Puzzle Tales*, Washington 1987, S. 66, 107.

162 Quadratzerlegungen

Ein gleichseitiges Dreieck kann, bis auf drei Ausnahmen, in jede beliebige Zahl von gleichseitigen Unterdreiecken zerlegt werden. Das Zerlegungsverfahren geht aus den Zeichnungen hervor. Jede der drei Dreieckreihen kann durch fortgesetzte Viertelung beliebig erweitert werden. Interessanterweise sind die drei Ausnahmen – 2, 3, und 5 – die gleichen wie bei den Quadraten.

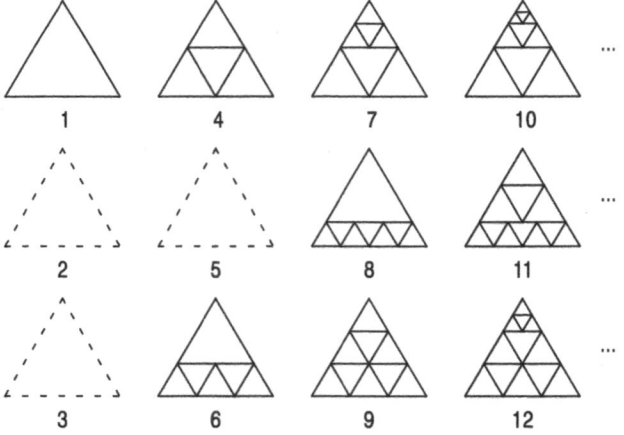

Gibt es eine ebene geometrische Figur, die sich in jede beliebige Anzahl von Teilen zerlegen lässt, die alle der ursprünglichen Figur ähnlich sind?

Zwei Figuren sind ähnlich im mathematischen Sinn, wenn ihre Formen gleich, aber ihre Größen unterschiedlich sind. Das bedeutet, bei beiden Figuren sind die entsprechenden Winkel gleich, und die entsprechenden Strecken stehen in einem festen Verhältnis zueinander. Beispielsweise sind alle Quadrate einander ähnlich. Auch spiegelbildliche Figuren sind einander ähnlich.

169 Die mathematischen Löcher

Um das Volumen des Körpers möglichst einfach berechnen zu können, stellen wir uns vor, er bestünde aus einem grauen Material und wäre in einen Zylinder gleicher Höhe und gleichen Umfangs eingebettet, der aus einem weißen Material bestünde. Jeder Schnitt durch den Stöpsel und durch den ihn umhüllenden Zylinder senkrecht zur oberen Kante und zur Grundfläche ergäbe ein graues gleichschenkliges Dreieck, das von einem weißen Rechteck umschlossen wäre.

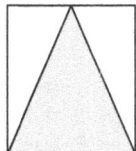

Die Dreiecke haben die gleiche Grundseite und die gleiche Höhe wie die dazugehörigen Rechtecke, und darum sind ihre Flächeninhalte immer gerade halb so groß wie der der Rechtecke. Da alle dreieckigen Querschnitte zusammen wie die Scheiben einer Wurst den kompletten Körper ergeben, muss er gerade das halbe Volumen des Zylinders haben. Das heißt

$$V_{\min} = \frac{\pi}{8} d^3 \approx 0{,}393\, d^3\,.$$

Quelle: Aufgabe und 1. Körper: Peter Friedrich Catel, *Mathematisches und physikalisches Kunst-Cabinet, dem Unterrichte und der Belustigung der Jugend gewidmet. Nebst einer zweckmäßigen Beschreibung der Stücke, und Anzeige der Preise, für welche sie beim Verfasser dieses Werks P. F. Catel in Berlin zu bekommen sind*, Berlin 1790, S. 16, Tafel II. – Volumen des 1. Körpers: Friedrich Joseph Pythagoras Riecke, *Mathematische Unterhaltungen*, Erstes Heft, Stuttgart 1867, S. 58–61. – 2. Körper und sein Volumen: J. H. Butchart und Leo Moser, *Scripta Mathematica* 18, September–Dezember 1952, S. 222. – Martin Gardner schreibt 1958, dass der zweite Körper ein passender Stöpsel ist (Martin Gardner, *Scientific American* 199, August 1958, S. 100, 102). 1961 schreibt er, dass der erste Körper der Stöpsel mit dem größten und der zweite Körper der konvexe Stöpsel mit dem kleinsten Volumen ist (Martin Gardner, *The Second Scientific American Book of Mathematical Puzzles and Diversions*, New York 1961, S. 58–59).

177 Das Achteck

Genau wie bei dem vorherigen Teil der Aufgabe hat der Umfang des Achtecks den Wert 36. Alle Seiten müssen auf Rasterlinien fallen, nur die Seite der Länge 5 darf auch schräg verlaufen.

Betrachten wir zunächst einmal den Fall, dass auch die 5 Einheiten lange Seite auf eine Rasterlinie fällt.

Ein Rechteck mit vorgegebenen Umfang hat einen maximalen Flächeninhalt, wenn seine vier Seiten alle gleich lang sind. Das flächengrößte Rechteck mit dem Umfang 36 ist folglich ein Quadrat mit der Seitenlänge 9 und dem Inhalt 81.

Damit aus dem Quadrat ein Achteck gleichen Umfangs wird, müssen aus der Figur einige Stücke herausgeschnitten werden, beispielsweise zwei Ecken. Die beiden flächenkleinsten Rechtecke, deren Seitenpaare alle verschiedene Längen haben, sind das 1×4- und das 2×3-Rechteck. Schneidet man sie an sich gegenüberliegenden Ecken aus dem Quadrat heraus, kann man ein Achteck erhalten, dessen Seiten die Längen von 1 bis 8 haben und das einen Flächeninhalt von 71 besitzt.

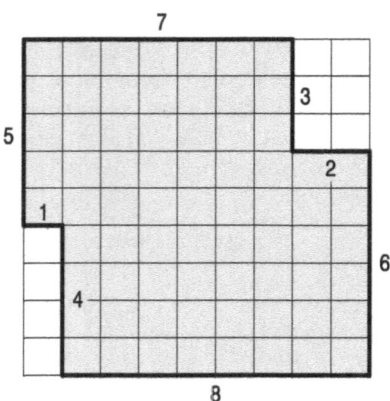

Man kann das Quadrat auch noch auf andere Weise beschneiden, um ein Achteck zu erhalten, aber es ist leicht zu sehen, dass dann der Flächeninhalt immer kleiner ist als 71.

Bei der zweiten Variante nehmen wir an, der die Seite der Länge 5 schräg verläuft und die Hypotenuse eines rechtwinkligen Dreiecks mit den Katheten 3 und 4 ist. Wir gehen nun wieder von einem

Rechteck aus, dessen Umfang dem des Achtecks entspricht, allerdings mit einer kleinen Änderung: Die schräg verlaufende Seite 5 wird durch zwei auf den Rasterlinien liegende Seiten 3 und 4 ersetzt. Der Umfang des Rechtecks beträgt somit nicht mehr 36, sondern 38.

Ein Quadrat mit dem Umfang 38 und ganzzahligen Seitenlängen ist nicht möglich. Das quadratähnlichste und damit flächengrößte Rechteck dieses Umfangs hat die Größe 9×10 und damit den Flächeninhalt 90.

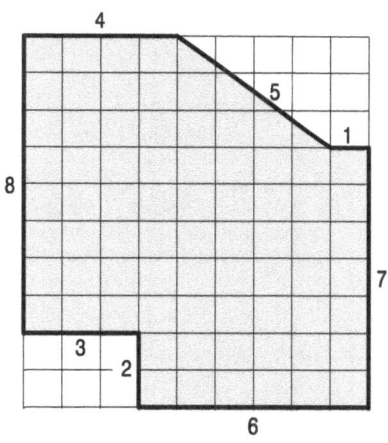

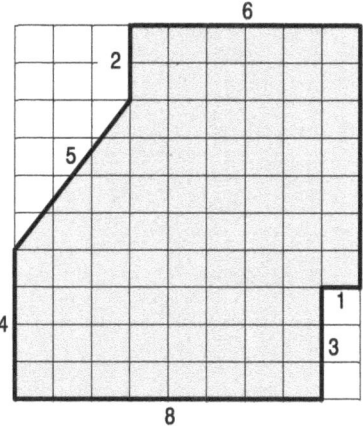

Um aus dem Rechteck ein Achteck zu machen, müssen wieder Stücke aus der Figur herausgeschnitten werden. Wie in der vorherigen Variante entsteht auch hier das größte Achteck, wenn man die beiden kleinstmöglichen Rechtecke mit mindestens drei verschiedenen Seitenlängen, nämlich das 1×3- und das 2×3-Rechteck, an den Ecken entfernt. Die Figur, die dadurch entsteht, hat den Flächeninhalt 81. Nun muss aber noch durch das Kappen einer weiteren Ecke die schräge Seite der Länge 5 erzeugt werden, wobei eine der beiden Seiten der Länge 3 verschwinden muss. Dadurch verringert sich der Inhalt der Figur noch um 6. Das verbleibende Achteck hat folglich einen Flächeninhalt von 75 und ist damit größer als das Maximum bei der ersten Variante.

Es lassen sich auch tatsächlich zwei verschiedene Achtecke dieser Größe so konstruieren, deren Seiten die Längen von 1 bis 8 haben.

Quelle: 1. Aufgabe: Heinrich Hemme, Internet, www.knobelforum.de, 2. Oktober 2010. – 1. Lösung: Michael Machwirth und Heinrich Hemme, im vorliegenden Buch. – 2. Aufgabe: Heinrich Hemme, Internet, www.knobelforum.de, 16. Oktober 2010. – 2. Lösung: Heinrich Hemme und Helmut Postl, im vorliegenden Buch.

196 Die Zerlegung

In der Aufgabe wurde nicht verlangt, dass die Fläche, die die Figur umschließt, in fünf deckungsgleiche Flächen unterteilt werden muss. Darum ist die Lösung denkbar einfach: Man zerlegt die Figur in ihre fünf gleichlange gerade Linien.

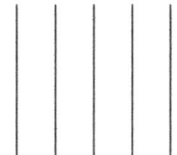

Quelle: 1. Teil: Familie Grabarchuk, *The Big, Big, Big Book of Brainteasers*, New York 2011, S. 49, 169. – 2. Teil: Heinrich Hemme, im vorliegenden Buch.

__ Dritte Lösungen

4 Die Teilung des Kuchens

Es gibt mehrere Methoden, einen Kuchen unter drei Kindern so zu verteilen, dass jedes glaubt, mehr als ein Drittel bekommen zu haben.

Bei dem meiner Meinung nach elegantesten Verfahren streicht eines der drei Kinder mit einem Referenzmesser langsam von links nach rechts über den Kuchen. Es teilt den Kuchen hypothetisch in ein kleines linkes und in ein großes rechtes Stück. Alfred, Berta und Carl bewegen gleichzeitig jeder ein Messer so über den Kuchen, dass sie immer der Ansicht sind, ihr Messer würde das rechte Stück genau halbieren. Die drei Klingen müssen dabei annähernd parallel zum Referenzmesser bewegt werden.

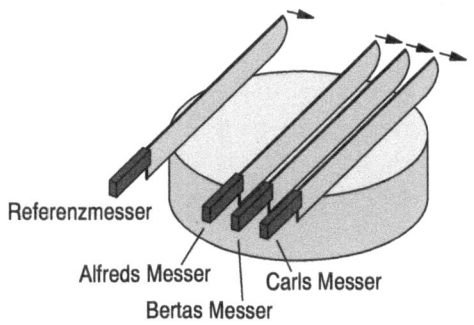

Sobald eines der drei Kinder meint, das Stück links vom Referenzmesser sei gleich oder sogar größer als ein Drittel, ruft es „Halt!", und der Kuchen wird an den Stellen durchgeschnitten, wo sich das Referenzmesser und das mittlere der drei anderen Messer in diesem Moment befinden.

Derjenige, der „Halt!" gesagt hat, bekommt das Stück links vom Referenzmesser. Von den beiden anderen bekommt derjenige, dessen Messer am nächsten am Referenzmesser war, das mittlere und der zweite das rechte Stück.

Alle drei Kinder sollten jetzt zufrieden sein: Derjenige, der „Halt!" rief, weil er zu dem Zeitpunkt, als er rief, genau wusste, wer welches Stück bekommen würde und wie groß jedes seiner Ansicht nach war. Die beiden anderen sind der Meinung, dass das Stück links vom Referenzmesser kleiner war als ein Drittel und dass sie vom Rest mehr als die Hälfte bekommen haben.

Quelle: 1. Teil: Hugo Steinhaus, *Econometrica*, Supplement 17, 1949, S. 315–319. – 2. Teil: Kenneth Rebman in: R. Honsberger, *Mathematical Plums*, Washington 1979, S. 33–34. – 3. Teil: Walter Stromquist, *American Mathematical Monthly* 87, Oktober 1980, S. 640–644.

55 Das Färben von Landkarten

Ein wichtiges und viel benutztes Beweisverfahren in der Mathematik ist die vollständige Induktion. Sie kann bei Beziehungen, die von einer ganzzahligen Variablen n abhängen, angewandt werden.

Im ersten Schritt dieses Verfahrens, dem Induktionsanfang, beweist man die Beziehung für $n = 1$. Dies ist in der Regel recht einfach. Danach nimmt man an, dass die Beziehung für einen Wert $n = m$ richtig ist und versucht zu beweisen, dass sie dann auch für $n = m + 1$ gelten muss. Hat man dies geschafft, ist die Beziehung für alle Werte von n richtig, da man sich von $n = 1$ zu jedem anderen n hochhangeln kann.

Wir wenden dies jetzt auf unser Zweifarbenproblem an. Eine Karte, durch die nur eine Gerade ($n = 1$) läuft, besteht aus zwei Ländern, die sich natürlich auch mit zwei Farben regulär färben lässt.

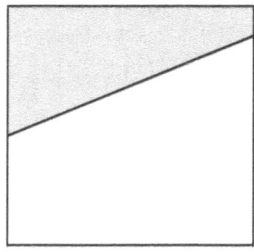

Jetzt betrachten wir eine Karte, die m Geraden enthält und die regulär gefärbt sein soll. Zeichnet man nun eine $(m + 1)$-te Gerade dazu, so teilt sie die Karte in zwei Hälften, die beide einzeln betrachtet regulär gefärbt sind. Wir behalten in einer der beiden Hälften die Farben bei und ersetzen in der anderen weiß durch schwarz und schwarz durch weiß.

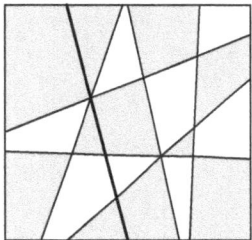

Die reguläre Färbung beider Hälften bleibt dabei erhalten. Falls zwei benachbarte Länder dadurch entstanden sind, dass ein Land der ursprünglichen Karte von der $(m + 1)$-ten Geraden geteilt wurde, so haben beide jetzt verschiedene Farben. Die gesamte Karte ist also regulär gefärbt.

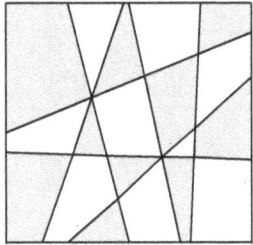

Nach dem Schluss der vollständigen Induktion gilt nun, dass jede beliebige Geradenkarte mit zwei Farben regulär gefärbt werden kann.

Quelle: 1. Aufgabe: Daniel I. A. Cohen, *American Mathematical Monthly* 71, Oktober 1964, S. 912. – 1. Lösung: L. Heffter in: Paul Stäckel, *Zeitschrift für Mathematik und Physik* 42, 1897, S. 276. – 2. und 3. Teil: E. B. Dynkin und W. A. Uspenski, *Mathematische Unterhaltungen I: Mehrfarbenprobleme*, Berlin 1955, S. 3, 36–37 (russische Originalausgabe: Moskau 1952).

Das Problem ist unlösbar. Um das zu sehen, färben wir die Flächen des Oktaeders, genau wie im vorherigen Teil der Aufgabe, abwechselnd schwarz und weiß. Auch das Dreiecksgitter wird schachbrettartig schwarz und weiß gefärbt.

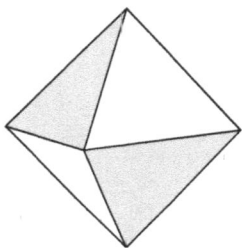

Wir wählen die Ausgangstellung so, dass das Startfeld und die markierte Fläche des Oktaeders beide schwarz sind. Das Zielfeld ist in diesem Fall weiß. Wird das Oktaeder vom Startfeld auf eines der drei Nachbarfelder, die alle weiß sind, abgerollt, so ist jetzt seine nach oben zeigende Fläche auch weiß. Im nächsten Schritt wird der Körper um ein Feld weiter gerollt und liegt dann wieder auf einem schwarzen Feld und zeigt auch mit einer schwarzen Fläche nach oben.

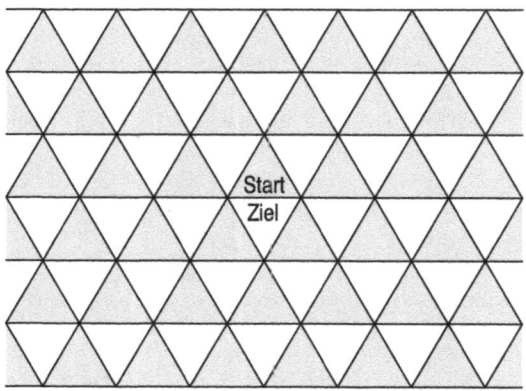

Dieses Verhalten bleibt auch weiterhin so: Egal, wie weit und auf welchen Wegen wir das Oktaeder rollen, es zeigt immer mit einer weißen Fläche nach oben, wenn es auf einem weißen Feld liegt, und mit einer schwarzen Fläche nach oben, wenn es auf einem schwarzen Feld liegt. Darum ist es unmöglich, dass das Oktaeder auf dem weißen Zielfeld mit einer schwarzen Fläche nach oben zu liegen kommt.

Quelle: 1. Aufgabe: Charles W. Trigg, *Mathematics Magazine* 38, März–April 1965, S. 116. – Lewis Carroll (Pseudonym von Charles L. Dodgson), *Pillow-Problems*, 4. Auflage, London 1895, S. 11. Dodgson fragt nach dem Volumenverhältnis von quadratischer Pyramide und Tetraeder. Da die quadratische Pyramide ein halbiertes Oktaeder ist, ist das Problem im Wesentlichen gleich mit Triggs Aufgabe. – 1. Lösung: Sidney Spital, *Mathematics Magazine* 38, November–Dezember 1965, S. 320. – 2. und 3. Teil: Heinrich Hemme, *Mathematik zum Frühstück*, Göttingen 1990, S. 95, 116–118, 123–124.

129 Palindrome

Nach dem gleichen Muster, wie bei den palindromischen Quadratzahlen, kann man auch zeigen, dass die dritte und vierte Potenz der Zahlen des Typs $10\ldots01$ Palindrome sind.

$$(1\underbrace{0\ldots0}_{n\ \text{Nullen}}1)^3 = (10^{n+1} + 1)^3 = 10^{3(n+1)} + 3 \cdot 10^{2(n+1)} + 3 \cdot 10^{n+1} + 1$$

$$= 1\underbrace{0\ldots0}_{n\ \text{Nullen}}3\underbrace{0\ldots0}_{n\ \text{Nullen}}3\underbrace{0\ldots0}_{n\ \text{Nullen}}1$$

$$(1\underbrace{0\ldots0}_{n\ \text{Nullen}}1)^4 = (10^{n+1} + 1)^4$$

$$= 10^{4(n+1)} + 4 \cdot 10^{3(n+1)} + 6 \cdot 10^{2(n+1)} + 4 \cdot 10^{n+1} + 1$$
$$= 1\underbrace{0\ldots0}_{n\ \text{Nullen}}4\underbrace{0\ldots0}_{n\ \text{Nullen}}6\underbrace{0\ldots0}_{n\ \text{Nullen}}4\underbrace{0\ldots0}_{n\ \text{Nullen}}1$$

Es gibt also unendlich viele palindromische Kubikzahlen und vierte Potenzen.

Die Potenzen von $10\ldots01$, die höher als 4 sind, ergeben keine Palindrome mehr. Der Grund dafür ist, dass ab der fünften Potenz ein Teil der Binomialkoeffizienten mehrstellig ist. Bisher kennt man, einmal vom Trivialfall der 1 abgesehen, die natürlich gleichzeitig eine beliebige Potenz von sich selbst ist, überhaupt keine palindromischen Potenzen, die höher als vierter Ordnung sind. Es ist jedoch noch nicht bewiesen, dass es wirklich keine gibt.

Quelle: 1. Lösung: Heinrich Hemme, *Die Sphinx*, Göttingen 1994, S. 87. – Rest: Gustavus J. Simmons, *Journal of Recreational Mathematics* 3, April 1970, S. 93–98.

162 Quadratzerlegungen

Das Problem reduziert sich darauf, Figuren zu finden, die sich in zwei ähnliche Teile zerlegen lassen. Jede andere Anzahl kann man durch fortgesetztes Zerlegen jeweils eines Teils erzeugen.

Mir sind nur zwei Figuren bekannt, die die gesuchte Eigenschaft haben. Die eine ist das rechtwinklige Dreieck. Man kann sich leicht überlegen, dass die Winkel in allen Unterdreiecken gleich und deshalb die Dreiecke ähnlich sein müssen.

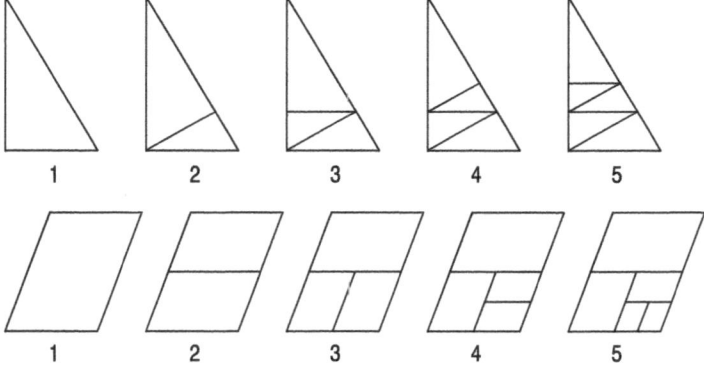

Die andere ist ein Parallelogramm, das beliebige Winkel hat, aber dessen Seiten im Verhältnis $1 : \sqrt{2}$ Anstehen. Dies ist nicht schwer zu beweisen. Wenn die lange Seite des ursprünglichen Parallelogramms die Länge a und die kurze Seite die Länge b hat, so müssen die lange und die kurze Seite der beiden Unterparallelogramme b und $a/2$ lang sein. Da die Seitenverhältnisse gleich sein müssen, gilt

$$\frac{b}{a} = \frac{a/2}{b}.$$

Dies kann man zu $b : a = 1 : \sqrt{2}$ umformen.

Ein Spezialfall dieses Parallelogramms ist das DIN-A-Format von Papier. DIN-A0 ist ein rechteckiges Blatt, dessen kurze Seite 840,9 mm und dessen lange Seite 840,9 mm · $\sqrt{2}$ = 1189,2 mm lang ist. Die Fläche beträgt einen Quadratmeter. Die anderen DIN-A-Formate sind Unterrechtecke dieser Figur.

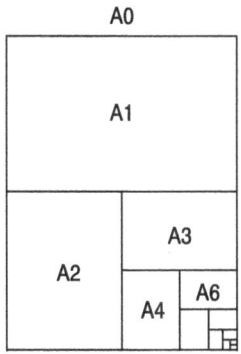

Quelle: 1. Teil: Christoph Meier, *American Mathematical Monthly* 81, Juni/Juli 1974, S. 630–631. – 2. und 3. Teil: Heinrich Hemme, *Die Sphinx*, Göttingen 1994, S. 109, 121–122, 123–124.